DK食物的故事

美味食材的溯源之旅

DK食物的故事

美味食材的溯源之旅

[英] DK出版社 编著　覃清方　陈奕铿 译

中国·武汉

目录

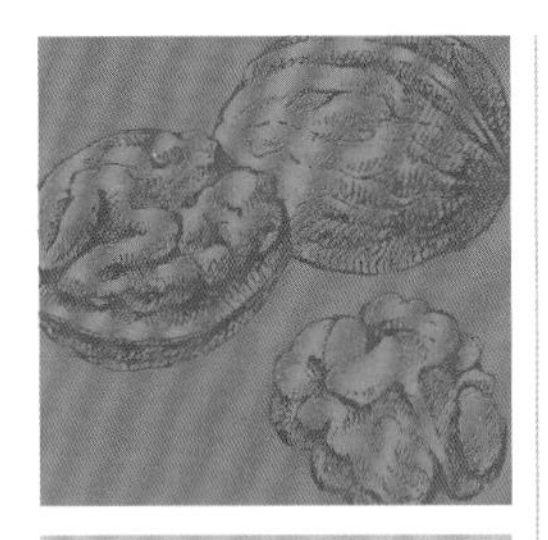

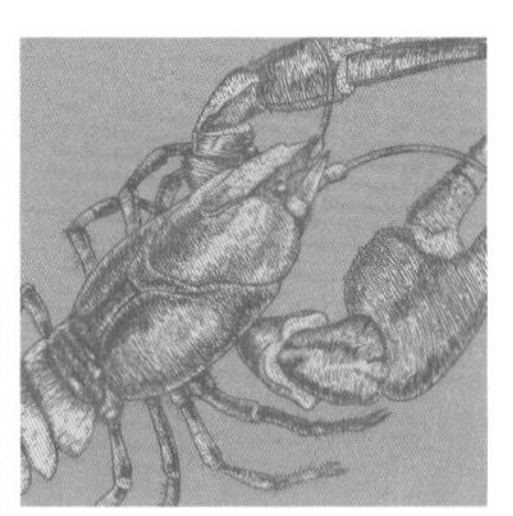

坚果和种子

蔬菜

水果

肉类

鱼和贝类

图书在版编目（CIP）数据

DK食物的故事：美味食材的溯源之旅/英国DK出版社编著；覃清方，陈奕铿译.—武汉：华中科技大学出版社，2021.8（2023.10 重印）
ISBN 978-7-5680-7082-9

Ⅰ.①D… Ⅱ.①英… ②覃… ③陈… Ⅲ.①饮食－文化－世界－通俗读物 Ⅳ.①TS971-49

中国版本图书馆CIP数据核字（2021）第113710号

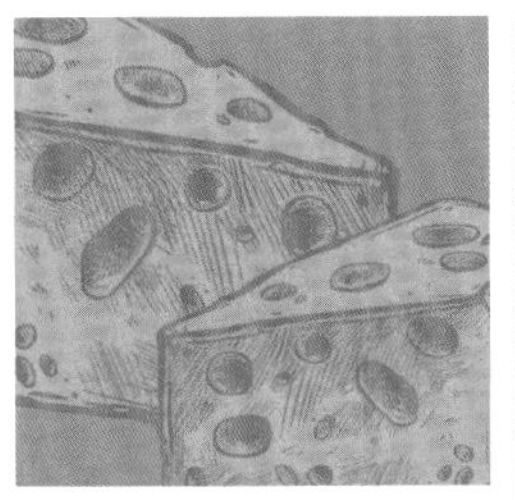

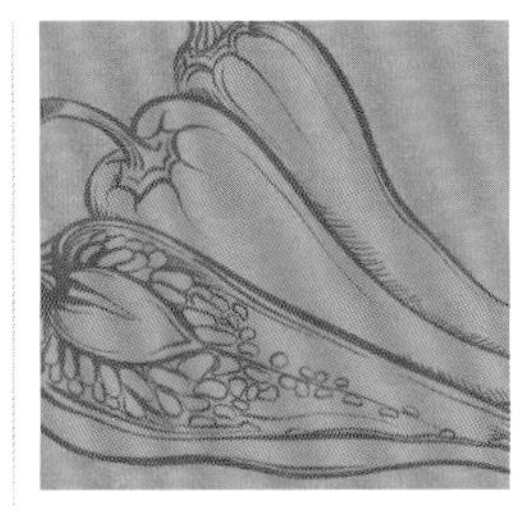

谷物、豆类

乳制品和蛋类

糖和糖浆

油和调味品

香草和香料

DK食物的故事：美味食材的溯源之旅
DK Shiwu de Gushi: Meiwei Shicai de Suyuan zhi Lü

[英] DK出版社 编著
覃清方 陈奕铿 译

出版发行：华中科技大学出版社（中国·武汉）
电话：(027) 81321913
华中科技大学出版社有限责任公司艺术分公司
电话：(010) 67326910-6023
出 版 人：阮海洪

责任编辑：莽 昱 宋 培
责任监印：赵 月 郑红红 封面设计：邱 宏

制 作：北京博逸文化传播有限公司
印 刷：鸿博昊天科技有限公司
开 本：889mm × 1194mm 1/16
印 张：22.5
字 数：260千字
版 次：2023年10月第1版第4次印刷
定 价：188.00元

www.dk.com

前言

当我还是个11、12岁的小男孩时，对早餐有一个憧憬——我想在碗中加入可可米和一点木斯里，搅拌均匀后，倒入全脂牛奶，再撒上少许“快手早餐”牌燕麦粉，且让它如新雪初落般落于顶端。可可米裹上了燕麦粉后入口不会“嘎吱”作响，碗底的葡萄干和燕麦在逐渐变成巧克力色的牛奶中慢慢发胀。而且，可以混合多种美味，创造出全新的、独有的早餐，想想就很幸福。我那尚在萌芽中的自我意识，竟能以如此悦人的方式表达出来！

然而，我从没这么做过，这种早餐只有在梦中才会出现。因为我父母对饮食的要求非常严格，他们不允许我把不同的麦片混在一个碗里吃。我问为什么，他们只回答“因为不可以”。现在想来，其实是饮食的法则和食物故事的特质使然：笼罩在迷雾之下，却叫人深信不疑。我们都自以为对食物了如指掌，其实却几乎一无所知。

就用我从这本好书里读到的一个故事举例吧：古希腊有位盖伦（Galen）医生，其影响力极大，他认为水果与“寒冷潮湿的体液”有关，会导致腹泻，几代欧洲人都因接受这一观点而遭到坏血病的折磨，因为他们摄入的维生素C严重不足。又比如中国人曾经认为鲤鱼产卵时跃起便会变成龙[1]；德国人还曾经认为在马身上缠上树莓藤能让它们（那是马，又不是树莓）镇定下来；20世纪50年代，那些误以为富含动物脂肪的饮食会诱发冠心病的美国科学家们，开创了高糖高碳水的饮食习

惯，结果造成了如今的肥胖危机，不仅如此，肥胖还成为自黑死病泛滥以来首次威胁到发达国家的国民预期寿命的病症。

我不确定上述的最后一点有没有包含在书中（这是本大部头），但肥胖确实困扰着我。人们的愚昧表现在不善待动物，不给它们提供良好的饲养环境；表现在不严格管控化学物质，让水质受到污染；表现在使用一次性塑料用品（包括喝自来水，真傻！）；人们的愚昧还表现在将孩子暴露在种类繁多却害人不浅的即食食品中，触发并延续其一生的坏习惯。

这本书便是上述愚昧思想的解药。如今，我们一直在讨论怎么吃、吃什么、为什么吃、从什么时候开始吃和吃多久的问题，本书能帮助我们解决这些问题。在探讨这一宏大主题的时候，本书采用了多学科的视角。虽然这种方式很吸引人，但也十分棘手，因为它和启蒙运动时期著名的百科全书一样，从历史、政治、文化、科学和医学的角度尽全力剖析食物。它的内容十分宽广，倘若认真研读，定会发现其中的奥妙，即使只是随便翻翻也可能会让人手不释卷。同时它还是一本必不可少的参考资料，即使草草翻阅，也能从书中精美的图解里学到知识，与其从每日食品报刊中成千上万文章里（我的文章除外！）获取相关知识，还不如读这本书来得充实。

想知道肉类是如何影响人类大脑的吗？想了解为什么阿富汗人觉得核桃补脑吗？想知道庞贝的排水沟有哪些迹象显示出庞贝人吃过长颈鹿吗？

是时候该吃小熊维尼口中“一点能填饱小熊肚子的东西”了，对我来说，能填饱肚子的，就是盖着一层薄薄燕麦粉的可可米和木斯里……

吉尔斯·科恩（GILES COREN）

1 这里作者提到的应该是“鲤鱼跃龙门”的传说，文中忽略了“龙门”这一关键信息。有一种说法是跃龙门的“鲤鱼”实际上是鲟鱼，古人将二者混淆了，每年春天大批鲟鱼回游至龙门穴洞之处集结，在临产卵前两三天内频繁跳跃。跃出水面时，鲟鱼充血发红的鱼鳍也露出水面，形似巨型鲤鱼，就有了鲤鱼跃龙门一说（借鉴百度百科）。

填饱众人的肚子

传统市场，比如尼泊尔加德满都（Kathmandu）的杜尔巴广场（Durbar Square）存在类似古时物物交换的交易形式。传统市场和与之相对应的现代超市具有同样的功能，这一功能与人类历史相伴相生：为饥饿的人提供食物。

引言

虽然人类已经从史前狩猎采集者转变为现代烹饪巨星，但食物在人类历史中的重要地位始终保持不变。人类作为一个生物族群，需要靠食物生存，而且在捕食与进食的过程中不断演变，这种变化和人类对动植物及环境的改造一样大。

在人类历史长河中，食物是一大议题，其对社会环境与商业发展有着重要意义。食品生产已经发展成为庞大的全球性产业，对发达国家的大多数人来说，只需要去一趟超市就能获取生存所需的热量和营养。

渴求营养的本能

如今，仍依靠古代狩猎方式维生的人寥寥无几，由于人类对食物的渴望仍然存在于DNA中，因此人与食物的关系始终复杂重要。早期，人类学会了发掘野生食物的能量，并开始制造狩猎、屠宰、养殖和驯化它们的工具，如此一来，人们不仅可以维持生活所需，而且还能不断兴旺繁荣地发展下去。

△图画记录

洞穴绘画展现了人类在史前时代猎食的动物。法国拉斯科洞窟（Lascaux cave）中，人们将马列在菜单上——这是在人们发现马更适合用来骑之前一直如此。

研究人员认为，在200—390万年前，非洲早期人类的饮食发生骤变，这促使他们发掘新的食物源，也迫使他们进入陌生的环境。在埃塞俄比亚发现了几种早期人类的牙釉质，经古生物学家研究，结果表明其中一些人开始食用新的植物品种，如块茎、多肉植物、卷心菜和玉米。这些食物营养丰富、能量充沛，为大脑发育提供了更多的热量。在这个过程中，人类的味觉神经逐步进化，能发现植物中的毒素，可以分辨出食物是苦而致命还是微苦且营养，还能知道带甜味的食物能迅速为身体提供能量。

食物事关生死——在不断增长的庞大群体和苦苦挣扎的群体之间，它具有巨大的社会、宗教和文化意义。人们渴望寻找、狩猎和种植食物，因此只有合作才能让整个社会的食物产量最大化。比如狩猎，就需要族群中的成员细化分工，以便提高猎物捕获率。

畜牧和粮食农业的建立需要更复杂的组织和合作形式，其促进了族群在粮食生产、储存、运输和贸易方面的创新与高效。食物的供过于求使更多生命得以哺育，这也引发了人口的爆炸式增长。人们不仅求生存，更求发展，从而构建出繁荣且多面的社会。

人类学家和历史学家主要通过洞穴绘画、器皿、骨骼、食物的化学痕迹等考古学和人类学的发现，再结合早期食谱和交易账目等有限的文本，了解原始时期食品生产和消费情况。根据这些资料，我们了解到许多原始人相关的信息，例如东南亚原始人曾在深海捕鱼，波兰原始人会制作奶酪，而古埃及原始人已经开始养蜂。

在南非岩洞中发现的灰烬证明
人类在100万年前就开始用火烹饪。

食肉影响大脑

食肉量的增加是人类又一个重要的饮食变化，肉类为人类大脑的进化提供了更充足的养分。因此，原始人的创造力不断被提升，他们创造出边缘锋利的工具，方便协作捕猎，而捕获了大型猎物，再也不用捡其他捕食者吃剩的猎物。经过很长时间的发展，大约260万年前人们开始使用基本的刮刀工具屠宰肉类，而刺矛则在距今约50万年前才开始出现。

烹饪改变世界

人类学会用火后，马上就开始研究烹饪，并发展出了对烹饪实验、美食评论以及最终衍生出的宴会艺术的热爱。最重要的是，食物中的蛋白质、碳水化合物和脂肪在经过烹饪后能够分解成更易消化的形式，有些食物烹饪后还会产生新的营养价值。烹饪还能杀死一些细菌和毒素，避免食物中毒。比如，马铃薯中的淀粉只有煮熟后才会被人体肠道充分吸收。

研究认为，所有这些因素都推动了人类的进化。吃熟食让人进化出更小的下颌骨、更窄的肠道，而热量摄入的增加则推动人类大脑的扩大。人类与食物供应的关系不断变化，从而推动了社会和技术进步。

古代的佳肴

公元3世纪，瑙克拉提的阿忒那奥斯（Athenaeus of Naucratis）在他的百科全书《智者之宴》（*Deipnosophistae*），又名《宴饮丛谈》（*The Sophists at Dinner*）一书中，为现代读者提供了古代食物的迷人一瞥。书内主要记录各种宴会中的对话，比起其他话题，阿忒那奥斯更关注当时流行的话题，诸如食物、肥胖、饮食、食谱、调料和卤汁等。

约一个世纪后，马库斯·加维乌斯·阿皮基乌斯（Marcus Gavius Apicius）的《论烹饪》（*De re coquinaria*）一书中记载了罗马帝国使用的400种食谱，因此人们称该书为《阿皮基乌斯》（*Apicius*），他因在公元1世纪举办的奢华宴会而闻名。《阿皮基乌斯》是一本写给知识分子而非普通公民的烹饪书，书中强调了食物原材料质量的重要性，其中大部分食谱都采用了丰富的调味手法，既用到了香料、调料，还用到了酱料。

扩大食品贸易

香料种类繁多，且隐含了罗马帝国在不同时期建立的贸易路线的信息。例如，公元前30年，罗马帝国征服埃及后，市场涌入了大量的外来香料，包括印度的胡椒、莳萝，以及北非的香草。早期食物全球化进程的加速伴随着古罗马疯狂扩张的梦想。威尼斯商人马可·波罗在13世纪开始探险，此时丝绸之路已有数百年历史，可能有了烹饪方式的传播。有

◁象形文字对啤酒的记载

早在公元前3100年，美索不达米亚就有关于食物和饮品的记载。这块泥板记录了群体中的啤酒分配情况，上面的象形文字是在黏土版潮湿前，用木棍在上面画下的。

△往来频繁的路线

13世纪，马可·波罗从威尼斯到中国时，走的是一条早已存在的贯通中西的通商路线，人们通过这条路线运输食物。

些人认为，阿拉伯人用硬粒小麦制作干面条的工艺可能是中国和意大利制面工艺的起源，这种工艺向东传播到了中国、日本和韩国，向西则传播到了地中海地区。

当马铃薯、西红柿、可可和烟草被引入欧洲、非洲和亚洲时，旧世界和新世界之间也发生了类似的交流，在地球的另一边，橄榄、大米、小麦和牛被引入中美洲和南美洲。踏上这次旅程的不只是食物本身，比如，拉丁美洲烹饪方式也产生了巨大的变化：在西班牙人到来之前，那里几乎没人会使用煎炸的烹饪方式，之后就变得司空见惯了。

美索不达米亚的用餐时间

有关食物最古老的书面记载可追溯到公元前1650年，人们将一系列食谱以及和烹饪相关的信息都刻在了美索不达米亚的泥板上。

这种信息记载方式起源于中东地区，即当今的伊拉克、科威特、叙利亚和土耳其东南部，我们通过泥板上的楔形文字了解古代中东地区的烹饪方法，从中还能发现当时人们饮食的多

◁长桌宴

每年的农历十至十一月间，中国雷山县的苗族人会聚在一起享用大餐，庆祝一个特殊的苗历新年。举办这种盛宴是他们祭祖和庆祝丰收的方式。

样性，因为上面列出了20种奶酪、100种不同的汤和300种面包。楔形文字还记录了用餐时间对社会组织与宗教的重要性。

破译这些陶土板的研究人员推断：社会精英们早上一顿正餐，白天两顿小点心，晚上再吃一顿，而劳动者一天只吃两顿。在皇家宴会上，客人们按照严格的等级制度就座，划分等级依据的是职业、种族和宫廷地位。食物也是宗教仪式的核心，当地圣殿一天要向神供奉四餐，之后的"剩菜"会分给圣殿侍者、皇家随从或者有需要的市民食用。

英国牛津大学研究表明，
越常聚餐的人心情越愉快。

社会和宗教习俗

社会团体或宗教团体一起用餐的原则，无论是指整个群体、特定团体成员还是家庭都为集体用餐活动的筹备提供了可能。同时，这也是一种联谊方式，为大家提供了讨论的场所，在其中分享信息、口述历史、提出建议并强化特定的信仰。

中世纪时，基督教会为了避免教众暴饮暴食，增强纪律，因此宣扬定时进食的重要性。在古代，中国人也不赞成过度饮食，他们教导孩子用餐只吃七分饱。而在公元7世纪伦敦的咖啡屋中，人们达成了许多商业交易；在18世纪的欧洲上流社会中，人们在下午茶时间分享八卦新闻、筹备婚姻、指点家务。中东人通过"穆沙拉哈"（Musalaha，即分食面包）的传统，促成罪犯和受害者达成和解，维系了社区和平。与之呼应的是，1987年，美国参议院在发表总统国情咨文之前也采用了分面包的方法。

用餐时间很早就以这种定时进餐的方式运作，并在许多社会中产生了重大影响。在法国，人们很少会在路上或者街边购买午餐，因为职员们有一小时的午餐时间，且可以外出用餐。在许多东南亚国家，街头食物是民众日常生活的基本要素。在世界各地季节性活动和宗教庆祝活动中，人们聚集在公共场所一同进食的情形尤为常见。例如日本传统的花见（Hanami）——人们每年春天都会在樱花盛开的树下野餐。从家庭的角度来看，现代心理学家提出，每周至少和父母聚餐几次的孩子可能比那些不常和父母一方或双方聚餐的孩子的饮食习惯更健康，更不容易吸毒和酗酒，而且成绩表现更好。人类的祖先十分清楚分享食物的影响有多么强大。

△伦敦咖啡厅

在17世纪和18世纪，人们通常在咖啡厅中一边喝咖啡、品茶或者吃巧克力，一边达成贸易和金融交易。这类环境能让人保持清醒的头脑，有益于商业活动。

食物的未来

在研究食物的历史时，我们发现了许多有趣的事，这也引发我们对食物未来的思考，尤其是在面对环境问题（如过度捕捞和伐木造田）与政治问题（如转基因食物和集约化动物养殖）的时候。

农业科学家正在寻找种植粮食的新技术和新方法以节约能源、土地和水等珍稀资源。科学家们有很多种预测，其中一种便是今后都市农业会得到发展，比如采用屋顶菜园、蜂箱和垂直农场的方式，即把农作物种植于高楼之上，从而减少林地损耗。另一种则是生产人造肉，虽然说服消费者购买实验室生产的动物产品很有挑战性，但这项技术已经在逐步落实。

鱼菜共生（Aquaponics）是未来粮食生产将会用到的前沿技术，这种技术结合了水产养殖和水耕栽培。水培法（Hydroponics）即把食物种植在室内的水中而非土中，目前世界上一些超市中大部分沙拉叶、西红柿和黄瓜都是靠水培法维持供应的。相对而言，更为先进的是鱼菜共生法，这类系统通常建在城区人口聚居地段的废弃建筑里，有现成的本地客户群体，不需要借助化学物质，只需要借助LED节能灯。实际上，在阿兹特克时代（Aztec times）已有人使用了鱼菜共生的方法，但直到2010年，人们才将这一方法转移到室内。

西方兴起“从鼻子吃到尾巴”的饮食概念，即食用动物的每一部分。这体现了现代人的烹饪创造力与食物的高效利用，表现了人们对自然的尊重，也适应了社会需求。而食物的不断演变，也推动着人类未来的发展。

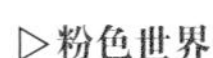

▷粉色世界

水培技术，在没有土壤的室内种植植物，有助于提高不宜耕种区域的粮食产量。紫外线灯发出了粉红色的光。

坚果和种子

介绍

坚果和种子很适合以狩猎采集为生的祖先食用。坚果外壳坚硬、内核可食、营养丰富、能量充足，而且还富含脂肪、碳水化合物、蛋白质和纤维，不同品种的坚果中所含成分的比例也各不相同。它们不像根茎类和块茎类食物，不需要从土里挖掘，因此，易采集、易保存，便于运输，鲜有损耗。

通过观察获得知识

原始人和大多数动物一样，会选择成熟且可以立即食用的食物。经过几百年的经验积累，人们对植物的了解越来越多，渐渐懂得哪些植物最适合食用，哪些需要规避，还懂得哪些食物能提供充足的能量。原始人类擅长观察，且非常聪明，他们能够敏锐地觉察四周的情况。他们发现坚果树每年收成不等，且森林深处坚果树的产量比森林边缘的产量低，了解到这些后，他们便开始清除坚果树下的杂草和其他小树，以提升坚果树的产量。这就是当今农耕的雏形，之后人们才开始狩猎和栽种谷物。

最早的石臼

在全世界的考古遗址中都曾发掘到坚果碎屑和“开壳石器”。这些石器普遍呈扁平状，或者中部略微凹陷，且带有少许坚果和种子的碎屑。由此可知，坚果和种子在史前人类的食物结构中占比之重。通常这些石器的中部都向下凹陷，说明人们会将坚果置于其中，再用另一块石头敲击。现代也有许多灵长类动物会使用石头敲开坚果。比如，人们在以色列死海附近的雅各布女儿河（Gesher Benot Ya’aqov）遗址里发现了50块类似的石器。据测算，它们距今已有78万年的历史，石器中残存了如橡子、杏仁和开心果等坚果。

有些坚果可以开壳即食，有些则需要先加工再食用。例

△狩猎采集者的大餐

如今，游牧部落的饮食中仍然可以找到人类祖先饮食的缩影。坚果和种子是文莱（Brunei）的佩南族人（Penan）部落宴会中必不可少的食物。

◁春收

在中世纪，人们采集坚果花费的时间占据了一整年的大部分时候。杏仁可以用于烹饪、磨制成杏仁粉，杏仁粉和水混合还能制成“牛奶”。

△石器时代的必需品

碾磨石器（Grinding stones）是新石器时代人类赖以生存的重要工具。它可以用于研磨根茎、蔬菜、种子、坚果以及许多其他类型的谷物。

如：人们会把橡子放到编织篮里，然后浸入水中，让水冲走橡子里面带有苦味的丹宁酸，然后烘干或烤干，最后再碾碎食用。橡子和橡子制品可储藏时间很长。新科技的出现让人们可以辨识橡子的各种元素，其结果显示橡子作为食物远比人们想的更重要。过去许多作品都曾提到过橡子。公元1世纪罗马博物学家和编年史家老普林尼（Pliny the Elder）就写道，橡树是“最先给凡人提供食物的树木”。我们一度曾低估了人们食用坚果的数量，因为它们没能留下太多痕迹：它们的果实被食用，坚果壳也被当作燃料烧尽。

贮藏榛子

在世界各地的考古遗址中，最常见的就是榛子。榛子壳尤为坚硬，它们甚至可以从几千年前毫发无损地留存到现在。榛子可能是从小亚细亚（Asia Minor，现在土耳其的一部分）传到意大利和希腊的。人们在瑞士的史前湖居人遗址和瑞典的至少一处新石器时代遗址中都发现了榛子。在苏格兰赫布里底群岛（Hebrides）的科伦赛岛（Colonsay）上还发现了大量被火焚烧过的榛子壳。这些从浅坑中挖掘出的榛子壳距今已有7000年历史，这证明了在史前时代人们就已经开始大量储存榛子。坚果中不仅含有蛋白质一类的营养，还含有大量的脂肪，因此可以用来榨油。同样，种子也能榨油。古埃及人就曾用小萝卜籽、亚麻籽、辣木籽和芝麻种子等炸油。在美索不达米亚（Mesopotamia）平原上，尼布甲尼撒二世（King Nebuchadnezzar）建造的宫殿中，考古学家也发现了曾经使用芝麻榨油的证据。种子跟坚果一样方便运输，而且用它们补充能量及时又可靠。

中世纪的人们认为松子可以止渴，
还可以缓解胃灼热，减轻胃痛。

过去的清口糖——种子

中世纪，人们会给种子裹上糖衣，然后通过这道既费钱又费时的工序，将种子做成甜点或清口糖。18世纪早期，彼得大帝把向日葵植株引进俄罗斯时，掀起一阵吃葵花籽的风潮，然而人们不会把种子当成像坚果那样可以即食的食物。在印度，罂粟籽是混合香料中的一种成分，人们将灰白的印度罂粟籽碾碎，作为香料的增稠剂。

△坚果的本质

首位有记载的博物学家老普林尼在提到橡子和榛子时，称它们为重要的食物来源。他认为榛子树是从小亚细亚引进的。

◁机械加工杏仁膏

在19世纪和20世纪，机器帮人们承担了研磨坚果的繁重工作；因此，类似杏仁膏这种用杏仁粉做成的甜点，已经不再是富人的特供品。

△糖渍的快乐

“Marrons glacés”又称糖渍栗子，深受16世纪的法国人和意大利人的喜爱。制作糖渍栗子需要先去壳，再将果仁放在糖浆中煮沸。

古法采集杏仁

这幅公元16世纪的插画描绘了坎地巴旦（Qand-i Badam）的托钵僧（Dervish）在塔吉克斯坦（Tajikistan）的法加纳谷（Fergana Valley）中将杏仁装进篮子和口袋的情景。

杏仁 好运小物

古罗马人认为甜杏仁有求子的功效。数百年来人们都用甜杏仁粉制作甜点和蛋糕。许多食物和饮品都需要用到甜杏仁油或者靠甜杏仁调味。

数千年以来，杏仁象征着希望、重生和好运。《圣经·民数记》（*the Bible's Book of Numbers*）是比较早记录杏仁的文献之一，其中记载了亚伦杖（Aaron's rod）开花并结出成熟杏仁的故事。杏仁是古埃及人和古希腊人经常食用的食物，因此罗马人认为杏仁原产自希腊，称其为希腊果仁（Nux graeca）。

> 每年，人们都会将几百万个蜂箱运往加利福尼亚的杏树林，以便让这些蜜蜂为杏树授粉。

实际上，野生杏树发源于中东和西亚，不过杏树确实被迅速引进到了地中海地区。腓尼基商人将杏仁带到了西班牙。到了公元8世纪，杏树已经在法国南部广泛种植。后来，杏树又从法国引进到了意大利和其他欧洲国家。杏仁在早期的阿拉伯和中世纪的欧洲饮食中占据着重要位置。18世纪，方济会的修道士（Franciscan Friars）将杏树带到北美洲，但是直到20世纪早期，杏仁产业才在加利福尼亚站稳脚跟。如今，加利福尼亚已是世界上杏仁产量最大的地区。

甜或苦

从本质上来讲，杏仁不属于坚果，而是带有坚硬外壳的种子。目前人们培育的杏仁有两种：一种是甜杏仁，常被当作坚果食用，可用于烹饪或榨油；另一种是苦杏仁，苦杏仁油常被用于食物的调味或者意大利阿玛雷托酒（Amaretto）一类的利口酒中，不过，食用前，要先加热去除其中的氢氰酸（氰化氢Hydrogen cyanide），以确保食用安全。

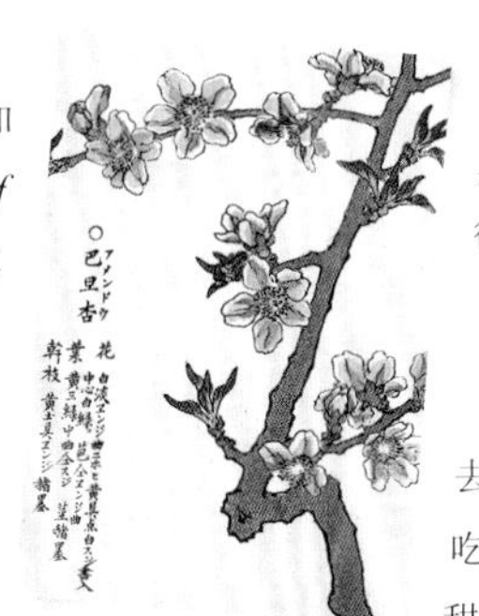

◁粉嫩鲜艳

杏树的花朵呈粉色，十分娇美，于早春时节开放。很多国家在杏花盛开的季节设有专门的节庆活动。

甜杏仁有很多种吃法：可以带壳也可以去壳；可以整颗食用亦可切片或碾碎；可以生吃，也可焯制或盐渍；还可以搭配各式各样或甜（如杏仁鳟鱼）或辣的菜式。甜杏仁还是制作杏仁膏的主要原料。杏仁膏是糖、细杏仁粉混合而成的糊状物，有时也会加上鸡蛋。它源自中东地区，在中世纪的欧洲广受欢迎。

油酥糕点、蛋糕与饼干

许多油酥糕点中都会加入糊状的杏仁作为夹心，比如葡萄牙的杏仁塔（Tarte de amândoa）和英国的贝克威尔馅饼（Bakewell tart）。人们还常用杏仁粉作为饼干原料，比如马卡龙。在西班牙，杏仁味的蛋糕和饼干非常受欢迎。西班牙著名的蛋白杏仁饼干（Pan de Cádiz）就是用杏仁膏和果干做成的。在瑞典，有一道圣诞特色菜就是在肉桂味的大米布丁里藏一颗杏仁。

△毛茸茸的水果

杏子是桃子的亲缘植物。它们都有毛茸茸的果皮。杏子成熟后，削去外面的果肉，就能看到杏仁。

发源地
中东、西亚

主要产地
美国、西班牙、意大利

主要食物成分
15%脂肪

营养成分
铁

非食物用途
化妆品

学名
Prunus dulcis

▽通通摇下

这种机器是专门用来收集杏子的。它可以摇落熟透的杏子，供人们采集。

核桃

丘比特之果

自新石器时代人类开始食用核桃至今，核桃一直都是人们喜欢用来当作小吃、烹饪菜肴的食物之一

法国阿基坦（Aquitaine）地区考古发掘中，发现了烤过的核桃壳化石，其历史可追溯到8000多年前的新石器时代。在美索不达米亚发现的泥板上刻的铭文说明了中东古代文明饮食中也有核桃的身影。人们从铭文中得出结论：大约在公元前2000年的巴比伦（如今的伊拉克）空中花园中就曾种植核桃树。

和古代神祇的联系

核桃是胡桃属的圆形单核果实，其绿色外壳坚硬呈脊状。其中，种植最广泛的就是我们常见的、可能发源于中亚的核桃（Juglans regia）。“Juglans regia”一词是罗马神

> 核桃在阿富汗语中意为“四个大脑”，与其酷似大脑的外形相对应。

丘比特（Jupiter、Jovis或Jove）之名和“坚果”（glans）的拉丁语的结合体。人们相信丘比特生活在凡人之中时就是以核桃为食。在希腊神话中，狄俄尼索斯神（Dionysus）钟爱的凡人卡莉娅（Carya）被变成了核桃树。听到这个消息，卡莉娅的父亲命人建造了一座庙宇纪念她。庙宇的柱子形似卡莉娅，名为女像柱（Caryatids）。

中世纪，人们沿着亚洲与中东之间的丝绸之路贩卖核桃，在后来的几个世纪里，出海经商的人将核桃带到世界各地。19世纪，西班牙传教士在加利福尼亚海的沿岸定居，

◁一桶桶坚果

这幅画描绘了18世纪后期农村市场的场景，一个商人从桶里舀出核桃卖给一个顾客，述了欧洲南部平常的秋日景象。

△研磨核桃

为了便于做核桃糊或核桃酱，全南欧的核桃都是碾碎后出售的。图中的人正在把去壳后的坚果倒进老式碾磨机中。

将核桃带到北美洲。如今，尽管中国已经成为世界核桃产地之首，但是加州仍是世界领先的核桃生产地之一。

小吃、汤和调味汁

在欧洲和美国，人们通常认为核桃是一种小吃，他们也会把核桃加进蛋糕和甜点里。从冰激凌到果仁蜜饼（Baklava）都有可能发现核桃的身影。核桃也会出现在美味的菜肴中，比如法国核桃汤（Walnut soup）、意面酱、东欧和中东的肉菜等。靠近高加索山脉（the Caucasus Mountains）的国家，做菜时也常常用到核桃酱。法国、瑞士和意大利北部都有用核桃油做菜、拌沙拉的传统，然而现在核桃油价格较高，因此用它做菜的人也随之变少了。

△裹上巧克力

20世纪初，裹着巧克力的核桃成为英国最受欢迎的甜食。

发源地
中亚

主要产地
中国、伊朗、美国

主要食物成分
67%碳水化合物

营养成分
铁、钾

学名
Juglans regia

榛子

典雅之味

棒树遍布北半球，而它的果实榛子现在是世界上受欢迎的坚果作物之一。

△坚果和柔荑花序

榛子树的柔黄花序是长长的黄色花簇，带有花粉，花授粉后，就能结出榛子。

随处可见的榛子无疑是新石器时代祖先们的最爱。人们已经在北欧的多个新石器时代遗址中发掘到烧焦的榛子壳碎片。榛子是远古人类在秋天的即食食物来源。榛子树为大型灌木，叶片呈锯齿状，柔荑花序呈黄色，在春天开放，到8月末至10月初时，会长出葡萄大小的坚果。

发源地
欧洲、西亚

主要产地
土耳其、意大利、西班牙

主要食物成分
脂肪和碳水化合物各占12%

营养成分
钙、铁

学名
Corylus avellana

经典食材

我们从公元前1世纪的希腊文学作品中发现，榛子是从黑海海岸（现在的土耳其）被带到希腊的。尽管罗马帝国的衰落可能放缓了人们栽培榛子树的脚步，但是我们还是能从公元1世纪的罗马历史学家老普林尼的作品里看到关于人们采集榛子作为食物的记录。17世纪初，意大利和英国已经重新开始种植榛子树了。1629年，北美的早期殖民者开始从英国进口榛子，几乎在同一时间，他们开始种植榛子树。

如今，榛子产业在全世界的许多地方逐渐商业化。榛子既可以生吃，也可以切碎或碾碎，用于烘焙和糖果制作。蛋糕和糕点加了榛子油会更香，吃起来还会有一股榛子的清香。沙拉调料加了榛子油口感会更丰富。榛子仁巧克力更是风靡全球。

▷中世纪丰收

如图所示，14世纪，采集榛子已经成为有钱人的一种娱乐活动。

鲍鱼果 来自丛林的坚果

鲍鱼果原产自亚马逊盆地，是当地人们最喜爱的坚果类零食。最近人们逐渐重视它的营养价值，是因为它的含硒量远超过其他坚果。

发源地
亚马逊流域

主要产地
玻利维亚、巴西

主要食物成分
67%脂肪

营养成分
硒、钙

学名
Bertholletia excelsa

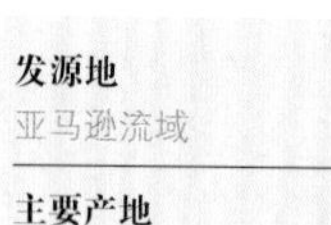

◁**壳内风光**

鲍鱼果有着坚硬、粗糙的球状外壳，里面包裹着一个个的“坚果”。

鲍鱼果树在南美洲亚马逊雨林中肆意生长，通常它们都是雨林里最高的树，因为一棵成熟的鲍鱼果树能够长到50米高。鲍鱼果在雨林外的种植园里无法培育成功，因为它需要雨林里的蜜蜂帮助花授粉。而由此产生的种子——巴西“坚果”（这里加引号表示鲍鱼果不是坚果却名为坚果，其英文名为Brazil nut），只能靠生活在森林深处的大型啮齿动物刺鼠（Agoutis）传播。

树下行走要当心！

鲍鱼果的外壳又硬又厚，大小与椰子相似。鲍鱼果内含有12—24颗种子，它们像橙子瓣一样排列着，每颗种子外面都有一层木质外壳。因为鲍鱼果树太高，爬不上去，所以在果荚以每小时80千米的速度落地前，人们是没法摘到鲍鱼果的果实的。鲍鱼果果实的重量高达2.3千克，因此成为安全隐患。在鲍鱼果成熟的时节，当地人会戴上头盔以防不测，采集果实的时候也会避开大风天。

几千年来，鲍鱼果是亚马逊部落的优质营养源，可外人并不知晓。葡萄牙和西班牙探险家到16世纪才首次发现这一物种。不过在1633年，荷兰商人就已经把鲍鱼果带到欧洲。但直到19世纪，鲍鱼果才被运往北美洲。

现在，美国是鲍鱼果的最大进口国，其中大部分产自世界上最大的鲍鱼果出口国玻利维亚。在巴西、玻利维亚和秘鲁，鲍鱼果树受法律保护，且严禁砍伐。

艰难时刻

鲍鱼果去壳十分费力，但市面上依然有带壳的和去壳的两种类型的鲍鱼果出售。人们可以生吃，也可以焯熟或烤制后作为零食食用。它还是一种食品原料，主要用于糖果业。在巴西，以鲍鱼果为主要原料的蛋糕深受大众喜爱。

一棵成熟的鲍鱼果树每年产量高达113千克。

◁**树顶之上**

鲍鱼果生长在森林树冠高处的树枝上。鲍鱼果树为落叶乔木，在旱季落叶。

▷**成堆的坚果**

鲍鱼果是巴西重要的出口商品，每年巴西都会出口大约38 000吨鲍鱼果。

碧根果

只有北美洲才有的坚果

碧根果是唯一一种原产于北美洲的坚果，它长在树上。碧根果及其同名的馅饼已经与美国的庆祝活动密不可分了，其中最典型的要数感恩节。

虽然英文名中带“坚果”二字，但是碧根果却不是真正的坚果，它和核桃同属，都属于核果。二者的区别在于，碧根果的外壳比核桃壳光滑。它有着和核桃一样的褶皱内核，但它的内核颜色更偏棕色，口感更油润、更温和。碧根果树属于山核桃木，原产于美国东南部和墨西哥的部分河谷。野生的碧根果是美国印第安部落宝贵的食物来源，一到秋天人们就会采集并食用碧根果。人们还用碧根果制作坚果奶，即将粉末状的碧根果发酵成一种可能让人喝醉的饮品，称其为碧根果汤（Powcohicora）。

发源地
北美洲

主要产地
美国、墨西哥

主要食物成分
72%脂肪

营养成分
铁、锌、维生素B3、维生素E、维生素K

学名
Carya illinoinensis

艰难移植

最早种植碧根果的可能是美洲印第安人，他们用它交换早期欧洲探险家手里的作物。可以肯定的是，在16世纪末或17世纪初期，西班牙殖民者将碧根果引进到墨西哥北部，接着其他殖民者在17世纪70年代早期又将碧根果引进到长岛。因此，碧根果产业发展势头越来越强。到了1805年，在英国伦敦的广告里，它已经被标榜为一种值得人们关注的栽培作物。19世纪中叶，路易斯安那州的一个名叫安托万（Antoine）的奴隶想出了将优良野生树木的枝丫移植到苗木上的方法。在此之前，碧根果与坚果的大小、形状和体积仍然有很大的差异。碧根果主要用于制作甜食，如碧根果派和糖果等。

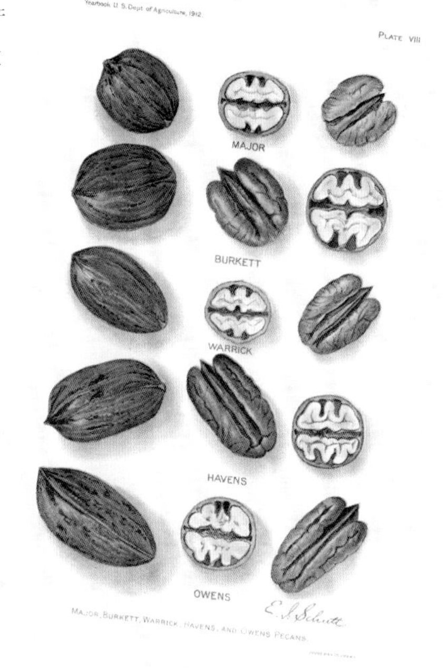

▷山核桃的种类

1912年，美国农业部出版了一份图解指南，介绍了当时美国种植的山核桃的主要品种。

花生 埋在地下的坚果

人们首次种植花生是在7000多年前的南美洲，之后花生遍布全球。美国人曾经视花生为动物饲料，如今花生已成为美国人饮食中必不可少的一部分。它不仅是一种常见的小吃，还是非洲和亚洲菜肴中的重要组成成分。

△烤花生

美国人每人每年能吃下2.7千克花生，其中有一半用来制作花生酱，相比之下，欧洲人更爱拿烤花生当下酒菜。

秘鲁北部南岔河谷（Nanchoc Vally）的贝壳化石显示，大约公元前5600年，土著人就已经开始培育并食用花生了。但是，花生并非原生于此地，可能在更早之前就有人在别处开始培植花生了。人们猜测这个地方就在玻利维亚（Bolivia）。研究表明，现在栽培的花生品种（Arachis hypogaea）是两种野生南美洲品种自然杂交的产物。

尽管花生的英文名“peanut”也带有坚果之意，而且它还有落花生（Groundnuts）、猴子果（Monkey nuts）和古博豆（Goobers）等别名，但它其实并不是真正的坚果，而是豆类，与豌豆和豆子同属一科。花生种子油分很高，研磨后可以轻松做成黏稠又有营养的花生酱。最早在秘鲁种植花生的那批人中，很有可能已经有人率先吃过类似花生酱的食物，并制作过烤花生了。

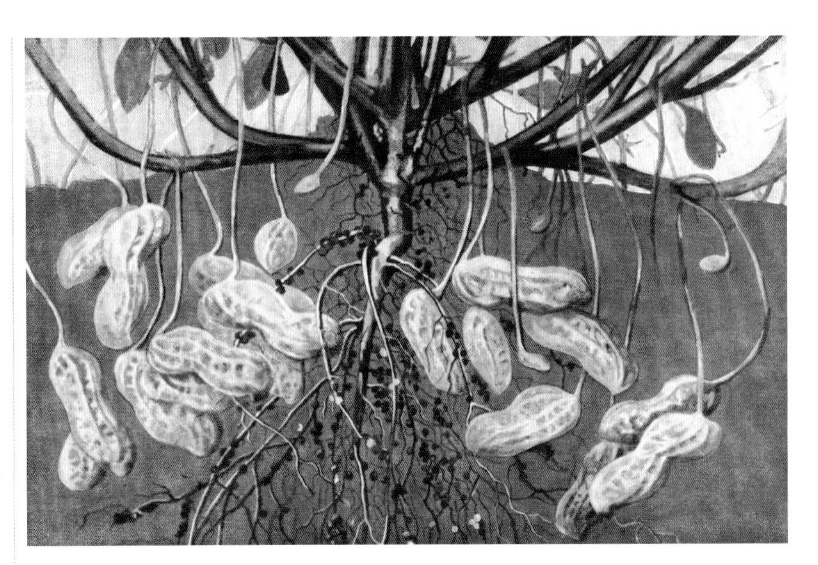

△长在地下

花生被果实荚包裹在地下的蔓生茎上，果实荚里的种子或者说“坚果”最多可以长到7颗。

花生热

莫切文明（Moche Civilization）出现于公元1世纪至8世纪的秘鲁，我们从莫切文明时期的手工艺品中就能看出人类对花生的热爱由来已久。这些手工艺品中有用模具压成花生形状或绘有花生图案的陶瓷、金花生豆荚状珠宝以及塞满花生的随葬花瓶。几个世纪后，印加人也开始种植花生，并用骆驼运送花生。

16世纪晚期，西班牙探险家将花生引进到西班牙；荷兰人则把花生带到了荷属东印度；还有人穿过太平洋将花生带到中国；葡萄牙人将花生引进到非洲和印度；美国虽毗邻南美洲，但据说直到18世纪早期才引进花生。与花生一同进入美国的还有非洲的奴隶。贩奴人囤积花生，因为它便携又便宜，而且营养丰富。

美国人一开始视花生为动物饲料，觉得那是穷人才会吃的食物。直到19世纪，弗吉尼亚的花生种植才开始商业化。后来，约翰·凯洛格博士（Dr John H. Kellogg）和他的兄弟威尔（Will）一起发明了玉米片，并于1898年以营养健康食品为由申请到了花生酱的专利。如今这两种食物已成为美国饮食中不可或缺的一部分。澳大利亚基督复临安息日会信徒（Seventh Day Adventists）深受凯洛格触动，从凯洛格那里进口花生酱和健康食品，并在澳大利亚大力推广花生产品。

◁堆积如山的食物

花生生意从古至今在热带地区都是一笔大买卖。图中成堆的花生正待出口，一旁的人们扛着一袋袋沉重的花生走下步桥。

深得世界人民喜爱

20世纪初，出现了能减轻人们因花生播种和收获而损耗劳动的机器，并推进了美国的花生产量。同时棉花遭遇棉铃虫害，导致许多南方农民也开始改种花生。乔治·华盛顿·卡弗（George Washington Carver）既是植物学家又是发明家，他还是花生种植的坚定倡导者。在他的鼓励下，花生种植业发展逐渐壮大。20世纪，美国成为仅次于印度和中国的花生生产国，也是世界上最大的花生出口国。

◁廉价小吃

20世纪30年代，美国人只要花一美分就能从这种新发明的自动售货机里买一把花生吃。

泰国和中国的面条常以整粒花生或花生酱为主要配料；在印度尼西亚，花生酱被用作烤肉和串烤鱼的蘸酱；在印度，人们爱吃的早餐婆哈（Poha）里也有花生酱；而在西非，人们炖菜、煮汤、做蛋糕和糖果时都会加花生酱。

发源地
南美洲

主要产地
中国、印度、尼日尼亚

主要食物成分
39%脂肪

营养成分
铁、维生素B、维生素E

学名
Arochis hypogaea

> “人类不能仅靠面包生存；一定还要有花生酱。”
>
> 美国总统詹姆斯·加菲尔德（James A. Garfield，1831—1881年）

可可 众神的食物

可可树的果实可可豆有着悠久且非凡的历史，从金钱到医学再到宗教仪式等一切领域都有它的用处，最终可可豆成为世界上非常受欢迎的甜点原料之一。

发源地
墨西哥、南美洲中部和北部

主要产地
科特迪瓦、加纳、印度尼西亚

主要食物成分
57%碳水化合物

学名
Theobroma cacao

墨西哥和中美洲的玛雅人（Maya）及阿兹特克人（Aztecs）认为巧克力是上帝的礼物。对他们来说，巧克力是精英的特供食品，只能在特定的场合食用。宴会结束后他们会端出巧克力，倒在葫芦杯中享用。但如果普通人喝了它，则会带来厄运。在一些仪式中，人们会把巧克力和血液这两种被认为神圣的液体混合起来。“Chocolate”（巧克力的英文写法）这个词来自阿兹特克单词“*xocolatl*”，意为“苦水”。18世纪，瑞典博物学家卡尔·林尼厄斯（Carl Linnaeus）给可可树命名为“*Theobroma cacao*”。“Theobroma”在拉丁语意为“神的食物”，与原始人的信仰形成了呼应。

◁**巧克力女神**
玛雅人把地球女神伊卡卡奥（Ixcacao）尊为对抗饥荒和守护庄稼地的女神。

合适的条件

可可树原产于热带墨西哥、中美洲和南美洲北部，其生长在潮湿的环境中，这里有摇蚊为其授粉，还有高大的热带树木为其遮荫。如果温度低于15.5摄氏度，可可树的叶片就会全部掉落枯死。但如果种植条件理想，可可树的种子就会迅速生长，到第3年或第4年就会结果。可可果实直接长在可可树的枝干上，这种不寻常的生长方式叫做茎生（Cauliflory）。早期植物插画家并不了解这一点，所以常常将其错误地绘制成人们更熟知的果树样式，把可可豆荚描绘成悬在树枝末端。如今，人们主要种植的可可树有三种。尽管可可树可以长到约18米高，但为了方便采摘，种植园通常将其控制在6米。树上的可可豆荚一年两收。最优良的可可豆品种是克里欧罗（Criollo），玛雅人和阿兹特克人食用的品种很可能就是克里欧罗。这种可可豆尽管品质出色，却容易受到许多疾病的影响，很难顺利生长，而且它每个豆荚中的可可豆数量远比其他品种少。更易生长的品种是福拉斯特罗（Forastero），它是主要的商用可可品种，全世界可可豆产量的80%都属于这一品种。特立尼达（The Trinitario）是天然的杂交物种，它出现于特立尼达岛的一场风暴后。这场风暴摧毁了那里所有的克里欧罗树，后来人们种下福拉斯特罗树，结果大自然结合了两个品种的最佳特征，杂交出新的品种。这一品种的可可树无法自己播种，需要靠人类或其他媒介的干预完成。

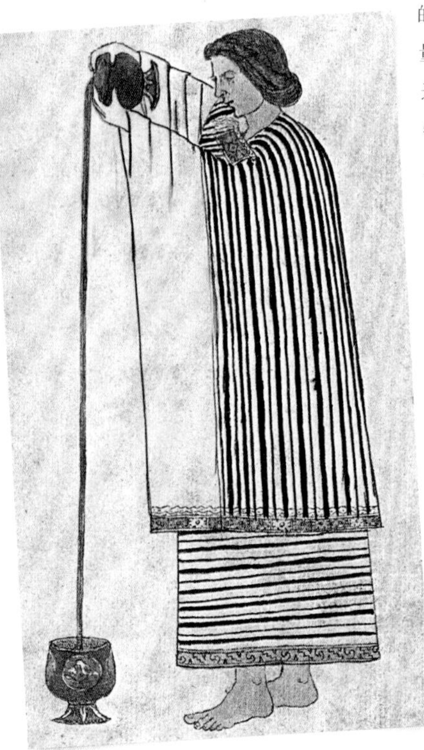

▷**从高处倾泻而下**
在墨西哥和中美洲的传统做法中，巧克力饮料表面的泡沫是通过将液体从一个容器倒入另一个容器而形成的。

▷**酝酿中**
我们从这幅公元17世纪的画中，看到中美洲巧克力的制作方法，当地人正在制作可可豆，并将其制成饮品。

古法制备

考古学家在中美洲洪都拉斯（Honduras）的饮用器皿中发现了可可的痕迹，这一痕迹的历史可以追溯到1000多年前。然而，很难说它们就是苦可可豆的残余物，因为考古学家在器皿中一同发现的还有在可可豆荚里裹着的甜甜果肉。果肉经过发酵就可以制成美味的酒精饮料，但可可豆则需要经过几道工序才能变得可口。首先将其发酵数日，让果肉变成液体排出；接着将它们风干1—2周，然后烘烤1—2小时；再让风筛去薄如纸的外壳；最后研磨成粉。

玛雅人和阿兹特克人喝的巧克力与如今全球出售的热巧克力大不相同，因为他们喝的巧克力通常是冷的，有时还会加入玉米粉使其变成粥状或糊状，并混入辣椒、蜂蜜、香草及各类鲜花食用。也有人认为玛雅人喝巧克力热饮，而阿兹特克人喝凉的。相似的是，他们都会将巧克力在两个容器里倒来倒去制成泡沫顶。

瑞士人平均每人每年吃9千克巧克力，位于世界人均巧克力食用量之首。

西班牙征服美洲后，巧克力便走向更为广阔的世界。1502年，探险家克里斯托弗·哥伦布（Christopher Columbus）在其第四次，也是最后一次航行中，偶然遇到了一艘来自尤卡坦半岛（the Yucatán Peninsula）的大型玛雅商用独木舟。他劫持了独木舟，但在检查货物时，只发现了衣服、粮食和可可豆，其中可可豆是他唯一不认识的东西。他将可可豆描述为“杏仁，在新西班牙（墨西哥）被当作货币”，而一心寻找黄金的哥伦布并没有被可可豆打动。巧克力首次到达西班牙的时间尚不可知，据说是1544年，当时多米尼加修士曾在危地马拉（Guatemala）逗留，带着玛雅贵族代表团会见了西班牙的菲利普二世亲王（Prince Philip II）。

◁ **异国产品**

埃普斯可可是19世纪英国领先的可可粉品牌。这个广告清楚地呈现出可可的叶子、豆荚和豆荚中的可可豆。

◁**巧克力外卖**

19世纪，法国巴黎的一名街头商贩将巧克力装在隔热容器里，背在背上售卖。

他们进贡给菲利普二世亲王很多的礼物和一个个装着打好的巧克力的器皿。这可能是巧克力首次在欧洲现身，但没有记录显示人们对此作何反应。直到1585年，满载着可可豆的船只才终于到达塞维利亚（Seville）。西班牙富人很喜欢这种饮料。他们制作这种饮料的方式和传统的方法大不相同，他们不喜欢把像辣椒这样的烈性香料加进去，更喜欢加入蔗糖、肉桂和蜂蜜一类温和的调料。

危险的致幻性

关于巧克力是如何传到法国的，有几种不同的说法。人们最熟知的传闻是在1615年，法国和西班牙曾二度联姻时，西班牙皇室将巧克力作为礼物带入法国宫廷；这一说法尚无确凿证据。另一个传闻是有位法国红衣主教从西班牙修道士那儿得到巧克力，然后将其作为“为脾脏祛除湿气”的药物。众所周知，巧克力于1657年到达英国。伦敦报纸上的广告这样形容巧克力：“巧克力，来自西印度的美味，女王头巷（the Queen's Head Alley）有售，就在比什凯克街（Bishopsgate Street），法国人售卖。”那个时期著名的英国日记作者塞缪尔·佩皮斯（Samuel Pepys）记录了他和一个朋友一起喝酒的情景，“即食巧克力缓解了我们早晨的饥饿感”。他还写道：“中午和皮特长官出门，在一家咖啡厅点了脚克力（Jocolatte，此处为该作者的误拼），特别好喝！”

到了1773年，人们已经发现巧克力能很好地掩盖毒药味道，他们认为教皇克莱门特十四世（Pope Clement XIV）就是如此被毒死的。那个虔诚的糖果商教徒为他奉上了巧克力，教皇说这次巧克力的味道比平时更苦，出人意料的是他和糖果商仍然喝得一干二净，不久两人便双双毙命。

巧克力有许多优点，被认为是治疗所有疾病的良药，也被视为一种春药。有人认为巧克力具有和迷幻蘑菇一样的致幻性。西班牙勤奋的编年史学家贝尔纳迪诺·德·萨阿贡（Bernardino de Sahagún）写道：“这种可可豆，喝得多了会醉、会头晕、会困惑、会生病、会精神错乱。”这让学者们迷惑不解，有些学者推测修士端上来的巧克力混合了酒精或其他令人兴奋的物质。

> “巧克力的优越性很快就会让它超越茶和咖啡在美国的地位。”
>
> 美国第三任总统托马斯·杰斐逊（Thomas Jefferson，1785年）

△**包装奢华**

19世纪，可可一直是欧洲的奢侈品，这一德国品牌的奢华设计证明了这一点。

坚固而甜蜜

如今，大多数巧克力都是甜的，它们由可可粉、可可脂（或植物油）和糖混合制成。市场上通常将它做成实心巧克力棒出售，有时会加上其他口味或内馅；或者将其裹在糖果外面。人们也很爱在蛋糕、甜点和冰激凌中加上巧克力。有的菜里也会加巧克力，比较出名的要数墨西哥的鼹鼠酱（*Mole sauce*），里面加了辣椒，通常会在节日时搭配火鸡、鸡肉和其他肉类食用。

▷**节约劳力**

19世纪末，巧克力制作步入机械化。这种像磨机一样的机器是为了减少磨豆所需的劳动力而开发的。

SPECIAL CABIN
SUPPLIED
SPRATTS PATENT
NAVY ARMY & EXPE
BISCUIT MANUFACTU
LONDON
HUNTER'S
FAMED
OATMEAL
EDINBURGH

探险食品

从16世纪开始，在航行期间保证船员的健康成为一个永恒的难题。新鲜肉类、奶制品、水果及蔬菜很容易变质；除非是像葡萄干那样的干果。在这种条件下营养不良就是个大问题。坏血病是一种因缺乏维生素C而引起的疾病，仅在1500—1800年间，就有大约200万名水手因此丧生。

陆地上的探险者条件略好一些。1804年，梅里韦瑟·刘易斯（Meriwether Lewis）和威廉·克拉克（William Clark）一起动身穿越当时的美利坚合众国，并随身携带了“便携汤”（“Portable soup”）——一种混合了面粉、盐、咖啡、猪肉、其他肉类、玉米、糖、豆类和猪油的混合物。他们把这种混合物煮沸至果冻状，然后放置一旁待其凝固。虽然味道不好，但探险队员多次靠它抵御了饥饿，同时他们还靠射击、撒网和诱捕得来的猎物补充快要吃完的存粮。

1912年，冒险抵达南极的罗伯特·斯科特船长（Captain Robert Scott）就没这么幸运了。在埃文斯角（Cape Evans）的小屋里他和探险队员们吃得很好，但是出了小屋，情况就截然不同了。拖雪橇的拖拉机坏了，随行的小马也死了。斯科特一行人别无选择，只能自己拖着雪橇去南极。他们多数时候用肉干饼来充饥——肉干饼是用磨碎的干肉和油脂混合而成的食物。用肉干饼加水煮制成的炖菜就叫杂锅菜（Hoosh）。他们的食物还包含黄油、饼干、奶酪、糖和可可。现代营养学家认为这种搭配缺乏脂肪和维生素。斯科特和他的手下每天最多摄入4500卡路里，远远低于身体所需的6000至7000卡路里，因此他们在返程的时候倍感艰难、饥饿难耐。

◁食物越好，时代越好

俄罗斯狗驱雪橇车夫迪米特里·格罗夫（Dimitri Geroff，左）和训狗员塞西尔·米尔斯（Cecil Meares）在1902年斯科特的《探险》（*Discovery*）节目中展示了他们的厨艺。

▷果实成熟中

只有腰果坚果可以出口，而多汁的腰果苹果尽管十分美味，但不易保存。

腰果

带有刺激性的坚果

发源地
巴西

主要产地
科特迪瓦、越南

主要食物成分
47%脂肪

营养成分
铁

学名
Anacardium occidentale

最初，葡萄牙探险家在巴西发现腰果时，以为腰果不可食用，但自从他们学会吃腰果后，就爱上了这一美味的小吃。从那时起，腰果就开始被欧洲和其他地方的人食用至今。

腰果比较特殊，因为它有两个不同的部分：一部分是果肉肥厚、气味芬芳的腰果苹果，呈椭圆状；另一部分是种子，也称坚果，种子外有两层坚硬的外壳，垂在腰果苹果之中。想要撬开腰果壳很难，而且壳中还带有两种刺激性极高的化学物质——卡多醇（Cardol）和腰果酸（Anacardic acid）。巴西本土的图皮人（Tupi）发现，让果壳变干再烘烤，这样取坚果会更方便。他们将这一技术传给了葡萄牙人，葡萄牙人用腰果苹果肉酿酒。

小吃和调味汁

大约在1560年，葡萄牙人把腰果带到印度沿海的果阿（Goa）。腰果树在果阿茁壮成长，不久印度人就开始将腰果作为药用材料和食物原料，它可以整颗食用；或制成糊状，当作咖喱酱的基料；又或者磨成粉做甜点。很快腰果树就在东南亚培植并盛行起来。在非洲它们也同样长得很好，营养丰富的腰果成为了非洲菜肴中不可或缺的一部分。直到20世纪20年代，腰果才在北美流行起来，但到了1941年，美国每年从印度而非腰果原产地南美洲进口20 000吨腰果了。如今，尽管腰果价格依旧昂贵，但其温和、美妙的口感已经享誉世界。有时人们也会生吃腰果苹果，或者将其制成果酱和果冻。

▷小心处理

一名印度农场工人正徒手从腰果苹果中取出腰果。剥壳时要小心受到壳中刺激性化学物质的影响。

栗子 甜蜜的淀粉食物

几千年来，甜栗子都是大部分人碳水化合物的重要来源。现在，人们常将其晒干磨成栗子粉，制成冬季热食或蜜饯点心食用。

甜栗子从萨迪斯（Sardis，今土耳其萨特）传入古希腊，在那里，人们常用甜栗子供奉最高神宙斯（Zeus）。甜栗子外壳多刺，树木耐寒，和七叶树果很像，但要注意七叶树果是不可食用的。希腊人和罗马人把栗子储存在装有野生蜂蜜的陶罐里，这样储存后的栗子吃起来会更鲜甜。

△容易去壳

剥下甜栗子外面的软壳后，里面还有一层毛茸茸的皮。

淀粉的重要来源

到了中世纪，栗子树已经遍布欧洲，它们大多分布在山区和林区，因为那里没法种植小麦，产不了面粉。19世纪，玉米和马铃薯才从美洲引进到欧洲。在此之前，栗子是欧洲淀粉的主要来源之一。栗子的脂肪含量比其他坚果少，但碳水化合物含量高，人们将栗子烘干并磨成栗子粉，用于烘焙、制作意大利面、煮汤和熬粥。在意大利，甜栗子最初被用来做玉米粥。在栗子还没有成为明火烤制的冬季大热美食前，高耸的美国栗树（C. dentata）果实常被印第安人用于治病，或者磨成粉后食用。

亚洲也有几个已被栽培了几千年的甜栗品种。在中国，最早记录人们食用栗子的朝代是周朝（前1046—前256年）。在日本，栗金团（Candied chestnuts，甜马铃薯泥裹糖渍栗子）是一道深受人们喜爱的新年菜肴。

开始流行

用栗子制作的菜肴中，最昂贵的是法国的糖渍栗子（Marrons glacés），它的历史至少可以追溯到400年前。以栗子为原料的甜点还有尼斯罗德布丁（Nesselrode pudding）和阿尔代什栗子酱（*Crème de marrons de l'Ardèche*），前者是维多利亚时代最受欢迎的甜点，含有奥地利出产的栗子酱（Puréed chestnuts）、奶油和黑樱桃酒（Maraschino liqueur），后者是法国人克莱门特·福吉耶（Clément Faugier）于1885年发明的一种酱料。意大利人和奥地利人至今仍然喜欢用栗子粉烘焙糕点，近年来，人们也越来越爱吃美味的栗子馅料、栗子汤和栗子泥。

▷烤栗子

冬天，当街头小贩在火盆上烤栗子时，“烤栗子”的叫声回荡在伦敦街头。

△有几颗？

栗子外壳多刺，壳内通常含有2—4颗果仁，或称坚果，但诸如里昂栗（Marron de Lyon）一类的栗子品种，就只有1颗大果仁。

发源地
欧洲、土耳其

主要产地
意大利

主要食物成分
44%碳水化合物

非食物用途
木材

学名
Castanea sativa

“栗子是乡巴佬的食物，吃了浑身有力，增长阳刚之力。”

英国作家约翰·伊夫林（John Evelyn，1620—1706年）

△从林食物

松子能为生活在寒冷气候中的居民提供丰富的热量和营养。

松子 古代“春药”

从石器时代至今，欧洲、亚洲和北美就开始食用松树的可食种子。因为松子小巧、轻便、易于运输，所以罗马士兵在战役中也会携带它。

古希腊人和古罗马人都很爱吃松子。公元1世纪，罗马作家和哲学家老普林尼笔下提到人们将松子储存于蜂蜜中。松子也被视为壮阳食物——公元2世纪的希腊医生盖伦建议人们连续三晚服用松子、蜂蜜和杏仁，以增强在卧室里的表现。

北方食物

松树在北半球很常见，至少有100多个品种，然而仅有18种能结出可供食用的种子（或称坚果）。能结出松子的品种中，最重要的要数意大利石松（Italian stone pine）、红松（Korean pine）、北美单叶松（North America's single-leaf piñon）和科罗拉多松（Colorado piñon）。松子生长在松塔里，可能需要长达3年的时间才能成熟。成熟后，人们将绿色的球果置于阳光下晒干，待球果鳞片张开后取出坚果，这一步常常需要靠手工完成。

▷石松

石松原产于地中海地区，是人们种植的为数不多的可食松子物种之一。

松子可用于烹饪多种菜肴，比较出名的有用意大利碎松子、大蒜、罗勒、橄榄油和帕尔马干酪酱制作而成的香蒜酱（Pesto），以及人们喜爱的意大利松子饼干（*Biscotti ai pinoli*）。在地中海和中东的其他菜肴中也经常用到松子，土耳其的果仁蜜饼（Baklava）就是一例。有时突尼斯人还会在茶里加点松子。如果把松子放在火上烤一会儿，它会散发香气，之后可拌入甜蜜可口的馅料之中，也可放到沙拉里，增加松脆的口感。

红松

发源地
东亚

主要产地
中国、俄罗斯、巴基斯坦

主要食物成分
20%脂肪

营养成分
铁

学名
Pinus koraiensis

开心果 微笑果

开心果和腰果同属一科，生长在矮小茂密的树上，果实为绿色。开心果颜色独特、口味甘甜，以冰激凌佐料的身份为人们所知，名声远高于其产地土耳其。

发源地
中东、中亚

主要产地
伊朗、美国、土耳其

主要食物成分
45%脂肪

学名
Pistacia vera

距今12 000年的哥贝克力石阵（Göbekli Tepe）遗址坐落在小亚细亚高原（Anatolia，如今土耳其的一部分）的一座山顶上，有迹象表明在那里生活和祭祀的人们曾吃过开心果。约8000年后，人们在巴比伦空中花园（现在的伊拉克）里种下了开心果树。

开心果原产于中东和中亚，果实成簇，表皮发皱，呈红色，外观类似橄榄。开心果的坚果包裹在果核中，核仁通常是绿色的。

《圣经》仅提到两种坚果，而开心果就是其中一种。

核仁外还有一层薄薄的象牙色外壳，果实成熟后外壳会裂开一边——在伊朗，开心果被称为“微笑果”。那些在连接中国和西方的丝绸之路上奔波的商人们也把开心果当成重要的食物。据说在公元前1世纪时，开心果从叙利亚传到了意大利。

染成红色

人们在19世纪中叶把开心果带到美国加州，于是开心果成为当地自动售货机中常见的商品。人们常常将它们染红，以此掩盖果壳上的瑕疵，并与其他坚果加以区分。20世纪70年代，加利福利亚的人们率先开始大规模种植开心果。如今，美国是开心果主要生产国之一，同为主要生产国的还有伊朗和土耳其。

中东糕点或手抓饭（Pilaffs）等美味菜肴中常会用到开心果。同时开心果也是受世界人民喜爱的小吃，还是制作冰激凌的重要原料。在印度，加了开心果的巴尔非（Barfi，一种甜食）和库尔福（Kulfi，印度冰激凌）是最受欢迎的甜食。

△裂壳

开心果树叶呈墨绿色，叶茎上结着成串的果实。当“果实”——开心果——成熟时，果壳会自然裂开。

葵花籽

主食变零食

葵花籽是北美土著喜爱的传统天然营养食品，是世界上非常健康的食品之一。

人们首次种植向日葵的确切时间尚无定论。其中一种说法是，大约在公元前3000年，美国古印第安部落开始种植向日葵。另有一说法是，在更早的时候人类就已开始培育向日葵。无论结论如何，可以确定的是，公元前2000年时向日葵已经被广泛种植，而且古代的农民还掌握了让向日葵产出更大葵花籽的方法。

发源地
北美洲

主要产地
乌克兰、俄罗斯、阿根廷

主要食物成分
50%脂肪

营养成分
Calcium

学名
Helianthus annuus

> “啊，向日葵，你厌倦了时间与太阳的步伐竞赛。”
>
> 英国诗人威廉·布莱克（William Blake，1757—1827年）

便携食物

美洲印第安部落不仅会将葵花籽烤干、捣碎成葵花籽粉，平时还会把它直接剥壳当零食吃。用磨好的葵花籽粉制成葵花籽球，这样在远方打猎的勇士们饥饿时就能吃了。

16世纪早期，西班牙人就将葵花籽带到了欧洲，但直到18世纪时俄罗斯才开始栽培向日葵。1891年，美国作家托马斯·斯坦利（Thomas Stanley）注意到，在俄罗斯“到处都有人在嗑瓜子”。葵花籽味香、微甜，如今已是世界流行的小吃，在诸如面包、饼干等其他烘焙食品中也会被用到。

▷**收集葵花籽**

1946年，一位来自英国伍斯特郡（Worcestershire）的农民正在从向日葵花冠上剥葵花籽。这项工作如今可由机器代劳。

△**带斑纹的种子**

刚取下来的葵花籽壳白、带纵向深色条纹。每棵向日葵能产2000多颗种子。

南瓜籽

个子小营养高

早在公元前7000年，南瓜籽就是墨西哥和中美洲的古代文明人的营养来源，同时，南瓜籽还有很高的药用价值，是一种携带方便的食物。

发源地
墨西哥、中美洲

主要产地
中国、印度、俄罗斯

主要食物成分
47%碳水化合物

营养成分
铁、镁、锌

学名
Cucurbita pepo

南瓜籽在墨西哥很受欢迎，墨西哥人通常会将其烘烤、油炸或腌制后食用。南瓜籽历史悠久，最早可以追溯到阿兹特克时代之前。考古学家在发掘墨西哥中部地区的一处坟墓时，发现了从公元前8000年保存下来的南瓜籽——众所周知，人类在公元前2000—前1000年开始栽培南瓜。在中美洲、南美洲以及北美洲西南部和东部的考古遗址发现了更多南瓜籽早就存在的证据。

果肉苦涩

人们通常认为古代人只吃南瓜籽，因为大多数野生南瓜的果肉都十分苦涩，难以入口，但是实际上玛雅文明和阿兹特克文明在崛起之时，就已种植了大量的优质品种的南瓜。阿兹特克人确实爱吃南瓜籽，生吃或烤着吃都很常见，他们觉得南瓜籽好吃又方便。阿兹特克人还用南瓜籽、香料和辣椒制成了一种叫皮皮安（Pipian）的酱。南瓜籽甚至在阿兹特克节日上也占有一席之地。为了向四大创世者之一的米克斯古德（Mixcoatl）致敬，人们举办了奎乔利节（Quecholli）。节日期间，年轻的女祭司们会将南瓜籽和染色后的玉米粒不断投向围观的群众。

△内在宝藏

南瓜籽长在南瓜肉质肥厚的中心部位，通常附着在纤维状的结构上。

两汤匙南瓜籽就含有74毫克镁，可以补充人体每日所需镁摄入量的四分之一。

南瓜籽的丰富营养已通过科学认证，它含有大量的镁、铁、锌和高水平的健康脂肪酸。南瓜籽既可以研磨成粉加入烘焙食品，也可以烤制后当作零食。

▽无壳

南瓜籽的外壳柔软，呈半透明状，在食用或加工前不需要去壳。

发源地
非洲

主要产地
巴西、越南、哥伦比亚

非食物用途（咖啡因）
药用（兴奋剂）

学名
Coffea arobica,
Coffea canephora

咖啡 提神饮料

尽管传说比比皆是，却无人知道咖啡首次被发现的确切时间和具体情形。咖啡有两种主要的品种：“阿拉比卡”（Arabica）和“罗布斯塔”（Robusta）。和罗布斯塔相比，阿拉比卡口感更顺滑，味道更浓郁。

咖啡含有大量的咖啡因，而且具有提神的功效，这可能正是咖啡在其悠久历史中数次险些被下禁令的原因。1675年，英国国王查理二世（Charles II of England）不仅下令关闭咖啡厅，还禁止人们出售“咖啡、巧克力、雪宝糖（一种果味汽水粉糖）和茶”，然而，这项禁令却胎死腹中——迫于公众压力，国王在即将实施禁令的前两天将其撤销。

◁手摇研磨机

这台20世纪初的大型咖啡研磨机可以把咖啡豆磨成粉末状，很可能是商用而非家用的机器。

▷奥斯曼咖啡屋

咖啡在16世纪被引进奥斯曼帝国，之后很快便成为苏莱曼大帝（Suleiman the Magnificent）的宫中宠儿。首席咖啡制造师的职位就是在这里设立的。这也佐证了咖啡在宫中的地位之重。

咖啡是世界上最受欢迎的饮料，
每天大约可以卖出20亿杯。

△巴西货物

19世纪30年代，咖啡已经成为巴西最重要的出口产品。10年后，巴西成为世界上最大的咖啡生产国，并将这一地位保持至今。

神秘的开端

最早关于咖啡的记录出自波斯医生拉齐（Rhazes）笔下。他在作品中记录了也门咖啡种植的情况，当时种植的咖啡树是阿拉伯商人从埃塞俄比亚（Ethiopian）带回的。也门的咖啡种植园位于阿拉伯半岛西南端的山区，在穆斯林世界闻名遐迩，这里的咖啡品种叫“阿拉比卡”。奥斯曼帝国的也门总督厄兹德米尔·帕夏（Özdemir Pasha）在1555年将咖啡引进至土耳其，成袋的咖啡豆被帕夏带回伊斯坦布尔。后来，土耳其人发明了一种制作咖啡的新方法：先烘烤咖啡豆，再将其磨成粉末，最后用热水慢煮。

打破垄断局面

虽然在17世纪咖啡就已经传播到欧洲和北美，但是直到1773年茶税让美国人心生反感，才促使美国成为咖啡饮用大国。人们对咖啡需求的增长导致阿拉伯咖啡商人决心垄断咖啡市场。为了确保咖啡豆不会发芽，避免受到竞争者的威胁，阿拉伯商人在出口咖啡豆前都会将其烘干或煮熟。不过荷兰人、法国人和葡萄牙人很快就找到了一条打破垄断局面的途经。他们分别从不同的渠道获取咖啡树，并将它们运送到东南亚、加勒比海和巴西的殖民地。如今，在越南出产的咖啡多为名叫“罗布斯塔”的品种，原产于中非和西非。

收种子

世界芝麻种植大国之一的缅甸（Myanmar，旧称Burma）的妇女们正在收芝麻、晒芝麻。

芝麻 幸运食物

芝麻身形小巧，许多文明都曾使用过芝麻和芝麻油，即使是现存记录中最早的文明也不例外。芝麻香味独特，如今依然被广泛用作烘焙和榨油的原料。

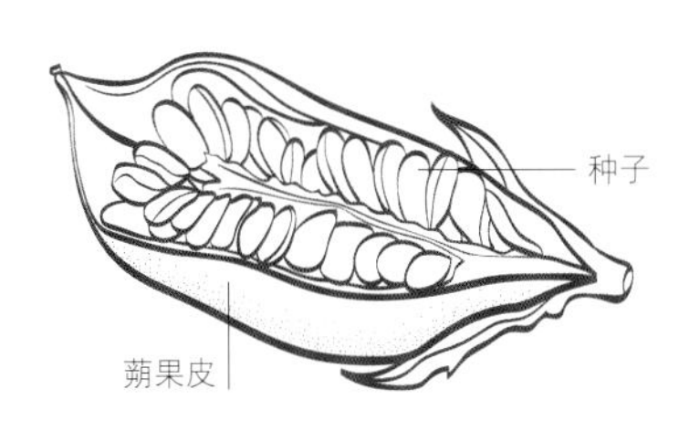

△芝麻开口

芝麻荚成熟时会自动“爆裂”，这让种子很难收集，因此需要耗费大量劳力。

芝麻在几千年前就被广泛种植，比书面记录的诞生时间还要早。但据推测它起源于非洲，之后才被带到印度。在如今的巴基斯坦印度河流域发现的芝麻痕迹，距今已有4000多年的历史。芝麻植株健壮且耐旱，高1—2米，芝麻荚沿着芝麻茎生长，荚内的种子颜色各异，有乳白色、黄色、棕色，还有黑色。

美容之籽

人们认为公元前2000年的巴比伦人用芝麻制作蛋糕，用芝麻油烹饪和制作香水。据说巴比伦妇女用芝麻油来护肤和抗衰。公元前1500年，埃及人就已经知道芝麻的用处了。这一时期的一幅墓画显示，一位面包师将芝麻放入面包团中。在公元前2世纪图坦卡蒙（Tutankhamun）墓中也发现了看起来像芝麻的种子。据说，古埃及人把芝麻油作为药物和神殿中的仪式用油。

> 中国人用黑芝麻油的油烟制作书画用的墨块。

在古罗马，芝麻也是无人不知，古罗马人将芝麻烘烤并和碾碎的无花果混合起来，做成涂在面包上的糊状物。公元2世纪，希腊作家阿忒那奥斯（Athenaeus）在文字中提到了西西里的蜂蜜芝麻小蛋糕。公元4—5世纪出版的食谱中也同样提到了芝麻，这些食谱被认为是公元1世纪罗马美食家阿皮基乌斯的作品。许多传说都与古老的芝麻有关。3000年前，亚述人认为他们的神在创造地球之前喝芝麻酒。直到如今，在南亚，印度婆罗门教（Hindu Brahmins）都认为芝麻是好运和永生的象征。芝麻也关乎慷慨，比如巴基斯坦人描述一个人吝啬时，会说他的芝麻里都没有油。

征服东西方

芝麻沿着丝绸之路向东传播到中国。人们认为早在公元前2世纪，中国人就在各种菜肴中用到芝麻油。如今，由芝麻和对虾混合制成的芝麻虾多士，成为了中国餐馆很受欢迎的一道菜。再往南，仍然有人种植芝麻。在西非，芝麻被称为本尼（Benne）或本尼籽（Benni），美国南部芝麻也叫这个名字——据说是贩奴者将芝麻带到此地。

现代西方通常会把芝麻加到烘焙产品中。在土耳其，芝麻被碾碎制成芝麻酱。芝麻最出彩的食用方法还是榨成香油，用于炒菜或调味。在印度南部，芝麻油替代酥油（Ghee）成为人们更常用的油。

发源地
南亚和非洲

主要产地
中国、印度、缅甸

主要食物成分
50%碳水化合物

营养成分
钙、铁、锌

学名
Sesamum indicum

▷喜爱阳光

这种喜温的芝麻植物有尖的椭圆形叶子和苍白的管状花朵。每粒芝麻荚含有100颗长达4毫米的种子。

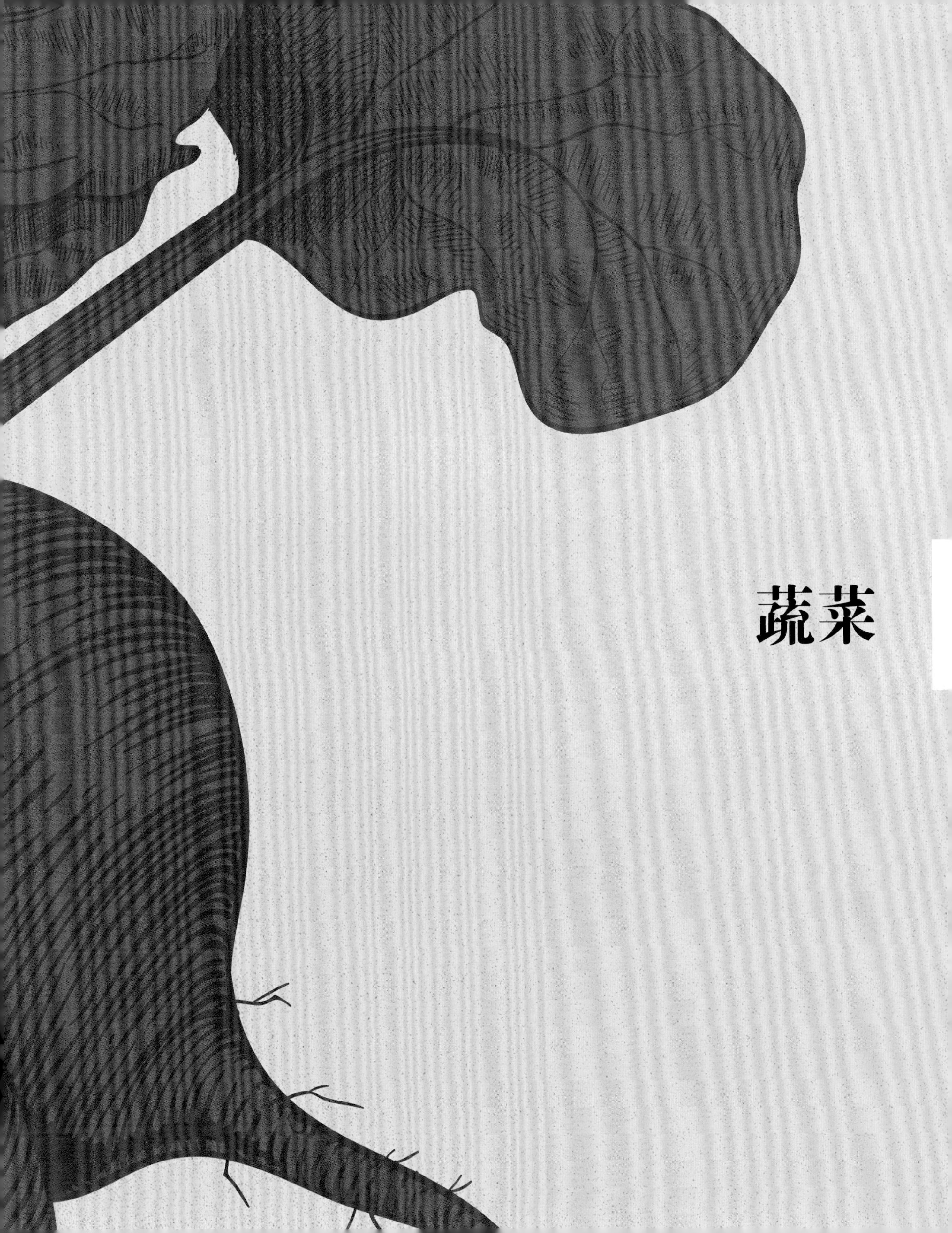

蔬菜

介绍

旧石器时代，人类经常寻觅野生蔬菜食用以维持生计，但是那些野生蔬菜跟我们现在熟知的饱满的人工培育蔬菜可谓是天差地别。一般的野生蔬菜植株矮小、味苦。胡萝卜有如干柴，而玉米则像是杂草一般，颗粒细小，而且外壳坚如磐石。就连豌豆都得事先烤制、剥皮，才能勉强入口。除此之外，野菜通常味道浓烈且有毒，所以食用它们更像是一场赌博，例如，有一些豆类，就含有剧毒的氰化物。

我们祖先的多蔬饮食

旧石器时代遗迹中古代植物残留很少见。但是在2016年，以色列乔丹河（Jordan）西部胡拉（Hula）湖畔的考古现场就发现了超过9000种可食植物的残留。通过研究这些植物化石，考古学家发现，大约在80万年前，生活在这一带的古人类就已经将葡萄、蓝莓、无花果、芹菜、草籽、车前草以及大蕉，甚至芦苇和灯心草等作为食物。最终，在大约1万年前，人类从四处觅食的采猎生活慢慢转变成新石器时代的居有定所的生活方式。而人类制造出更精细的工具促使了农业的产生，而农业的发展又为人们改变生活方式提供了机会。

耕作之初

从此，才发展出我们认识的蔬菜。人类学家认为农业可能始于野生蔬菜的种植；人们并非简单地找到蔬菜生长的地方，将其储存起来，而是收集它们的种子，然后在离家不远的地方专门开辟位置以供种植。然而，随着时间的推移，人们学会了如何创新和改良他们喜爱的粮食作物。他们应该是先观察到了自然基因突变现象，比如一个体型超常大的番茄，或者一株产量突出的植物，然后保存这些与众不同的植株的种子，并在下一个季节播种出去。

▽**第一群农民**

在公元前1万年的新石器时代，人类建造了定居之所，并开始用简易的牛拉犁来种植庄稼。

△**如何生与如何死**

古埃及人十分依赖农业。这幅戴尔美迪纳（Deir-el Medina）陵墓里的壁画展现了工匠森尼杰姆在死后犁地的场景。

▷**先驱种植园主**

卢瑟·伯班克（Luther Burbank）创造了上百种新的植物品种，他在自己的花园里种下第一颗马铃薯种子。

一代又一代，农业社区对蔬菜品种不断地进行试验，每次改变品种的一个特性。从野生植物到我们今天熟悉的、多为人工栽培的蔬菜的过程经历了数百年甚至数千年。例如，如今的玉米芯比新石器时代的玉米芯大1000倍，前者含糖量也是后者的6倍。现代培育出来的蔬菜其中一个最大的特征就是它们味道的改变。现代人品尝野菜会觉得很苦，但是培育后的品种会微微香甜，尤其是绿色的多叶蔬菜，例如生食菜类等。

埃及净身的牧师禁食洋葱，
因为当时人们认为洋葱有“壮阳”功能。

掌控味道和抵抗力

从17世纪开始，随着人们植物科学知识的增长，蔬菜人工培育的速度开始加快了。但是直到18世纪，人们才慢慢开始全面认识有关人工培育的生物学知识，第一场真正的混种实验（把一株植物和另一株植物交叉培育以产生新的植株）才正式开始。其中一个例子就是弗兰茨·亚查德（Franz Achard）从1786—1820年施行的甜菜混种计划。亚查德是一位对生物学十分感兴趣的德国化学家。他在当时用作动物饲料的甜菜身上进行了系统性的选育，特意挑选出蔗糖含量高的品种。通过持续不断地杂交选育，他成功地培育出比其他品种拥有更高蔗糖含量的甜菜新品种。

另一位伟大的杂交培育先行者是美国植物学家卢瑟·伯班克。他在1870—1920年间培育出了800多种新的植物品种，其中就包括了伯班克马铃薯和罗素马铃薯。这50年间，他兢兢业业，从洋蓟到芹菜，再到南瓜，他改良了无数种蔬菜。伯班克特别关注受市场欢迎的蔬菜，他的成就为他成为20世纪的种子工业大亨打下了坚实的基础。后来，他的注意力转向了培育能够抵御疾病的农产品。他主要是通过培育抵抗力强的植株，以及发展新型的种植方案，比如利用轮作以及受后人诟病的杀虫剂等方式实现。近年来，杀虫剂对健康的危害以及对环境的影响引起了人们更多的关注，也激发了人们对有机种植以及旧品种蔬菜的兴趣。

◁水车奇迹

在1940年，产生了一种可以浇灌一片以圆心为中心区域的方法。诸如此类的创新使得农民大规模种植农作物成为了可能。

△空中虫控

20世纪20年代，美国开始在空中播撒农药。今天，这一方式也被运用在卷心菜、沙拉叶等不同的农作物施肥过程中。

▽有机的复兴

现代的消费者更偏向选择有机蔬菜的种植。有机农业需要更多劳动力的投入，但是食用后的健康风险较小。

芸薹属蔬菜 菜园里的中流砥柱

芸薹属蔬菜源自一种四散生长的野草，卷心菜、花椰菜和西蓝花都属于芸薹属蔬菜。经过人们上千年的培育，芸薹属蔬菜已经发展为人们饭桌上非常常见的蔬菜品种之一。

如今，囊括了3500多个品种的芸薹属蔬菜，最早是由一种开黄花的多叶杂草进化而来的，人们称这种杂草为野生卷心菜或是野生芥菜。科学家认为野生卷心菜（Brassica oleracea）最初生长于今天的土耳其地区。现代的芸薹属蔬菜的可食用部分包括叶、花、茎或根，具体则取决于芥属植物的种类。这一科的植物包括了东西方饮食中最常见的一些蔬菜，包括绿色和白色的卷心菜、西蓝花、花椰菜、羽衣甘蓝、孢子甘蓝、苤、小白菜、白菜和芥兰等。卷心菜本身是顶生叶芽（生长于植物顶端的那一部分），而羽衣甘蓝和宽叶羽衣甘蓝则是绿叶芸薹，在培育时以叶片为重。中国芥兰则是茎叶皆可食用。

△意大利育种

这位19世纪罗马街头小贩的身上背满了紫色西蓝花，这一品种是在意大利培育而成的，英国人将其称为“罗马”西蓝花。

古代珍品

公元前4世纪，希腊哲学家特奥夫拉斯图斯（Theophrastus）曾在文字中提及卷心菜。两个世纪后的罗马作者长者卡托（Cato the Elder）也写道：“卷心菜胜过所有其他蔬菜。其生吃或熟食皆可。生吃可加醋，十分有助于消化。”为人类研发出多种不同芸薹植物的罗马人善用卷心菜的菜叶包扎伤口。现代的科学研究证明了这一方法的科学依据，卷心菜的叶子确实有一定的抗菌功效，可以防止伤口感染。

不同的传统

当古代地中海文明开始种植叶子松散、顶部柔软的卷心菜时，北方的文明反而改良了硬头（或白色）的卷心菜。公元前7世纪，来自欧洲北部边缘的凯尔特掠夺者就被认为是能够适应寒冷环境的白色卷心菜的培育者。他们在小亚细亚和地中海地区掳掠后，将这种蔬菜带到了爱尔兰。北欧对卷心菜的广泛培育大概就是从那时开始。到了10世纪左右，卷心菜因其强大的御寒能力，成为农民餐桌上经常出现的重要蔬菜。冬季，大多数其他蔬菜都供应短缺的时候，它为人们提供营养。

食用方式

卷心菜的餐饮用途根据地区的变化而有所不同。在俄罗斯，卷心菜被制成营养丰富的卷心菜汤（Schchi）。在德国，人们将卷心菜制成酸菜（Sauerkraut）储存起来，当地的农夫每天都会吃上三四份酸菜。中东以及犹太人传统饮食中有一道重要的菜名为卷心菜卷，由腌制后或是煮熟后的卷心菜叶包裹住肉类或是粗粮制成，后来这道菜流传到欧洲，在斯堪的纳维亚半岛和东欧都很受欢迎。

不受欢迎的菜

卷心菜一直是欧洲穷人餐桌上的重要食物，但它在英国却很不受欢迎，英国的上层阶级尤其不爱卷心菜，他们觉得卷心菜味道极臭，难以下咽。英国人罗伯特·伯顿（Robert Burton）在他的《愁绪的剖析》（*The Anatomy of Melancholy*，1621年）一书中写道，食用卷心菜会“做噩梦，给大脑送去阵阵黑烟”。

▷种类丰富

几个世纪以来的选择性育种，让芸薹属蔬菜迸发出惊人的种类多样性，从绿叶蔬菜到多汁的花茎，再到滋味丰富的花朵，都有它的身影。

盐腌牛肉和卷心菜是新英格兰人的最爱，1861年，曾出现在林肯总统的就职午餐菜单上。

大概是为了除去它的恶名，英国厨师罗伯特·梅（Robert May）在他1660年的食谱书《成就大厨》（*The Accomplish Cook*）中介绍了一种把卷心菜放在牛奶中煮制从而去除它的苦味的方法。不论大家是怎么看卷心菜，芸薹属蔬菜一直在中欧、北欧地区饮食中占有重要地位。

◁卷心菜地寻子记

这幅20世纪早期的法国插图描述了当时盛传的神话故事——孩子生于卷心菜叶下。

形式多样

到了13世纪，孢子甘蓝（一种从中央茎内采摘的小型卷心菜）在现代的比利时培育而成。但是对它的文字记载直到16世纪才正式出现在一位荷兰的医生和植物学家伦贝托·多纳（Rembertus Dodonaeus）的著作中。后来，人们以比利时的一个城市给这种迷你的卷心菜菜心命名为布鲁塞尔甘蓝芽。

苤蓝菜（Kohlarabi，德语中的Kohl代表卷心菜而Rabi代表芜菁）首次出现是在1554年，北欧人通过选择性培育增加了其粗球茎的大小。其他形式的芸薹类蔬菜都是培育时对不同的可食部分进行强化而来的。西蓝花和

皱叶甘蓝

发源地
欧洲北部

主要产地
中国、印度、俄罗斯

主要食物成分
6%碳水化合物

营养成分
维生素C

学名
Brassica oleracea

"我希望死神在我种植卷心菜的时候来找我。"

法国散文家米歇尔·德·蒙田（Michel de Montaigne）1517年

花椰菜都是人类从罗马时期就开始种植的蔬菜，这种培育的结果就是它的花成了可食的部分。初期的西蓝花可能是在16世纪由出生于意大利的凯瑟琳·德·梅第奇（Catherine de'Medici）引入法国的。凯瑟琳在1547年成为法国女王后，让西蓝花和其他芸薹属的植物在法国中上层阶级流行开来。

从欧洲到亚洲

花椰菜，跟它的近亲西蓝花一样，发源于地中海，并在16世纪左右传遍了欧洲各地。英国人把花椰菜称作"赛普勒斯甘蓝"（Cyprus Kale），也就是说第一批花椰菜的种子可能来自于赛普勒斯岛。

这些早期的花椰菜是今天我们熟知的意大利花椰菜的直系祖先，其中包括了罗马青花菜和其他几种色彩丰富的品种。到了17世纪和18世纪，德国、荷兰和英国当地都栽培出许多本地的花椰菜品种。这些新品种更能适应低温，但还是对霜冻极度敏感，这也限制了它们的生长周期。19世纪英国人将花椰菜种子带入印度后，人们培育出了更多种类的花椰菜。而适合在热带生长的印度（或是亚洲）花椰菜，全年都可以为国内外提供充足的货源，花椰菜也成为了印度流行菜品煨马铃薯花椰菜（Aloo gobi）的主要食材之一。

中国与其他地区的芸薹

虽然东亚人对野外芸薹的开发过程跟西方卷心菜的过程基本相同，但是最近的证据却表明是葡萄牙商人于17世纪把卷心菜和羽衣甘蓝带入中国的。葡萄牙羽衣甘蓝就是在那

◁巨大的卷心菜

卷心菜可以长到巨大的体型，世界上最重的卷心菜（2012年）重达63千克（这张年轻姑娘抱着卷心菜的照片拍摄于1931年）。

◁重担

到了19世纪，卷心菜在欧洲的种植园已经形成了量产规模，它可用于生吃或是腌渍，在东欧，酸卷心菜（Sauerkraut）的流行也使人们对卷心菜的需求大增。

里经过人工培育之后成为芥兰的。此后，中国旅行者将芥兰带入日本、老挝、越南、马来亚和亚洲其他地区。如今，西方人将这一中国的品种称为中国甘蓝或是中国西蓝花。

人工培植的芸薹在1541年，随着法国探险家雅克·卡蒂埃（Jacques Cartier）进入新世界，他在加拿大种下了第一株芸薹。到了18世纪，卷心菜已经在印第安人和北美殖民地地区广泛种植了。法国定居者带来的孢子甘蓝也从18世纪开始就在此出现了。根据爱尔兰籍美国园艺家伯纳德·麦克马洪（Bernard McMahon）的《清单籍》（*Catalogue*，1804年）中的记载，100年间，美国已经出现了20余种不同品种的卷心菜，还有两种不同的花椰菜，绿色和紫色的西蓝花，以及不同种类的甘蓝，包括绿卷甘蓝、棕卷甘蓝和最常见的孢子甘蓝等。

打动了美国人的心

爱尔兰移民让卷心菜在美国更加流行，他们的传统菜式卷心菜和腌牛肉也成为了新英格兰人的最爱。德国的移民也带来了他们的卷心菜菜种，并继续制作酸菜。另一道由荷兰人带来的凉拌卷心菜（Coleslaw）也于20世纪左右开始在美国流行了起来。现在凉拌卷心菜已成为了世界各地快餐店里小菜的标配。受第二次世界大战后驻扎在日本的美国军队的影响，凉拌卷心菜也加入到日本料理的行列中。

从18世纪开始，西蓝花就深受美国人，特别是一些对园艺感兴趣的人的喜爱。在约翰·兰道夫（John Randolph）于1765年创作的《园林专述》（*Treatise on Gardening*）中，推荐人们用干净的布包裹住西蓝花和花椰菜，用清水煮熟，佐以黄油，以供食用。中意园艺的托马斯·杰斐逊总统曾把兰道夫的这本书珍藏在自己的图书馆中，并在阳台上种植了观赏性的紫色、白色和绿色西蓝花。

现在的芸薹

今天，全世界大约有150个国家种植芸薹属蔬菜。中国是最大的芸薹属产地，印度、俄罗斯和韩国等也盛产芸薹属蔬菜。卷心菜的产量是花椰菜和西蓝花总产量的4倍。

▽种子大小

这张1888年美国种子商人的“荷兰”卷心菜广告插画表明了当时人们对卷心菜的重视，这一品种的种子极易储存。

◁寒冬战士

作为一种耐寒的蔬菜，孢子甘蓝在霜冻后采摘味道最好，虽然有些人一点也不喜欢它们的味道。

生菜

催人入眠的沙拉菜

生菜对灌溉水量的要求极高，导致其培育价格昂贵，但是它还是十分受欢迎，现已成为世界上销量居高的蔬菜之一。

△机械化种植机

1701年，这个由英国农学家杰思罗·塔尔（Jethro Tull）发明的机械化耕种器让播种更加便捷高效，也让更多的生菜可以流入市场。

古希腊的物理学家希波克拉底（Hippocrates）认为科斯生菜（Cos lettuce，以他出生的科斯命名）有一定的催眠效果，因此用它来治疗睡眠紊乱等疾病。现代科学也已经证实了它的催眠作用，是它含有萜烯醇导致的。萜烯醇是一种植物分泌的乳白色液体里的化合物，也是生菜苦味的来源。切开后，生菜里会渗出这种液体，所以它的植物学学名叫做“*Lactuca sativa*”，来自拉丁语“lactis”（牛奶）和“sativa”（常见的）。

公元前4000年，古代美索不达米亚南部（现在的伊拉克南部）的苏美尔人是第一批在灌满水的农田里培育生菜的人。这些早期的植物能长到1米高。到了公元前2000年，古代埃及人开始种植一种现代科斯生菜，又叫长叶莴苣，是它的远亲。他们用这些苦味的叶子制作催情剂，其种子则被压制成食用油。希波克拉底后来在他的饮食和营养专著《急性病的养生之道》（*On Regimen in Acute Diseases*）书中提及了这种生菜。罗马人也从希腊人那里传承了生菜的药用价值，老普林尼在他77年至79年的著作《自然史》（*Naturalis Historia*）中也提到过九种生菜良方。

在欧洲及其他地区受到重视

到了16世纪，欧洲各地的人们开始种植生菜。1597年，英国植物学家和草药学家约翰·杰勒德（John Gerard）提到过英国人经常种植的八大品种。生菜加上一点醋、一点油和一点盐，就能激发食欲，缓解肠胃不适。而法国人则偏爱吃熟的生菜，有可能是为了去除苦味和杀死细菌。种植业蓬勃发展，到了1866年，一项调查发现人们种植着65种不同类型的生菜。其中包括橡树叶生菜（沙拉用的幼苗）、蜡质叶的早期荷兰奶油生菜和甜味的黑籽辛普森生菜，其中黑籽辛普森现在仍是著名的花园植物。

生菜在公元7世纪左右开始在中国兴盛起来。中国人也培育了自己的品种：莴笋。他们觉得生的生菜吃起来不安全，所以用它来炒、蒸，或是放在汤里煮。现在，中国是世界上生菜产量最大的国家。

▷街头商人

在超市仍未出现的几个世纪前，生菜都是由市场或者街头商人贩售的，他们用巨大的柳条编织成的篮子和背包来装他们的农产品。

耐寒的旅者

20世纪40年代，能够经受住冰柜冷藏的耐寒结球莴苣出现了，这也触发了世界范围内的生菜热潮。结球莴苣很快就成为了北美第二受欢迎的蔬菜（马铃薯位居首位）。人们经常只用一点蓝乳酪搭配着它生吃，或是在亚洲饮食中用它来包住辛辣的肉类。20世纪后半叶，结球莴苣占据了生菜市场90%以上的销量。

△饥渴的植物

生菜的根系很浅，因此它需要一个严格的灌溉流程，比如这些种植在加利福尼亚因皮里尔山谷（Imperial Valley）的农作物。这些作物是美国冬季沙拉蔬菜的主要供给源。

发源地
埃及

主要产地
中国、西班牙、美国

主要食物成分
3%碳水化合物

营养成分
钾、维生素A、维生素K、叶酸

学名
Lactuca sativa

农村的味道

新鲜的沙拉蔬菜常是城市菜市场的主角。比如，法国传奇的大堂菜市场就给城市居民提供了他们在城市的其他地方不可能见到的生菜。

多产的菜园

公元16世纪意大利这幅图里，一位园丁头顶着满是菠菜的菜篮子。

菠菜 富含铁质的蔬菜

作为较为少见的生吃熟食皆可的蔬菜菜肴之一，菠菜常年来给家庭和餐厅大厨带来源源不断的启发，也是食材选购单里的常客。

◁绽放

这幅手绘的菠菜花朵铜版版画出自于威廉（Wilhelm）的《自然历史百科全书》（*Encyclopedia of Natural History*），1811年发表于德国。

公元7世纪，中国人把菠菜称作“波斯蔬菜”。它源自于现在的伊朗地区（之前的波斯）。在商人把它带进印度之前，只有波斯人知道这种菜。史册记载公元647年，尼泊尔国王将菠菜进贡给中国的唐朝皇帝。在所有的绿叶蔬菜中，菠菜是用途最多，产量最高。现如今，我们在世界各地各式的菜品中都能找到它的踪迹。

不寻常的是，古希腊和古罗马人却对菠菜的存在原本毫不知情，直到11世纪，阿拉伯人将这种绿叶蔬菜带入西班牙，欧洲人才开始品尝到这一美味。虽然菠菜在炎热的条件下无法很好地生长，但是阿拉伯人发明了一种极其聪明的灌溉技术，能够让菠菜生长旺盛。12世纪的农学家伊本·阿勒-阿瓦姆（Ibn al-Awwam）在他的农学百科全书中把菠菜称为“绿叶蔬菜之首”。

▽满满一箩筐

中国的菠菜长着锯齿状的扁平叶片，是世界上多产的菠菜品种之一，图中的李家沱（音译）正在用手码放菠菜。

法国人和意大利人的最爱

菠菜从西班牙传到法国的西南部，并迅速地融入当地的饮食文化，成为了普罗旺斯菜园里极为重要的植物品种之一。它也很快成为了这一地区最受欢迎的蔬菜。传入意大利后，菠菜成为了佛罗伦萨、威尼斯和罗马地区菜肴中不可分割的一部分，人们常用菠菜和里考塔芝士来做意大利面的馅料。

到了中世纪晚期，菠菜的种植已经传遍了整个欧洲。在英国和其他较冷的地区，它成为了不可或缺的食物来源，因为在早春其他蔬菜缺乏的时候，它还能丰收，并且可以一年三收。1547年，在法国佛罗伦萨出生的凯瑟琳·德·梅第奇加冕为皇后时，她便把菠菜带入了宫廷，每顿都要吃上一点。无论过去还是现在，人们都把铺在菠菜上的菜式称为“佛罗伦萨式”，以示对它的敬意。到了18世纪，菠菜传入北美，由于培育出了耐热的菠菜品种，因此它在美国也开始茁壮生长。

“想要制作菠菜馅饼先将菠菜焯水。”

《烹饪新典》（*A Proper Newe Booke of Cokerte*，1545年）

“大力水手”的错误

几十年来，人们总是认为菠菜中富含铁质。这种蔬菜的高铁含量“发现”于19世纪晚期，并在20世纪30年代因为“大力水手”漫画而广为流传。导致的结果就是：在北美地区，菠菜的销量大幅度上升。不过科学家测量的是干菠菜的铁含量。但即便如此，在21世纪的今天，菠菜还是在全球广受欢迎——不论是在沙拉里生吃，还是熟食皆如此。

发源地
中亚和西亚

主要产地
中国、美国、日本

主要食物成分
4%碳水化合物

营养成分
铁、维生素B9（叶酸）

学名
Spinacia oleracea

发源地
阿富汗

主要产地
中国、美国、俄罗斯

主要食物成分
10%碳水化合物

营养成分
维生素A、维生素C

学名
Daucus carota

萝卜 多彩的根茎类食物

被称为食物界的变色龙的萝卜在上千年的演变中，从白色变成紫色再变成橙色，从一种食而无味的野草变成了世界上受欢迎的蔬菜之一。

我们熟悉的萝卜的鲜活橙色得益于一次基因突变。萝卜原本的颜色是白色，公元前3000年左右，人们在西亚和中亚地区对其进行人工培育时，培育出一种紫色的品种，这个品种成为接下来几个世纪里的标准品种。直到一种黄色的变种激起了17世纪科学家对其颜色和味道的兴趣。

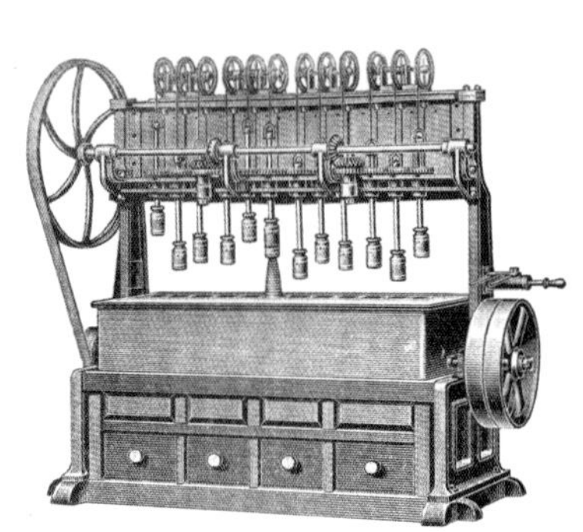

▷**全部切好**
19世纪，人们发明了各种不同的剥皮和切蔬菜的机器。这个机器就是为切萝卜而设计的。

从药物到食物

萝卜的早期培育可以追溯到现在的阿富汗地区。这种植物的种子从阿富汗地区随着商路传到了中东和其他地区。在这个阶段，早期培育的萝卜根茎是不可食用的，但是它的叶子和种子有一定的药用价值。古罗马人把萝卜种子当作某些毒药的解毒剂。他们还用萝卜制作成一种催情剂。同时，罗马人也开始将这种根茎植物精细化成更加适口的食物，发展出各种可食的菜园品种。公元前1世纪的罗马文学就已经开始明显区分开野生的萝卜和培育后的萝卜，而且当时许多的罗马菜谱都将生萝卜作为主要食材。

▽**健康的农作物**
在中世纪，萝卜主要以其药用价值著称，这幅插图来自于公元11世纪的《健康全书》(*Tacuinum Sanitatis*)，这是当时一本关于养生的书籍。

“这一天就要来临：哪怕只是换个新视角观察一根胡萝卜，也能引发一场革命。”

保罗·塞尚（Paul Cezanne），19世纪法国艺术家

行走于东西方之间

公元5世纪以后，阿拉伯国家成为主要的萝卜产区，并在几百年时间里发展出了包括红、黄、紫等颜色的品种，同时它的味道也有进一步的改善。商人顺着丝绸之路把萝卜带到了东方的国度，包括印度、中国和日本，也往西带到了欧洲。当这种新的、更甜的阿拉伯萝卜抵达欧洲时，他们一下子就成了当地饮食的重要组成成分。甚至公元8世纪的神圣罗马皇帝查理曼大帝（Charlemagne）都将萝卜列在他的蔬菜推荐名单之中，鼓励人们在帝国内种植萝卜。

到了13世纪，萝卜在西欧以及中欧地区广泛种植，而其中较受欢迎的黄色品种即将成为一场重大变革中的主角。17世纪，荷兰的农民计划培育出一种更鲜甜、更规整的蔬菜。这个计划培育出形似我们现代品种的橙色萝卜。法国的园艺学家在19世纪时进一步栽培了这一品种，生产出我们现在还能看到的南特和尚特奈品种。现今，萝卜是世界上十大重要的蔬菜作物之一。

▷不只是橙色

现代的萝卜种类有许多不同的颜色、形状和大小，但是“标准”的橙色萝卜还是种植最广泛的品种。

海藻 海里的吗哪[1]

从北极到南太平洋，海藻为世界各地的海岸文明提供着丰富的营养，它不仅是世界上古老的蔬菜之一，也是世界上古老的植物物种之一。

作为一种真正的全球食物，海藻是所有植物中产地最多样的。人们最北能在格林兰，最南能在纽西兰找到它们被冲上岸的身影。海藻是地球上最早出现的植物品种。在中国发现的简单海藻化石将它的历史追溯到5亿8千万年前至6亿3千万5百万年前，世界上1万余种的海藻，被划分成了三个品种：棕色的、红色的和绿色的，其中只有大约150种可以食用。

1 吗哪是《圣经》中的一种天降食物。在古代以色列人出埃及时，在40年的旷野生活中，上帝赐给他们的神奇食物。

最早食用海藻的大概是公元前2700年的中国人。对海藻更为详尽的记载出现在公元前6世纪左右，特别是它的药用价值。中国中药之父孙思邈就推荐将海藻作为一种治疗甲状腺肿大的良方。

日本的品种

海藻几千年来一直是日本饮食的组成成分，是日本料理中的主食“裙带菜”（Wakame），在日本已经有上千年的历史了，它的踪迹甚至能在公元前3000年前的陶罐上找到。另一种名为海苔（Nori）的日本海藻，也就是如今用来做寿

△甜味海藻

甜海带生长在英国和爱尔兰的海岸周围。它的名字源自它们晒干后覆盖在叶片表面的甜味粉末。

▽收集海带

在中国的福建省，渔夫们从竖立在霞浦海岸泥滩的竹竿上收集海带，收获一般从3月一直持续到5月。

司卷皮的食物，早在公元7世纪就成为了日本人的食物。

海苔最初是以糊状出售的，到了在18世纪中期，新的造纸技术启发了人们，从而生产出现在我们食用的脆薄海苔片。昆布（Kombu）原产于日本沿岸，被用来制作调味原料。

北方古老的海藻传统

北欧，从斯堪的纳维亚到法国的布里塔尼（Brittany），一直都有食用海藻的习俗。在爱尔兰和苏格兰，人们从公元1世纪就开始收集海藻了。圣科伦巴（St Columba）、爱尔兰多尼戈尔郡（Donegal）的本地诗人在公元563年就在诗中提及这一行为。

▽缓解饥荒

爱尔兰在1845—1852年间马铃薯种植失败后，海藻成了一种重要的、免费的营养来源。

> 海藻的提取物可用于制作冰激凌、牙膏、啤酒和婴儿食品等。

一种红色的，被人们称为迪力斯克（Dilisk），或是杜尔塞（Dulse）的海藻经常用来混在黄油里，并抹在面包上食用；而另一种叫做卡拉胶的红色海藻则被用来制作增稠剂或是果冻。

千百年来，威尔士人一直在燕麦之中混入一种紫菜，用来制作莱佛面包（Bara lawr）。18世纪以来，这就是当地穷人饮食中重要的组成成分。冰岛的史诗从10世纪就开始详细记载关于海洋植物权力的规定。在冰岛和挪威，人们经常用杜尔塞配着马铃薯和芜菁吃，或者加到粥里面喝。

现在，还有很多海藻的传统饮食文化留存下来。海藻也在时尚的餐厅里找到了自己的一席之地，为食客们提供独特的风味和丰富的营养。

裙带菜

发源地
日本、韩国、中国

主要产地
日本、韩国

主要食物成分
9%碳水化合物

营养成分
碘、钠、钙、Omega-3脂肪酸

非食品用途
化妆品

学名
Undaria pinnatifida

食品市场

从人类开始进行交易以来，食品市场就遍地开花。最早的食品市场大概是在古波斯时期建立的，并从那里传遍整个中东，再传入欧洲。在英格兰，《末日审判书》（*the Doomsday Book*）里就记载了50个售卖食物的市场，许多史学家都认为这只是个保守估计。到了13世纪，这个数字达到了356，而后的100年，这个数字更是飙升到了1746。

在欧洲的其他地方，古罗马的富足家庭经常光顾位于古罗马广场（The Forum）的马塞勒姆（the Marcellum，即高级食品市场）。在这里人们可以买到打折的珍贵食材，例如红鲣鱼。中世纪的威尼斯食品市场就因为它的规模以及只有在当地才能找到的食品食材而出名。一位16世纪的意大利作者马代奥·班戴洛（Matteo Bandello）称赞其提供的"食材丰富，应有尽有"。

在现代德国，圣诞节市场以售卖"嘶嘶"作响的德式香肠（Peddling sizzling bratwurst，一种用各种香料草料和猪肉做成的香肠）、香料酒、姜饼和烤杏仁而著称，这些市场的原型至少可以追溯到15世纪。创建于1434年的德累斯顿圣诞市场（Dresden's Striezelmarkt），据说是德国历史最悠久的圣诞市场，虽然慕尼黑、包岑（Bautzen）和法兰克福的市场也声称自己才是最古老的圣诞市场。

在远东，泰国因其水上市场而出名，其农产品的买卖都是在上百艘小船、浮动摊位和码头上进行的。最受人欢迎的大概就是靠近曼谷的丹嫩莎多水上市场（Damnoen Saduak）。当地的农民会划着载满蔬果、花朵和农产品的独木舟穿梭在城市的古代运河之中。临近的安帕瓦水上市场（Amphawa）则更受本地人的喜爱，这里专售海产，你能在这里找到贝类、乌贼等各式海鲜。

◁**保持平稳**

在泰国的浮动市场中，农产品和鲜花摊贩紧紧抓住对方的独木舟来维持平衡。

大蒜 刺鼻的球茎

香料、食物和药品浓缩成为一个球茎，大蒜一直以来都受贫民爱戴，但是却因其刺鼻的气味被上层社会嫌弃，这种气味也被认为是农民的象征。

△**球茎和蒜瓣**

每一个大蒜球茎里都有许多单独的蒜瓣，每一瓣都包裹在如纸一般的外皮中。

发源地
中亚

主要产地
中国、印度

主要食物成分
33%碳水化合物

非食品用途
药用（降血压和胆固醇）

学名
Allium sativum

大蒜的野生品种原本生长在中亚的大部分区域，从中国西部到伊朗东北部。它是在古埃及培育而成，用于促进建造金字塔的奴隶的健康及提升他们的耐力。在古希腊，奥林匹克运动员经常使用大蒜来提升比赛表现。希腊罗马的士兵也很喜欢大蒜。它不同用途的考古证据包括一份写于大约公元前1750年的巴比伦石牌上的菜谱，其中记载了如何用碾碎的大蒜来给肉饼调味。一种更早的亚洲（如今的韩国）制作方法建议人们慢慢烘烤大蒜，一个月后，待其变黑焦化，便会引出它鲜美、醇香的味道。

◁**大蒜小贩**

这位脖子上戴着用大蒜编制而成的项链的年轻人于20世纪早期，在意大利西北部的圣雷莫城（San Remo），售卖他的农产品。

难闻的气味

大蒜刺鼻的味道会冒犯到一些人，特别是上层阶级。罗马的贵族就很讨厌它的味道，只有在将其药用时愿意忍受。

罗马诗人贺拉斯（Horace）称其为："低俗的精髓"，认为它会让枕边的爱人都转向而眠。许多的宗教场所里，大蒜是被完全禁止的。1818年，英国诗人珀西·比希·雪莱（Percy Bysshe Shelley）从那不勒斯寄回家里的信件中，惊叹道："你知道吗，这里有身份的女人也吃你永远都猜不到的大蒜。"在布莱姆·斯托克（Bram Stocker）1897年的小说《德古拉》（*Dracula*）中，范海辛就用大蒜来驱散吸血鬼。这个"事实"自此进入了西方的民间故事中，并出现在无数部小说和电影里。

△**大蒜助力**

这是古罗正在战斗的角斗士的场景。战士们平时摄取含有大量大蒜的食物，因为他们相信这样可以增强在角斗场上的攻击力。

"臭玫瑰"的新荣誉

然而，在19世纪，法国的富裕家庭会用炒大蒜作为一些菜式的基础，例如，法式红酒炖香鸡，这道菜就成了家常菜式。1903年，奥古斯特·埃斯科菲耶（Auguste Escoffier）在他的菜谱中写下了关于红酒炖牛肉的内容后，这道菜逐渐变成了时髦的菜式。之后，食物作家茱莉亚·查尔德（Julia Child）将充满蒜香味的地中海菜式带进了北美寻常百姓家。

> "不要吃大蒜，它的气味会揭露你只是一介农夫的事实。"
>
> 塞万提斯（Cervantes）《唐吉诃德》（*Don Quixote*）

20世纪90年代，由于大蒜有促进健康的功效，所谓的"臭玫瑰"逐渐流行起来。大厨会呈上一盘烤制好的大蒜，大蒜主题的餐厅频出，而制作大蒜茎（花茎）的食谱也出现了。几十年以来，全球的大蒜食用量翻了整整3倍，其农夫食物的恶名被永远地去除了。

▷**编织球茎**

收成后，人们一般会把大蒜编起来以便晒干和收藏。大蒜串在南欧的商店和市场里都能看到买到。

7.00

洋葱 让你痛哭的蔬菜

以其刺鼻的味道和催泪的效果著称的洋葱（可食的葱属球茎）已经被人工培育了至少5000年了，是世界各式汤食、炖食和咖喱里的主要食材。

△大与小

洋葱在大小、颜色和风味上都大有区别，有的大而淡，有的小而浓。洋葱的表皮也有可能是棕色或是紫色的。

作为世界上最老的菜谱书中（大约公元前1750年的巴比伦象形文字石碑）所罗列的食材之一，洋葱应该是最先在中亚培育而成的。在古埃及，它们是日常食物，并且有一定的药用价值以及宗教用途。一份公元前1500多年前的纸莎草纸上曾记载将它作为治疗坏血病的良方，它也能有效地为人体提供维生素C。洋葱还常用于丧葬仪式中，其常被置于做成木乃伊的尸体内以及四周，来协助逝去的亡灵顺利进入冥界。它们同心球的形状代表着永生。这个说法一直流传了下来，洋葱的英文单词onion就是从拉丁词unus衍生过来的，代表着一，意指洋葱各层的统一。

从日常食物到优雅地位

公元1世纪的罗马作者老普林尼描写了埃及人向洋葱和大蒜发誓的场景，埃及人把它们当作神明。他还描述了不同种类的洋葱以及它们在庞贝的药用和食用价值。许多记载于公元4至5世纪的罗马菜谱《阿皮基乌斯》中的食谱也会用到洋葱，将其作为基底或是主要的食材。罗马人还在公元的前几个世纪里把洋葱的栽培带到了他们帝国的北部，到了中世纪，洋葱成了整个欧洲农民阶级的日常食物。接下来的几个世纪里，征服者和移居者将洋葱带到了美洲，芝加哥这个城市的名字据说就是由印第安语的单词shikaakwa的法式发音衍生而来的，这个单词的意思是臭洋葱，代指生长于那里的洋葱品种。

洋葱容易运输，因为它们不容易发霉而且可以被晒干储存。在18世纪的英国，腌洋葱成了非常受欢迎的小吃。在法国，有一道菜大大提升了洋葱的地位，甚至到了雅致的程度。在《烹饪宝典》(*Dictionary of Cuisine*，1873年）中，小说家亚历山大·仲马（Alexander Dumas）记载了洛林爵士（Duke of Lorraine）和前波兰国王斯坦尼斯拉斯·莱斯钦斯基（Stanislas Leszczynski）在前往凡尔赛的路上驻足于一家小酒馆，当晚，他们点了一道洋葱汤。斯坦尼斯拉斯特别喜欢这道菜，还主动跟厨师询问这道菜的菜谱，这道菜后来便以他的名字命名，叫“斯坦尼斯拉斯洋葱汤”。

> “除非你想毁了你的亲吻，否则记得煮熟你的洋葱。”
>
> 强纳森·斯威夫特（Jonathan Swift）《作给果女的诗》(*Verses Made for Fruit Women*)

▷剥洋葱不流泪

这张摄于1918年的照片上，一位美国加利福尼亚肯尼军营的军人剥洋葱时，戴着防毒面具以防洋葱的催泪效果。

现代必需品

现在，全球各地都有洋葱的种植地，而且它在各地的各种美食中都有广泛的应用。它们已经成为了许多菜肴的基础食材，经常作为慢炖制成的酱料里的主料，或是汤料和酱料中不可或缺的一部分。在上千年来把洋葱当成主食的印度次大陆，它们也成为了咖喱的一味主要食材。

◁码头上

许多国家都有洋葱贸易。这张20世纪早期的照片里，一大篮筐一大篮筐的洋葱正在等待着被工人装送到一艘停靠在土耳其伊斯坦布尔加拉塔（Galata）码头（现称卡拉柯伊Karakoy）的船上。

发源地
中亚

主要产地
中国、印度、美国

主要食物成分
9%碳水化合物

营养成分
维生素C

学名
Allium cepa

马铃薯 印加帝国的遗产

直到16世纪，马铃薯才被南美人发掘。平平无奇的马铃薯自此乘上颠簸的大船，从一种神奇的“毒物”，摇身一变成为农夫的“生命线”，再进一步腾飞成为全世界10亿人民的日常蔬菜。

发源地
南美洲

主要产地
中国、印度、俄罗斯

主要食物成分
17%碳水化合物

营养成分
钾、维生素C

学名
Solanum tuberosum

充满淀粉的块茎植物马铃薯是一种植物肿胀的地下根茎，这种植物长着墨绿色且有微微绒毛的叶子，还有蓝色、粉色或是白色的花。作为茄科植物中的一员，马铃薯与辣椒、茄子和烟草及其他一些含有毒素的植物，比如风茄和颠茄等有亲缘关系。马铃薯本身也带有一种有毒的化学成分，叫做茄碱，在整株植物上都能找到这种不致死的、少量的茄碱。但是这种毒素在绿色马铃薯中就会有所汇集，特别是那些在储藏过程中见光的马铃薯，马铃薯发芽时，芽根上也能找到茄碱（这时适合种植）。

耐寒作物

马铃薯最早种植于秘鲁和玻利维亚的安第斯高原，时间大约是在公元前8000年至前5000年之间，而在智利南部发现的最早的野生马铃薯遗迹可以追溯到公元前11 000年。马铃薯让人们有机会占领山区，因为在不适宜的海拔种植玉米作物（大多数早期南美人的主食）会导致玉米歉收，而马铃薯却能在同样的海拔很好地生长。不同品种的马

◁**马铃薯母亲**

这个来自秘鲁（公元200—500年）的陶器器皿突出体现了头为人身为马铃薯的女性形象。

▷进贡

这幅20世纪早期的瑞典刊物展现了一位南美印第安人给西班牙征服者献上马铃薯的场景。

Nr 26. 1 juli 1917. Pris 12 öre.
ALLERS·FAMILJ·JOURNAL
Ett historiskt ögonblick: spanjorerna upptäcka potatisen.

铃薯种植于不同的海拔高度中，它们不久就开始在大小、形状和颜色上有很大的差异。

印加人的安第斯帝国（Andean empire）出现于公元13世纪，他们十分依赖马铃薯种植业，因此培育了数以千计的新品种。据报道，西班牙征服者于1510年至1530年间抵达南美洲，见证了印加马铃薯的种植仪式，并很快意识到这种陌生蔬菜的食用价值。马铃薯被带到欧洲的确切日期还不清楚，大约在1570年，它们就被种植在了加那利群岛（Canary Islands），船员从那里将马铃薯带到西班牙，并传到了欧洲的其他地方，一般被作为一种珍贵礼品或是珍奇植物上贡。

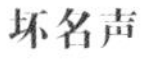

坏名声

到了17世纪早期，虽然马铃薯还没有被广泛种植，但是它已被欧洲大部分人所周知，它甚至还到达了北美的弗吉尼亚州，英国私掠船船长纳撒尼尔·布特勒（Nathaniel Butler）也是在此知道它的。大多数的农民和厨师一开始并没有办法接受马铃薯，认为它只能用作饲料或者是穷人的食物。马铃薯还因为跟邪恶挂钩，而落了个坏名声，这大多是因为它的花朵和果子跟颠茄和风茄长得十分相似，而后两者在民间故事中经常跟巫术和恶魔联系在一起。1869年，英国作者、社会思想家约翰·罗斯金（John Ruskin）还把马铃薯贬低为“绝不无辜的邪恶地下族群的一个分支”。

直到法国前军队药剂师安托万-奥古斯丁·帕门蒂埃（Antoine-Augustin Parmentier）把马铃薯冠为健康的、让人满

△各种形状和大小

马铃薯已经被人们培育出了许多不同的形状、大小和颜色，每种都有自己的独特风味和制作特点。

▷满是疙瘩的块茎

这幅19世纪的版画展现了马铃薯娇嫩的花朵、绿叶及满是疙瘩的块茎。

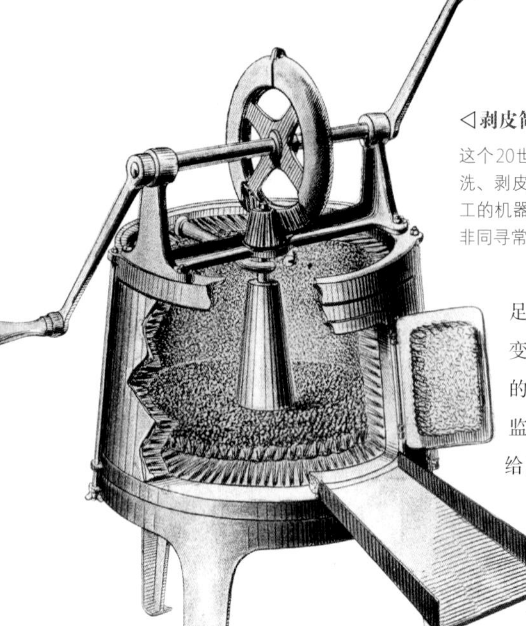

◁**剥皮简易性**

这个20世纪的机器是专门用来给马铃薯清洗、剥皮、起眼和去苗用的。这样节省人工的机器对需要大量马铃薯的人来说价值非同寻常。

足的食物，这一观点才有所改变。他在1756年至1763年7年的战争期间，被关押在普鲁士监狱里，当时的狱卒拿马铃薯给囚犯吃。随后他研究发现，跟大众的想法大相径庭，马铃薯非但不邪恶，还富含营养，他也因此大力提倡法国人食用这种食物。甚至还有人认为是他劝服了路易十六和他的王后——玛丽·安托瓦内特（Marie Antoinette），让她把马铃薯花穿戴在身上，形成了一种新的时尚潮流。马铃薯被认可的巨大成功，让他的名字随着如黄油炒马铃薯块（Pommes Parmentier）等马铃薯菜式留存下来，而且在巴黎还有一条大道和一座地铁站都以他的名字命名为帕门蒂埃（Parmentier）。1799—1804年，德国自然科学家和探险家亚历山大·冯·洪堡（Alexander von Humboldt）抵达南美洲，马铃薯已经被欧洲人看作是生活中重要的一部分了，洪堡说："这座大陆给我们带来一个美好的祝福和一个邪恶的诅咒：祝福就是马铃薯，诅咒就是烟草！"

大众食物

人们一直在培育新的能够在温和的欧洲环境下成长的马铃薯种类。这对18世纪末遭受一系列饥荒折磨的农民来说是极为重要的营养补充。到了19世纪初，农民已经开始大范围种植马铃薯了，而且随着人们在工业革命期间慢慢从农村搬到了乡镇，它们也成为了一种便宜、易种植和富含营养的"方便食物"。但是生长在欧洲和北美洲的马铃薯有一个致命的弱点，由于近亲繁殖，导致了它的抗病能力极差。1844—1845年，第一次浩劫的预警打响，那时候，一种会带来晚疫病的菌类微生物Phytophthora infestans（马铃薯晚疫病菌）重创了欧洲的马铃薯种植业。在爱尔兰，"庄稼之王"马铃薯占穷人日常卡路里摄入量的80%以上，因此灾难对爱尔兰的影响极其深远。在1845—1848年的几年时间里，上百万人因为饥饿或疾病而死，还有100万人因为饥荒逃离爱尔兰，其中大部分人去了北美洲。

但是就是在这片新大陆里，一种新的马铃薯害虫出现了：科罗拉多马铃薯甲虫（Leptinotarsa decemlineata）。它在其本土墨西哥，主要以水牛刺果（一种马铃薯的近亲）为食，对庄稼并没有太大的影响，但是当这种甲虫传到美国后，它很快就适应了这种新的食物，而且这种食物到处都有。1860年，甲虫首先开始破坏内布拉斯加州的马铃薯苗。然后，它们很快就往西边进发，到了1874年就已经抵达了大西洋海岸。从此，科罗拉多马铃薯甲虫传回西欧，成为了当地马铃薯苗的头号威胁。

△**马铃薯州**

爱达荷州选择马铃薯为他们的象征，突出表现了它对当地经济的重要性，第一株在这里种植的马铃薯种出现在19世纪中期。这张贴花图创作于1960年。

> 中国每年种植大约1亿吨马铃薯，
> 这比任何国家都要多，但出口只占1%。

适应世界各地

就在马铃薯在欧洲和北美流行开来的时候，远东的人们也开始了解这种食物。早在17世纪，欧洲的水手就在前往印度、中国和日本的旅途中携带这种块茎食物（它是船员维生素C的主要来源）。

接下来200年的殖民扩张与移民也将马铃薯传到了北非、澳大利亚，甚至还传回了南美洲。

20世纪，马铃薯真正成为了全球性的食物。其中的推手包括机械削皮器的发明，还有快餐餐厅的量产，以及现在无处不在的“法式薯条”。现在，马铃薯已经成为了世界各地一些著名菜式和小吃的基本食材，其中包括英国的炸鱼薯条、西班牙的辣炒马铃薯、爱尔兰的马铃薯炖白菜泥、意大利的马铃薯面疙瘩、瑞士的薯饼、瑞典的手风琴马铃薯和香辣马铃薯炒菜花（一道印度和巴基斯坦很流行的咖喱菜式）等。

未来的食物

现在，科学家正在尝试发明一种抗干旱、抗晚疫的块茎类植物。1995年，美国航空航天局的宇航员在哥伦比亚号太空飞船中成功种植出五颗小的马铃薯。秘鲁的国际马铃薯中心也开始在探究马铃薯是否能在火星的大气层中生长。

◁ **马铃薯害虫**

颜色丰富的科罗拉多马铃薯甲虫在19世纪中期给美国中西部的马铃薯收成带来毁灭性的打击。

▽ **重农活**

这张1878年朱尔斯·巴斯蒂安·勒佩奇（Jules Bastian Lepage）绘制的画展现了农业机械化之前收获马铃薯所需的繁重劳动力。

战时食品

第二次世界大战中所有的战争力量都面临着食物短缺的问题，这就是战争一爆发，就会马上推行食物配给制度的原因，这是从第一次世界大战学来的战略。在英国，配给制度正式颁布之前，农业部就发动了“为胜利而掘”的运动。目的是鼓励人们把自己的花园都转变成菜地，乡镇城市里的公园和其他绿地也被犁平成配给站。就连伦敦塔的护城河都被抽干，种上了果蔬。

这场运动大获成功，到了1943年，统计显示家庭菜园的产量至少有100万吨之多。许多人还养了鸡以便吃鸡蛋，饲养兔子和鸭以便自给自足肉类。马铃薯是主食，白色的面粉也让步给了全麦的“国家面粉”，政府还鼓励人们喝奶粉以取代牛奶。

在美国，第一次世界大战标志性的胜利菜园也开始重现。早在1942年初，就开始了食物配给制度，他们更加急需自己种植水果蔬菜，大概有1万美国人启动了“胜利菜园”计划。到了1944年，2000多万座胜利菜园1整年的总体产量高达900至1000万吨。美国人把自家的后院、公园还有棒球场都犁平种菜。这种举动是自上而下的；埃利诺·罗斯福（Eleanor Roosevelt）在白宫的草坪上就有自己的“胜利菜园”。

德国也实行配给制度。由于肉类都分配到了军队，因此许多替代品开始出现了，比如用植物面粉、大麦和蘑菇制成的“肉类”。被占领国家的配给一般来说会更少，比如说法国工人的肉类配给就会比德国工人的少至少三分之二。

◁ **从操场到菜园**

美国人在第二次世界大战时期全面开展蔬菜种植。1943年曼哈顿公园里，这些小孩正在“胜利菜园”里工作。

木薯 抗干旱的主食

△多人劳作

制作木薯粉的清洗、剥皮和研磨过程需要大量的人工。

滋养了世界上8亿多人的木薯是世界上广为栽培以及食用的植物之一。它有潜力成为世界各地最受欢迎的食物，它一直是穷困地区人们主要的食物来源。

发源地
南美洲

主要产地
尼日利亚、泰国、巴西

主要食物成分
38%碳水化合物

营养成分
维生素C

非食品用途
洗衣浆

学名
Manihot esculenta

木薯，又叫树薯、珍珠粉和丝兰，它种植在105个国家，是南美洲、非洲和亚洲大部分人重要的主食。虽然有些人也爱吃它跟菠菜一样的绿叶，但是人们主要还是吃它富含淀粉的根部。每一株植物的根部都能长到8千克重。木薯作为农作物最大的优点就是它能够抗干旱，而且它有极强的适应力，能在贫瘠的土壤里生长，还能在很多不同的环境下生存。木薯主要有两个品种，甜的和苦的。甜的品种可以直接剥皮食用，不需要过多的处理工序，但是苦的品种需要冗长的准备过程来中和其根部高浓度的氢氰酸（氰化物）。根部的处理需要经过剥皮、磨碎、浸泡、发酵以及晒干或者烘干等多道工序，才能安全食用。

悠久历史

木薯源自南美洲，人们培育它已经有将近5000年的历史了。当欧洲人于16世纪抵达亚马逊盆地的时候，他们发现了一个名叫Aruak（或是Arawak）的当地部族，可以译成“吃块茎的人”，这个部族的人种植木薯已经几个世纪了。在秘鲁卡斯马山谷发现的考古证据将木薯的培育历史追溯到公元前1785年，在加勒比的圣基茨（St Kitts）、圣文森特（St Vincent）、安提瓜（Antigua）和马提尼克（Martinique）群岛上也有古代木薯饼的残留物。一位16世纪撰写哥伦布历史的史学家皮特·马特·德安吉拉（Peter Martyr d’Anghiera）曾在一份早期的作品中提到了用于制作面包的“有毒根茎”。

◁非洲之根

木薯是马拉威（Malawi）最重要的根部作物。它在种植园贫瘠的土壤里也能茁壮成长，例如，马拉威湖（Lake Malawi）的恩卡塔湖畔（Nkhata Bay）。

随后，在16世纪，欧洲人把木薯带入了西非，并在接下来的日子里慢慢变成当地和亚洲部分地区的主要粮食作物。在巴西，它逐渐成为在海岸定居的殖民主和他们的奴隶的主食。这种作物可能还对这些国家结束奴隶制有着积极的作用，它成功地让逃跑的奴隶在偏僻的、不适宜人居住的区域存活下来，因为在荒郊野岭，他们也能找到木薯食用。

从19世纪80年代起，
世界种植木薯的田地翻了1倍。

富含营养

木薯的碳水化合物成分较高，十分好消化，是一种便宜的能量来源。它在一些非洲国家占人们每日卡路里摄入量的50%至80%以上。一些研究发现表明，食品处理有可能会增加木薯的营养价值，因为发酵和研磨过程中的一些菌类和微生物，能够增加它的蛋白质含量。

木薯常用的食用方法之一就是用木薯粉制作而成木薯片。木薯的根部可以煮熟或是蒸熟，然后再炸制食用，也可以把煮好的根部做成木薯酱、饺子、汤、炖品或者木薯肉酱等。制作好的木薯还可以被研磨成粉，做成面包、蛋糕或是饼干。

在巴西，经过消毒的木薯经常会被研磨成粉，并煮制成一种有点干，甚至有点脆的颗粒，叫做“farinha”（葡萄牙语，意为木薯粉、面粉），一般是作为调味品，放在黄油中烤熟食用，或是加点水做成粥来吃。在中非，最受欢迎的吃法是把发酵后的木薯面团放置在香蕉叶中煮制，制作成无毒的“面棍”切片。

在西非，木薯片一般都会加水煮制成一种粥，作为零食，人们称其为“gar”“garri”“garry”或是“gali”。人们会在木薯粥里加上糖或蜂蜜、椰子块、花生和腰果，也会用它配着汤还有炖品一起食用。在非洲的其他地方，消毒后的木薯会被煮熟，趁热上桌。在西非和中非，木薯叫做馥馥白糕（fufu），而馥馥粉在世界各地售卖非洲食材的商店里都能看到。一些南非当地的人们会用木薯制作酒精饮料。

△紧紧地压榨

这张1820年的版画展现了两个非洲人用一种特殊的工具挤出磨碎的木薯根部多余水分的场景。

◁植物和根部

木薯是一种长着墨绿色手型绿叶的高耸得像树木一样的灌木。它的根部可以长到30厘米左右的长度。

蘑菇

危险而又喜人的食物

作为一种在哪里都能找到的常见食物，蘑菇保持了人类采集营养食品之初的神秘感和魔力。

◁特殊的工具

为了准备蘑菇食材，人们发明了像这样将刀子和刷子结合起来的特殊工具。

上千年来，人们一直因蘑菇具有毒性而恐惧它。有一些蘑菇含有足以致死的毒蕈碱毒素。公元54年，在吃下妻子阿格里皮娜（Agrippina）盛上的一碟菌类后，罗马帝王克劳狄乌斯（Claudius）中毒身亡。菌类中有20%是有毒的，但只有1%左右的菌类是足以致死的，还有另外的1%含有致幻的化合物。虽然大部分的蘑菇在理论上都是可食用的，但是只有少于5%的物种有足够的风味，可被划分为适合食用的食品。

蘑菇是菌类，一种既非植物也非动物的有机生物群体。可食的蘑菇生长在地上或是树上，这部分通常是微生物的子实体。

◁微笑献祭

在一份阿兹特克文化的文件资料中，16世纪的西班牙牧师贝尔纳迪诺·德·萨阿贡向我们展示了祭祀的对象在被处死前微笑着吃下神圣蘑菇的场景。

蘑菇神话

美味野生蘑菇的稀有性让它们一直以来都被视为珍宝。公元前1800年，东亚的美索不达米亚地区的人们把它视为珍馐，在古埃及，它们被视为永生的象征，只有法老才能食用。还有人把它们当作“众神之子”，认为是由一道道闪电送达地球的，这也就解释了它们跟其他植物的不同之处，它们没有根也能生长。公元1世纪墨西哥的玛雅文明把蘑菇当作是他们宗教仪式中神圣的一部分，因为它能够致幻。古希腊人看到了菌类的潜在药用价值，和罗马人一样爱慕牛肝菌（Boletus edulis）的味道，现在的意大利人还用它来做烩饭和酱料给食物增添滋味。

在中国，蘑菇几千年来都被视为重要的食物和药品，而日本培育的shiitake香菇（生长在木桩上）已经有至少2000多年的历史了。在欧洲大多数地方，有关蘑菇或是“毒菌”的民间故事和迷信传说广为流传，这也导致了没有人愿意将蘑菇培育成真正的食物，只有少数的人敢在野外捡拾食用。1699年，英国日记作家约翰·伊夫林仍把蘑菇形容成“有毒有害的”。

与法国的关系

这种想法随着蘑菇在法国种植的开始而慢慢有所转变。1600年，法国农学家奥利维尔·德·塞尔（Olivier de Serres）就提及过一种在混有粪便的土壤上种植蘑菇的方

白蘑菇

发源地
欧洲、美国

主要产地（所有可食蘑菇）
中国、意大利、美国

主要食物成分
3%碳水化合物
3%蛋白质

营养成分
维生素B2、维生素B3

学名
Agaricus bisporus

◁各种形状和大小

蘑菇和可食菌类有许多不同的形状。想要将可食的品种和有毒的品种区分开来需要一定的专业知识。

諸國名所百景
紀州熊野
岩茸取
廣重画

△地下活动

在这幅1869年12月《伦敦新闻画报》的插图中，工人们在法国巴黎附近的蒙鲁日蘑菇山洞里照料着他们的地下作物。

◁悬挂

这幅19世纪的画里，两个男人悬吊在篮子里，采集长在日本纪州熊野山谷两侧的岩竹蘑菇。这种菌类一般都生长在岩石上。

法。它们还出现在法国最有影响力的一本食谱上，虽然只是以酱料和佐料食材出现的。这本书就是1651年出版的皮埃尔·拉·瓦雷纳（Pierre La Varenne）的《法国厨师》（*Le Cuisinier Francois*）。

蘑菇作为一种食材被大量种植这件事本身就是一场意外，1650年左右，一位住在巴黎附近的瓜农发现有些菌类在他留给庄稼的肥料上生长着。很快，这个新的珍馐开始在巴黎的餐馆里盛行，人们把它称作巴黎香菇（Champignon de Paris），这个名字双孢蘑菇（Agaricus bisporus）至今还在沿用。

“松露让女人更良善，让男人更和蔼。”

让·布里亚-萨瓦兰（Jean Anthelme Brillat-Savarin，1825年）

200年后，即1810年左右，一位叫尚贝里（Chambry）的巴黎园艺家发现了一种可以全年种植蘑菇的方法，他合理利用了巴黎周围和地底的穴道，给蘑菇提供了阴冷、潮湿及黑暗的环境。到了1880年，整座城市里有上百座地下蘑菇农场。

北欧的务农者这时才知道蘑菇的种植是如此简易和方便，只需要一点点的空间及大量的马粪即可。19世纪中期，人工培育后的蘑菇从英国被带入美国东部。虽然一开始，关于蘑菇有毒的欧洲故事仍旧广为流传，但是由于法国饮食和喜食蘑菇的移民（例如意大利人和中国人）的影响，到了1899年，美国的厨师和自然科学家凯特·萨金特（Kate Sargeant）发表了《一百种蘑菇菜谱》（*One Hundred Mushroom Receipts*），并在里面提到：“很快公众会承认大部分的菌类不只有益健康而且还富含营养。”今天，只有中国种植的蘑菇比美国多，宾夕法尼亚州的产量就占了美国的60%。

▽收集健康

这幅中世纪健康手册的插图中，一个男人正在采摘松露，这体现了这种食物的养生效用。松露一般都以其药用价值著称。

白金

在世界各地，像双孢蘑菇、栗蘑和波特蘑菇这类蘑菇都是工业化培植的，它们都是便宜、简便而又有营养的食物。但是还有一种可食的菌类——松露，一直都被视为高价的珍馐，甚至许多人培育出了能够专门闻味“寻露”的猎犬或是猎猪，深入30厘米以下的地底，将它们从橡木、榉木和榛树森林的根部族群中挖掘出来。在公元前20世纪的苏美尔人的石碑上就有将它作为食材的记载。自此，松露就深受罗马、希腊和文艺复兴时期的王子和美食家的珍爱。这种菌类有好几个品种：黑色的松露（Tuber melanosporum和Tuber aestivum），还有主要生长在意大利北部皮埃蒙特的珍贵白色松露（Tuber magnatum）。

△松露天敌

这幅1880年的版画里，松露甲虫正在啃食松露，这会给这种作物造成巨大的破坏。

茄子

来自亚洲的馈赠

闪亮的紫色茄子，一般都被认为是地中海地区的主要食材。其实人们应该再找寻它们的源头。在亚洲，你能找到它的许多不同品种。

在中世纪的欧洲，人们认为茄子是一种有一定催情作用的植物，但它也有一定的毒性。它与马铃薯、辣椒、西红柿和致命的颠茄都属于茄科。虽然它经常被当作一种蔬菜，但是实际上是一种长着紫色花朵（有时是白色花朵）的高灌木的果实。它们的果实本身在形状、大小和颜色上就有很多差异。

△大丰收

14世纪意大利的《切瑞蒂家书》（*Book of the House of Cerruti*）色彩丰富的手稿中出现了欧洲最早关于茄子的描述。

从西方人熟知的饱满的暗紫色品种到印度产的红色、黄色和绿色的茄子，再到意大利粉色和白色条状的茄子，以及中国的长条状的茄子。茄子“鸡蛋果”的名字源自于一种较为古老的品种，这个品种的果实神似天鹅蛋。科学家原先认为茄子的野种培育始于现在的印度、缅甸和中国，但是最近的研究发现，茄子的人工培育还可能发生在东南亚地区，即现在的马来西亚。它们曾出现在2000多年前的梵文经书里，还有公元5世纪的中国农业手册《齐民要术》中。

到了公元7世纪，阿拉伯军队从印度和波斯回来时，身上带着茄子，并把它们带到了伊比利亚半岛，从那里，它们又被慢慢地传播到欧洲和非洲各地，最终也传入了北美和加勒比地区。

△厨师之选

茄子的颜色各种各样。这种白条状的紫色品种本身的肉质就十分香甜、细腻，它自然也成为了厨师们的首选。

在西非，茄子被称为“花园鸡蛋”。

全球钟爱

今天，茄子已经成为了南欧、中东和亚洲人饮食中的流行食品。用茄子切片叠层是著名的希腊菜碎肉茄子蛋（Moussaka）的特色，茄子也是意大利菜焗烤千层茄子（Melanzane parmigiana）中的重点。茄盒类菜式包括了希腊传统的菜式希腊酿茄子（papoutsakia，字面意思是“小鞋子”）和土耳其的伊玛目酿茄子（Imam bayildi，字面意思是“伊玛目晕了”）。茄子沫是希腊烤茄子蘸酱（Melitzana salata）中的重要食材，这是一种每个希腊小酒馆菜单里都能找到的蘸酱，同时茄泥蘸酱（Baba ganoush）还是一种由烟熏的茄子制作而成的中东蘸酱。流行的亚洲茄子菜式包括印度的咖喱，例如茄子巴哈吉（Brinjal bhaji）和旁遮普的烟熏茄子咖喱（Baingan ka bhurta）。日本人喜欢吃味噌溜茄子（Nasu dengaku），而中国人一般把茄子炒着吃。

发源地
亚洲南部

主要产地
中国、印度、埃及

主要食物成分
6%碳水化合物

营养成分
钾

学名
Solanum melongena

△独特的形状

甜椒的钟形果实是它的另一别名灯笼椒的来源。

甜椒 温柔的辣椒

作为辣椒属的一员，人们把这种辣椒称作甜椒，将它们与其他更辛辣的辣椒区分开。基因变异让甜椒成为不含普通辣椒中辛辣化合物的新品种。

跟茄子一样，辣椒属于茄科。而且，和其他的辣椒一样，它们同属于辣椒属。让人困惑的是，辣椒的各种英文名，比如"pepper""chilli""paprika""aji"和"capsicum"都可以互换使用来表示这一属中的植物。然而，甜椒或是灯笼椒则只能代表味道温和、块状，且唯一不含辣椒素的品种，它不会让人觉得辛辣。

◁完美的绿植

这是一张20世纪40年代佛罗里达州种植的辣椒上的标签。这个州现在还一直是辣椒的主要产地。

发现的故事

考古挖掘为我们展现了古代中美洲文明早期培育甜椒的情形。热那亚（Genoese）出生的哥伦布首次抵达美洲时，就已经发现了有加勒比岛民在食用辛辣的辣椒（现在我们称其为chillies），而对灯笼甜椒的首次具体描述则要追溯到1699年。当时一艘英国船上的医生和冒险家莱昂内尔·韦弗（Lionel Wafer）曾记载他在巴拿马看到甜椒的故事。

全球的喜爱

虽然甜椒的历史并不明确，但科学家猜测甜椒是被西班牙人、葡萄牙人和其他欧洲殖民者从16世纪开始从美洲带回欧洲的。1776年，一位牙买加的英国籍种植园主爱德华·朗（Edward Long）就列举了九种在牙买加培育的辣椒品种。他写道："灯笼椒是最适合腌渍的。"现在，不论是生吃、烤制、炖煮、砂锅菜还是做成辣椒盒子，几乎在全世界的各式菜肴中都能找到甜椒的身影。在亚洲饮食中，甜椒经常被爆炒。

发源地
中美洲

主要产地
中国、墨西哥、印度尼西亚

主要食物成分
5%碳水化合物

营养成分
维生素A、维生素C

学名
Copsicum annuum

▽都串起来

在很多甜椒的产地，人们常常晒干甜椒，以便在没有新鲜甜椒时食用。

△异国奇珍

在16—17世纪，西红柿被认为是一种有毒的植物，主要被种在花园里起装饰作用。这幅插图由德国植物学家巴西利厄斯·贝斯莱尔（Basilius Besler）绘制而成。

西红柿 阿兹特克文明的金苹果

这种由西班牙人从新世界带回旧世界的作物一开始并不被欧洲人接受，但是它却在后面的几个世纪里，改变了全球的饮食习惯。

△种类繁多

现在，我们大约有7500个品种的西红柿，从小而甜的圣女果到巨型番茄，形状和颜色各异。

英文单词“tomato”源自于西班牙语中的“tomate”，这个词本身源自于纳瓦特尔语（Nahuatl）或是阿兹特克语中的“tomatl”。对于16世纪的意大利人来说，西红柿是“金苹果”（Pomo d'oro），而对法国南部的普罗旺斯人来说它是“爱情苹果”（Pomme d'amour）。不论这种蔬菜，或者更准确地说，这种水果叫什么名字，西红柿几乎已经成为了所有人日常饮食中最受欢迎和最多变的食材了。

从新世界到全世界

西红柿源自于一种野草一样的植物，与马铃薯和致命的颠茄同属。它生长在南美洲高耸的安第斯山脉之中，大约是现在的秘鲁和厄瓜多尔附近，从这里，它渐渐北移，并在公元7世纪左右被墨西哥地区的人们发现并育种。渐渐地它成为了这个区域原住民和阿兹特克人重要的农作物。

16世纪早期，当西班牙征服者抵达墨西哥时，他们发现了各种形状、各种大小和各种颜色的西红柿，一堆一堆地叠在阿兹特克的特拉特洛克（Tlatelolco）市场里。当时的一位传教士与民族志学者贝尔纳迪诺·德·萨阿贡描写到：“有许多不同的品种，黄色的、红色的，还有一些熟透了的西红柿。”

西红柿在16世纪中期抵达欧洲，由回国的西班牙人带回。1544年，一本由意大利医生与植物学家彼得罗·安德里亚·马蒂奥里（Pietro Andrea Mattioli）撰写的《药草学志》中提及了这种水果，把这种新的茄类形容为扁平的红苹果，它由几瓣组成，一开始是绿色的，成熟后变成金色。

◁印在卡片上

这张珍藏卡片呈现了西红柿在法国南部的培育过程，该卡片是由制作肉品提取物的李比希（Liebig）公司在1870年至1975年间发行的。

到了16世纪50年代，西红柿已经抵达德国和荷兰，同时葡萄牙的冒险家也把它们带到了印度，并在那里迅速传开，大部分经典的印度菜式中都有它的踪影，例如南印度

发源地
南美洲

主要产地
中国、印度、美国

主要食物成分
4%碳水化合物

营养成分
维生素C、钾

学名
Solanum lycopersicum

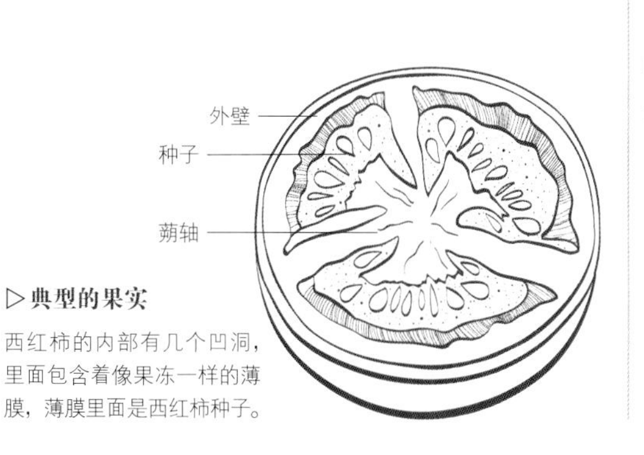

▷典型的果实

西红柿的内部有几个凹洞，里面包含着像果冻一样的薄膜，薄膜里面是西红柿种子。

> “它们对身体没有太大的益处，但也没有太大的害处。”
>
> 约翰·杰勒德，《草本志》（*Herball*，1597年）

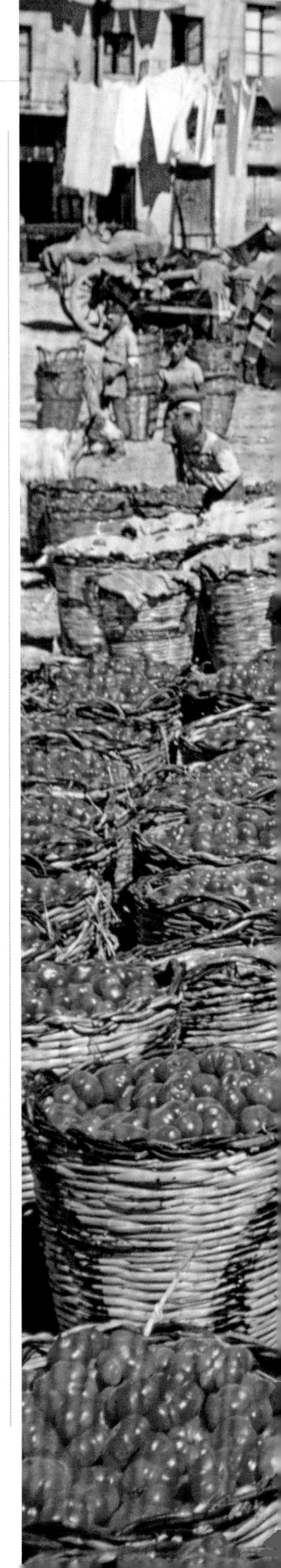

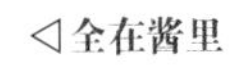

◁**全在酱里**

美国宾夕法尼亚州匹兹堡的亨氏公司在1890年推出经典的八角形瓶装番茄酱。

酸豆汤、奶豆腐煮豌豆和文达卢（Vindaloo，从葡萄牙语中的“carne de vin d'ahlo”衍化而来，意思是酒香蒜肉）。

让人惊奇的是，经常食用沙拉、烤肉和滋味丰富的蘸酱的中东人直到19世纪早期才开始培育西红柿。西红柿是由热衷农业学的叙利亚阿勒颇（Aleppo）城里的英国领事约翰·巴克（John Barker）带到中东的。

持怀疑态度

一开始人们并不把西红柿当成一种食物，可能是因为当时的人认为它跟其近亲马铃薯一样有毒，所以就只把它当作一种药物或是装饰性植物。1597年，英国植物学家约翰·杰勒德在他的《草本志》里把西红柿描述为“有着极大恶臭味的”植物，这一贬低性的言论在北欧和北美殖民地延续了整整两个世纪。然而，在地中海地区，特别是意大利和西班牙，当地宜人的气候让西红柿有机会成为当地饮食的中流砥柱。人们经常会在水中加入盐、胡椒和油，并将其煮沸，制作成西班牙风味（Alla spagnuola）的番茄酱，这一酱料还曾出现在意大利厨师安东尼奥·拉蒂尼（Antonio Latini）1692年出版的食谱《现代管家》（*Lo scalco alla moderna*）中。

19世纪，那不勒斯将西红柿酱汁加到大饼上的传统演变成我们今天熟知的比萨。

> 每年在西班牙布尼奥尔镇（Buñol）
> 举办的西红柿大战庆典
> 会消耗整整100吨成熟的西红柿。

总统的称赞

据说，美国的开国元勋与第三任总统托马斯·杰斐逊在1809—1824年间在弗吉尼亚州的蒙蒂塞洛（Monticello）花园内种植了西红柿。美国人在处理西红柿过程中的两大创新成为了它走向世界的关键。第一项创新就是可以追溯到1801年的番茄酱，当时的美国人还吃不惯新鲜的西红柿。随后在1876年，亨氏食品加工公司推出它首创的番茄酱。亨氏现在在欧洲还占有番茄酱市场80%的市值和美国60%的市值。1897年，西红柿的流行程度又再次被水果商人约瑟夫·坎贝尔（Joseph Campbell）推出的浓缩番茄汤提升到了新的高度。

现在，西红柿经常被作为沙拉食材加入到种类多样的菜式里，或加工成罐头汤、果蔬汁等快捷食品。西红柿一直是地中海地区饮食中的重要食材，例如，西班牙的西班牙冷汤（Gazpacho）、意大利的番茄酱意面（Spaghetti pomodoro）、法国的普罗旺斯炖菜（Ratatouille）和希腊的西红柿盒子（Yemistes domates）里都有它的身影。连100年前还未培植西红柿的中国人则会将西红柿加入到汤、沙拉和快炒里。现在中国西红柿的产量占世界总产量的30%之多。

◁**机械化收割**

20世纪60年代，经过多次失败的尝试后，植物育种家杰克·汉娜（Jack Hanna）和工程师科比·洛伦岑（Coby Lorenzen）发明了一种可以收割加利福尼亚州中部大型西红柿农田的机器。

无处不在的水果

虽然发展缓慢，但是意大利人很快就迷上了西红柿这种水果，特别是在意大利的南部。在这里，西西里阿格里真托省（Agrigento）内的比萨表面就是用西红柿填满的。

牛油果 植根阿兹特克的水果

大约1万年前，墨西哥和中美洲的人们开始收集和食用野生牛油果，不久后，他们便开始培育这种富含脂肪的美味食物。

△收成时间

选择什么时候收割牛油果是需要经验的，如果太早收割的话，牛油果内部的油脂成分过少，会导致其无法成熟。

牛油果的英文名avacado源自于阿兹特克语中的一个单词ahuacatl，意指这种水果睾丸般的形状。最早的人类食用牛油果的考古证据是在墨西哥特华堪（Tehuacán）山脉的克斯卡特兰（Coxcatlán）山洞中发现的一些植物种子和石块，这些证据距今已有8000年左右的历史了。牛油果绿色果肉里的高脂肪一定是史前饮食中重要的营养来源。牛油果的人工培植也很快随之开始，在墨西哥和中美洲都能找到人类栽培牛油果果树的痕迹。到了1482年哥伦布抵达南美洲时，食用牛油果的范围已经向南拓展到了秘鲁。如今，墨西哥是世界上领先的牛油果产地，而这种水果也是美国加利福尼亚州、多米尼克共和国和印度尼西亚的重要作物。

可甜可咸的食材

因为它清淡的风味、有质感的果肉和丰富的营养，近来，牛油果开始越来越受人们欢迎，人们也开始寻找新的

发源地
墨西哥、中美洲

主要产地
墨西哥、多米尼克共和国、秘鲁

主要食物成分
15%脂肪

营养成分
维生素E、钾

非食品用途
化妆品

学名
Persea americana

▷加利福尼亚之梦

加利福尼亚州的圣地亚哥郡是美国的牛油果之都。一棵加利福尼亚牛油果果树每年可量产500颗牛油果。

▷**友谊之果**

16世纪，墨西哥中部的特拉斯卡拉人（Tlaxcalans）用装满整箩筐的牛油果和其他当地的食物来迎接西班牙征服者。

牛油果的别名包括鳄梨、贝壳梨等。

享受此等美味的妙方。

它最出名的做法大概就是鳄梨酱了。但是在拉丁美洲，牛油果现在还作为配菜被广泛地应用在阿加克炖菜（Ajiaco）以及危地马拉的包菜鳄梨酱配热狗（Chapin）中。

黄瓜

帝皇挚爱

作为一种自古就受人喜爱的食物，黄瓜的培育历史可以追溯到远古时期，它那如朝代迭起般的流行趋势便是它悠久历史的最佳见证。

黄瓜是一种印度南部本土的蔓生植物的果实，它的培育至少有超过3000多年的历史了。古埃及人也曾种植黄瓜，在古希腊和古罗马，它被用来治疗蝎子叮咬、视力低下或吓跑老鼠。据说罗马的帝王提贝里乌斯（Tiberius）喜欢每天都吃上一根黄瓜。

公元476年，罗马帝国衰落后，黄瓜在欧洲的流行程度也开始衰减，但是它后来又再次出现在公元8世纪神圣罗马帝国查理曼大帝的皇宫里，他命令农夫把黄瓜种在他的庄园内。欧洲的商人后来把黄瓜传到了北美洲。1535年，一个法国的航海家雅克·卡蒂埃描写了种植在现今加拿大蒙特利尔城的“美味黄瓜”。

△**腌制**

1900年左右，亨氏公司曾经大量售卖腌黄瓜。在美国，它们一直是冷菜和芝士的流行配菜。

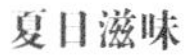

夏日滋味

黄瓜于14世纪第一次被传到英格兰，而在18世纪，黄瓜片三文治在英国社会流行起来。现在，黄瓜一般被用来做沙拉、汤和蘸酱。我们经常能在不同的菜式里找到它的身影，人们经常用它来搭配酸奶：例如波斯的黄瓜酸奶沙拉（Mast-o-khiar）、印度的酸奶蔬菜沙拉（Raita）以及希腊的青瓜酸乳酪酱汁（Tzatziki）等。它也是十分受欢迎的腌菜，经常配上莳萝，泡在盐水或者醋里面腌渍。

发源地
印度南部

主要产地
中国、土耳其、伊朗

主要食物成分
4%碳水化合物

营养成分
维生素K

非食品用途
化妆品

学名
Cucumis sativus

◁**蔓生的荣耀**

这幅黄瓜的版画展现了这种植物的茎叶花果和细长的卷须。

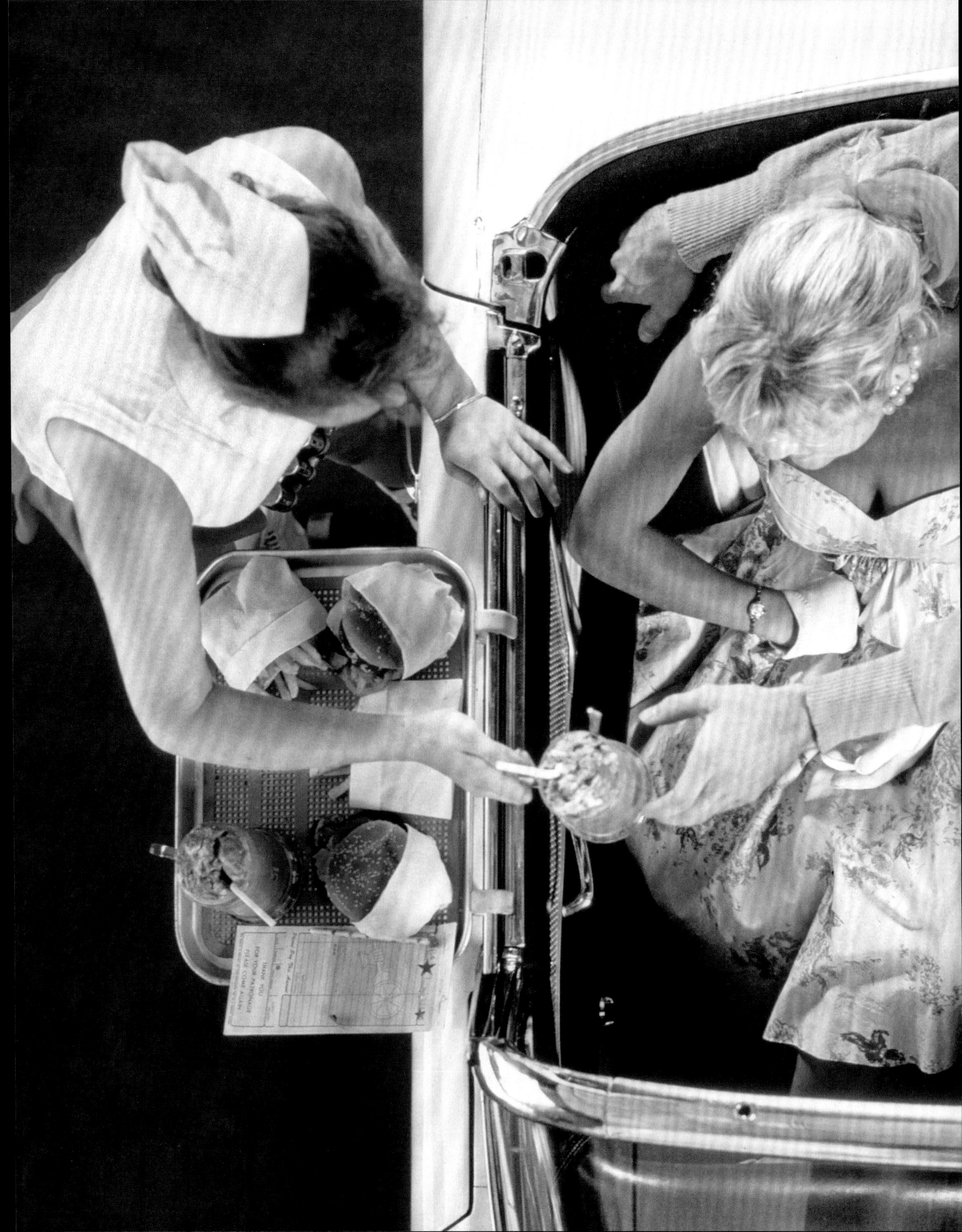
THANK YOU
FOR YOUR PATRONAGE
PLEASE COME AGAIN

快餐

快餐的特点是方便快捷、边走边吃。快餐称得上是一个现代人人皆知的餐饮界和文化界现象，它的全球霸主地位从1921年美国中西部开始。1916年，在肯萨斯州的威奇托（Witchita）的瓦特·安德森（Walt Anderson）与一名保险和地产销售员比利·英格拉姆（Billy Ingram）搭档，开了他们人生第一个由街车改装而成的小摊档，这是第一个白星汉堡街边小摊。此后他们马上将生意做到了其他的小镇与城市，创造出美国第一个快餐连锁店品牌。根据记载，到了1941年，白星以每个10美分的价格卖出了整整5000万个汉堡。

很快就有人开始模仿安德森和英格拉姆的这种经营方式了。1940年，莫里斯·麦当劳（Maurice Mcdonald）和理查德·麦当劳（Richard Mcdonald），即麦当劳两兄弟就在加利福尼亚州的圣贝纳迪诺（San Bernardino）开了第一家麦当劳快餐店。这是个人人皆知的世界级品牌的初始。一开始，麦当劳的销售重点是烧烤食品，但是当两兄弟发现汉堡的销量远超过菜单上其他菜式时，他们就马上转变了经营模式。1948年，他们开发了一种只含有汉堡、芝士汉堡、薯条、三种汽水饮料、奶昔、牛奶和咖啡的流线型菜单。还开创了一种“必胜”的配方。这也是麦当劳扩张迅速的原因之一，另一个重要的原因就是让其他餐厅加盟自己品牌的新型商业模式。

快餐餐厅很快就蓬勃地发展了起来。哈伦·桑德斯（Harlan Sanders）上校在1952年开始特许经营他的炸鸡餐馆。1953年，汉堡王在佛罗里达州的杰克森维尔（Jacksonville）开张。塔克钟将美式的墨西哥菜卖火了，而必胜客和达美乐也一样炒热了快餐比萨。皮特超级潜水艇最终变成了世界领先的三明治连锁店——赛百味。

◁**边走边吃**

20世纪20年代，美国出现了第一家快餐餐厅，适应了当时蓬勃发展的汽车产业。到了60年代，这也成为了许多快餐连锁店的标志。

豌豆和可食的豆荚

香甜的绿色种子，千年延用的食谱

发源地
中东

主要产地
中国、印度、加拿大

主要食物成分
14%碳水化合物

营养成分
维生素A、维生素B6、维生素C、维生素K

学名
Pisum sativum

严格意义上说，豌豆和绿豆是一种水果而非蔬菜，人类对它们的人工培育起源于中东和美洲。今天，除了南极洲，所有大洲都有种植和食用它们的人群。

豌豆是在中东农业兴起过程中第一个被培育的食品种类之一。有考古学证据表明，豌豆（Pisum sativum）是在公元前5000年左右，即现在的叙利亚培育而成的。野生的豌豆豆荚偏硬，外壳成熟需要很长一段时间，但是内部可食用的种子成熟却很快，这让采摘成了一大难题。因此人们开始人工培育带有较为柔软外壳的新品种，以便水分能够在潮湿天气下渗透到豆荚内，让里面的种子与豆荚同时成熟。

绿豆的故事

在美洲，另一种豆荚果实出现了——绿豆（Phaseolus vulgaris），它的豆荚和种子都是可食用的。绿豆的培育分别发生在秘鲁的安德斯山脉（公元前6000年）和墨西哥（公元前5000年），随后跟随印第安部落的迁徙，它被带到了美洲的其他地区。1943年，哥伦布在第二次航行新世界的返航旅途中，绿豆

◁嫩豌豆
嫩豌豆扁平的豆荚里含有微小的豆子，把两边的线剥除后便可以炒着吃或直接生吃。

▽从豆荚中跳出
和其他的一些品种（比如甜豆）不同，豌豆生长在不可食用的豆荚内。

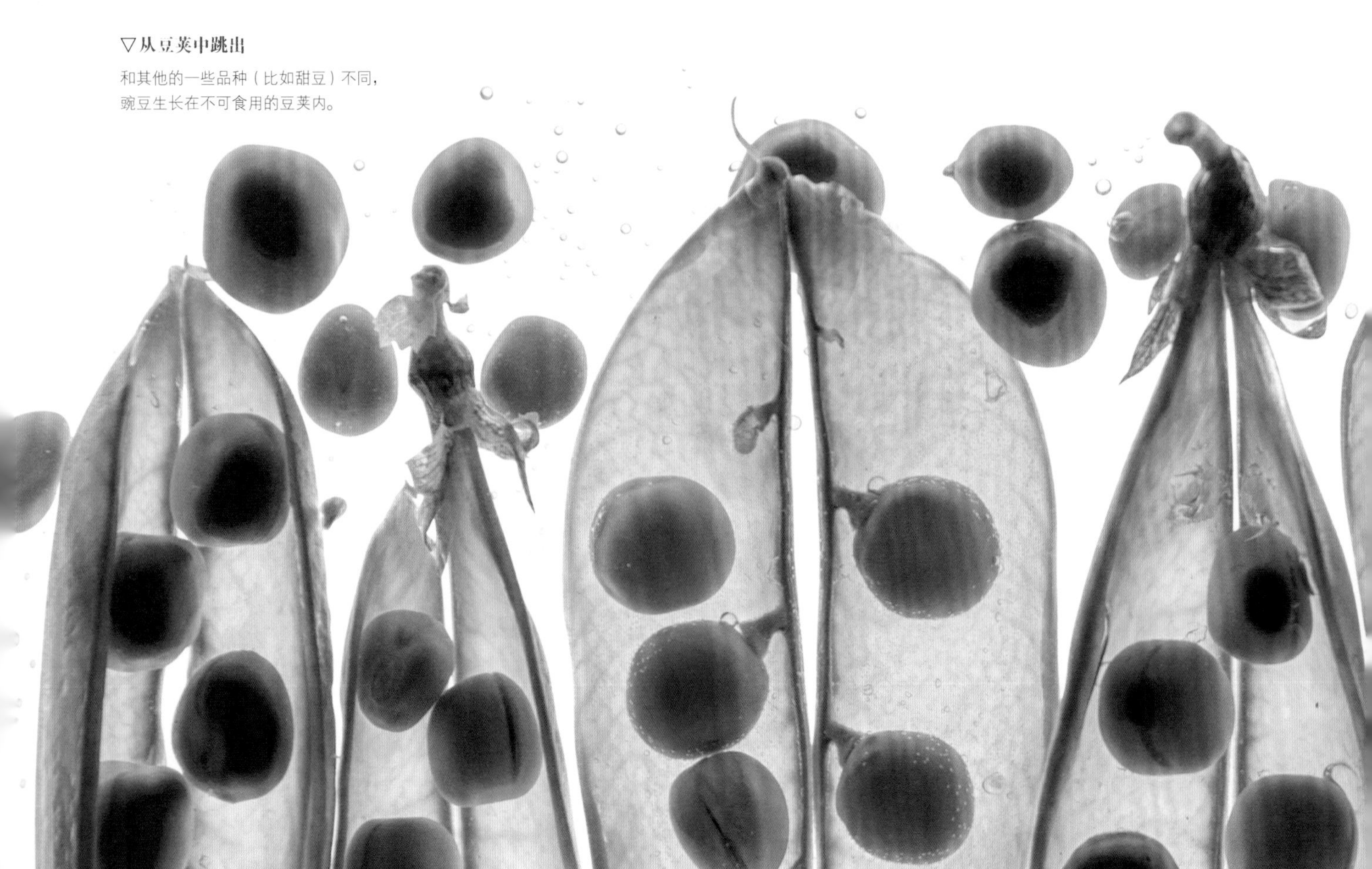

被带回了欧洲。而且，它很快就传播到地中海地区。到了17世纪，意大利、希腊和土耳其的人们已经开始种植绿豆了。1621年，欧洲人到北美洲后，新移居者的第一次感恩节大餐中就有绿豆。

◁制作框架

一个女人正在菜园子调理枝叶，以便将其制成一个可以帮助豌豆生长的支架。

从干到鲜

几千年以来，人们都有收集、晾晒豆子和豌豆的习惯，而不是直接把它们当成绿色蔬菜吃掉。作为储备粮食，它们在其他作物收成困难时，为人们提供了重要的蛋白质和维生素。用干豌豆做的豌豆汤在古希腊是很受欢迎的菜式。剧作家阿里斯托芬（Aristophanes）在他的戏剧《鸟》（*The Birds*，公元前414年）中就有提到过它，取笑半人半神的大力神海格力斯在吃多了豌豆后也会放屁。在中世纪，英国的豌豆布丁和瑞典的豌豆汤等菜品成为了农民日常的营养补充。第一份关于食用新鲜的绿色豌豆的记载出现在12世纪左右，但是刚刚采摘的新鲜豌豆还是属于昂贵的珍馐。据说，16世纪意大利出生的法国皇后凯瑟琳·德·梅第奇将这种娇小的绿豆带入法国。这种新豆又叫piselli novella，它让法国的贵族着迷，他们随后将它改名为小粒青豌豆（Petit pois）。另一种17世纪早期荷兰人培育的珍馐是一种名为荷兰豆（Mangetout意为“全吃掉”）的可食豆荚豌豆。直到19世纪，新的装罐技术以及20世纪20年代美国人克拉伦斯·伯宰（Clarence Birdseye）发明的食物保鲜技术出现后，新鲜的豌豆才得以广泛普及并且不再昂贵。

△贩卖种子

这幅20世纪的插画以俗语为灵感，风趣幽默地展现了豆荚中的两颗豌豆（有形影不离之意）。

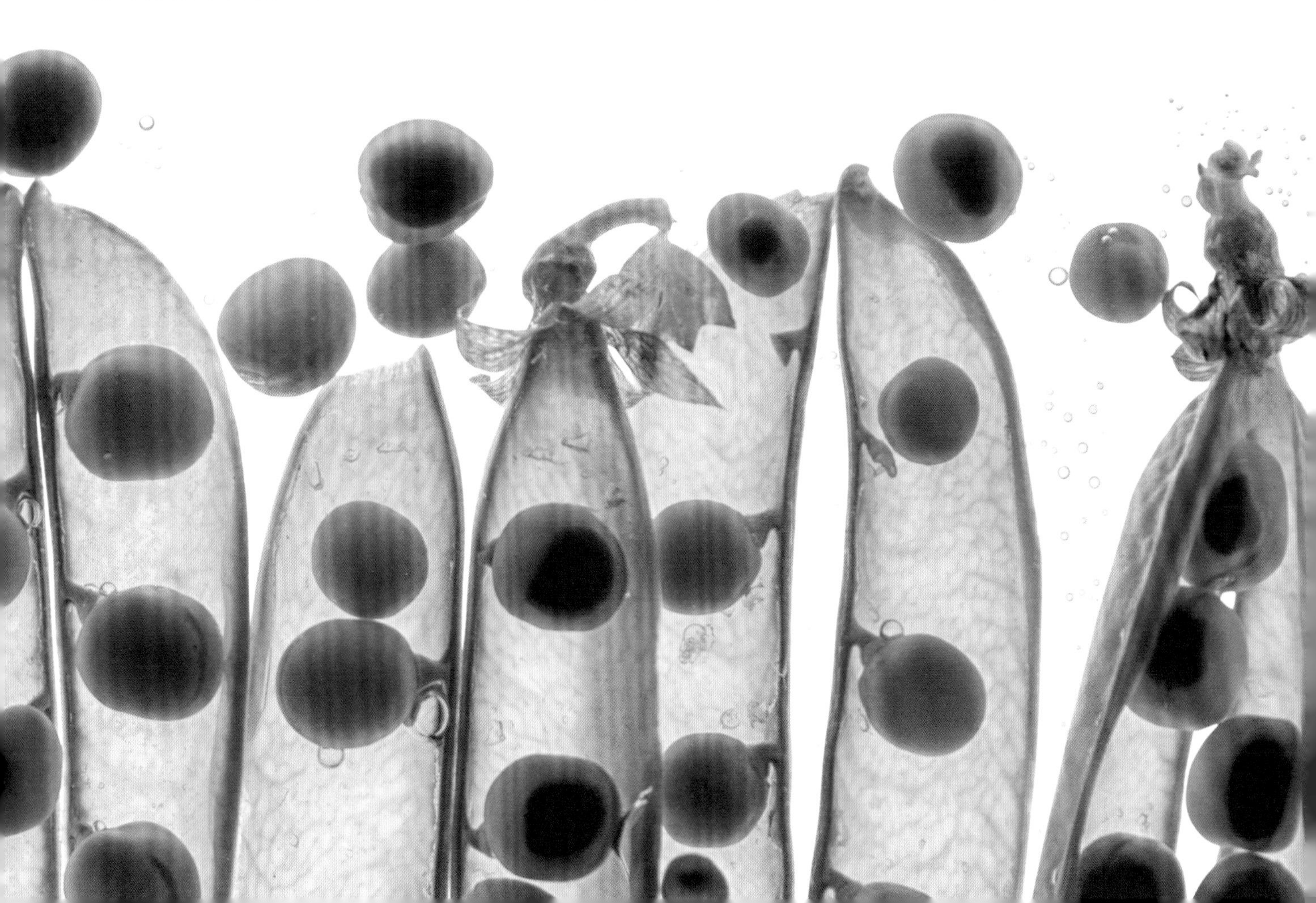

节气的象征

收获南瓜是所有美国人都非常熟悉的秋季景象，人们会在感恩节将南瓜做成派、面包或砂锅菜，或在万圣节将南瓜雕刻成杰克南瓜灯。

南瓜属

美国人求生的象征

美国人感恩节庆典中的主菜南瓜属，其中就包括了南瓜，从其古代墨西哥的源头出发，它们在世界各地的甜咸菜式中大展拳脚。

严格意义上讲南瓜属是水果而不是蔬菜，它们可以长到30克至20千克不等。它们是葫芦科蔓生植物大家庭中的一员，其中包括黄瓜、香瓜、西瓜等。更具体地说，它们是葫芦科里面比较小的一个族群，尽管如此，它们还是有十几个种类。特别是其中的美洲南瓜种，有菜瓜、西葫芦、飞碟瓜、小南瓜、长颈南瓜和鱼翅瓜等品种。其他的葫芦科种类包括源于玻利维亚个头最大的笋瓜和起源于中美洲地区能在温暖潮湿气候里生长的中国南瓜，还有油桃果南瓜、北瓜和番瓜等不同种类。

南瓜有许多不同的形状、大小、颜色和条纹。而且在全世界都能找到它们的身影，世界排名较前的产地包括印度、俄罗斯、伊朗、美国和中国，每年产量占2500万吨的30%之多。

混乱的系谱

南瓜属源于墨西哥南部，而后往南传向南美洲，往北传向美国南部。它们属于比较早被人工培育的食物之一。早在公元20世纪60年代晚期，考古学家就发现了笋瓜的枝茎和种子残余，这些残余位于墨西哥的瓦哈卡山脉（Valley of Oaxaca）的史前山洞里，这个山洞住人的历史有至少1万年。笋瓜在凉爽干燥的环境下长得最好，所以科学家认为当时的农民利用了山洞阴凉的特点，在雨季快要结束时或是干燥季快开始时就开始种植笋瓜。考古学家还在秘鲁找到了中国南瓜的考古证据，将人工培育南瓜的历史追溯到公元前3000至公元前4000年，并在墨西哥找到了公元前1440年的考古证据。他们还在美国的密苏里州找到5000年前的西葫芦种子。

“三姐妹”

玉米、大豆和南瓜属一起并称主食三重奏，又名“三姐妹”。在欧洲人到达美洲之前，印第安人广泛地种植并食用它们。这三种植物被种植在一起，玉米的秆给大豆的枝茎提供了攀爬的绝佳条件。大豆帮助其他植物在土壤里增加氢化物，而南瓜属繁茂的绿叶给土壤提供了绿荫，让它保持阴凉潮湿，并阻止野草的肆意生长。

在15世纪晚期，欧洲人到达美洲海岸之前，至少有五种不同的南瓜属品种被培植了出来，它们是新世界里最新被培育出来的一批植物。印第安人当时吃南瓜属的机会不比我们现在少，他们一般都会用新鲜的南瓜切块，加到汤里或者炖菜里，或者直接烤制，吃整个瓜。冬天的时候，他们也会把南瓜属切成条状晒干，甚至将其磨制成粉，方便储存。

△**食物与文化**

这个独特的南瓜形状的陶瓷碟（公元前600年至公元600年），展现了食物对墨西哥科利马（Colima）文化的重要性。

> “我们早上吃南瓜，中午也吃南瓜。”
>
> 《朝圣先辈》（*Pilgrim Fathers*，1630年）中的诗句

人们一般将南瓜肉和种子煮熟食用，而花朵只能用来晒干备用或是直接加到汤里增加风味。南瓜的种子还有一定的药用价值，晒干的南瓜壳可以用来当作装谷物、豆类和种子的容器。1620年，美国马萨诸塞州的波塔克西特（Patuxet）部落教会了人们如何种植南瓜，当时的移居者还觉得南瓜有点太软烂了。

◁**杂乱的根茎**

南瓜的植株会生长出杂乱的根枝，这些根枝上会长出花朵，最终长成果实。

发源地
墨西哥

主要产地
中国、印度、俄罗斯

主要食物成分
8%碳水化合物

营养成分
维生素A、铁

学名
Cucurbita pepo

▽抵达非洲

到了公元19世纪，在非洲部分地区南瓜已经成为十分常见的食物，例如非洲南部的祖鲁兰（Zululand）。

史上最重的南瓜是2016年，由一个叫马蒂亚斯·威廉米斯（Mathias Willemijns）的比利时人栽培出来的，重达1190.49千克。

早期的移居者还挪用了另一支新英格兰部族纳拉甘西特（Narragansett）语言中意指生吃的词语"Asquutasquash"，并且自行创造了"Squash"（有压扁的涵义）一词来命名这种新的食物。

从美洲扩散

16世纪，当南瓜属第一次从美洲抵达欧洲的时候，人们不觉得它是可食用的，就用它们来喂养家猪了。由于当地的气候非常寒冷，南瓜的种植季节也因此被大大缩短，导致农民无法将其广泛地种植在欧洲北部，但是它很快就在比较温暖的地方，例如法国、意大利和欧洲中部等地摇身一变，成为当地重要的农作物。

乔瓦尼·马提尼·达乌迪内（Giovanni Martini da Udine）绘制了不同种类的果实、花朵和蔬菜，其中就包括了新世界的植物品种，这些图案装饰了罗马文艺复兴时期的法尔内西纳别墅（Villa Farnesina）的墙壁。南瓜属和其他的美洲植物比如玉米、辣椒和荷兰豆等都曾出现在1542年德国医生与植物学家莱昂哈特·福克斯（Leonhart Fuchs）

▽全是一个家族里的

这幅图包括了南瓜属中的各种不同植物，还有属于同一个家族的西葫芦。

发表的《植物志》(*De Historia Stirpium Commentarii Insignes*)中，当时，它们都被视为药用植物而非食物。

葡萄牙的水手在16世纪40年代将南瓜属带到了远东，并把它称作柬埔寨南瓜（Cambodia abóbora）。但是日本把这个名字缩短成kabocha。从日本，南瓜又传到了中国，中国人很快就创造出自己的新品种（例如19世纪90年代出现的鱼翅瓜）。

◁大丰收

在这张20世纪的丰收图中，村民们把自己种植的巨大南瓜都汇集了起来。

南瓜美食

南瓜和其他南瓜属食物已经成为世界各地的流行食物了。它的果肉可以烤制或蒸煮；也可以切片后裹上面粉炸制，比如日本的南瓜天妇罗；可以做成南瓜盒子；可直接炒制；可做成可乐饼；还可以加到炖汤里，比如法国的南瓜汤（Soupe au potiron）；也可以做成美味的派，比如塞浦路斯的南瓜馅饼（Kolokotes）；在意大利还能做成饺子馅料（Ravioli）。在印度，南瓜的果肉加上黄油、白糖和香料就可以制作成流行的爆炒南瓜丝（Kaddu ka halwa）。在中国广西，南瓜叶被炒成一道菜或是直接放在汤里炖煮。

万圣节和感恩节的巨星

南瓜在美国文化中有着重要的意义。南瓜的英文名pumpkin一般用来形容被做成万圣节彩灯的巨大的橙色果实，这个词本身来自古英语pumpion，而这个词又来自古法语中的pompon。美国人感恩节最爱吃的南瓜派也是美国早期移民者最喜欢的，它的制作方法是在烤过了的南瓜上切一个小孔，往里面加入水果、白糖、香料和牛奶，然后放置在明火上烤熟。关于1621年第一次感恩节盛宴的记载为我们展示了这场持续了好几天的庆典宴席，宴席里的食物包含南瓜、鹿肉、水鸟、火鸡、贝壳类、鳗鱼、玉米和大豆。17世纪的法国大厨弗朗索瓦·皮埃尔·拉·瓦雷纳（François Pierre La Varenne）于1653年出版书籍《法国糕点师》(*Le Pâtissier françois*)，其中曾提及他自己首创的南瓜派，而真正的南瓜派这种点心是1796年左右才出现。

▽秋天传统

没有南瓜灯的万圣节不是完整的美国万圣节。

水果

介绍

早在培育水果之前，史前的人们摘到野生的浆果或其他水果就会直接吃掉。没人知道人类是从什么时候开始培育水果的。考古史上留下的证据也微乎其微，目前主要的证据就是水果化石或果核的形式。但是婆罗洲和其他亚洲国家的植物考古学发现，最早的植物培育可以追溯到6000多年以前。人们对早期的水果特质和酸度有诸多争议，但可以肯定的是，史前人类的饮食中没有食糖，所以他们品尝食物的方式和现代人大不相同。在温和、阳光充足的气候下生长的植物会产出更多天然糖。

首次嫁接开始

公元前3000—公元前1900年，世界多地进入青铜时代，爱琴海一带的人们广泛种植葡萄、无花果、红枣和橄榄等可能通过扦插培育的水果。播种栽培的果树结出的果实味道通常和母树的果实有所区别，于是人们为了保持栽培后味道不变，探索出了嫁接和剪枝的方法。这两种方法在中国和现在的近东地区似乎早已被采用，但直到古典时期才在欧洲普及。根据老普林尼的说法，杂交育种这种方法是在希腊采用的，他曾这样写过李子：“没有任何一种树能像李树这样巧妙地杂交生长。”除此以外，角豆树也是在同一时期的希腊实现嫁接种植，希腊的豆荚能产出黏稠的糖浆，然后做成蜜饯。

波斯人制作出一种果冻蜜饯，这种蜜饯是土耳其软糖的前身，他们还在肉菜中加入杏子、柠檬和橘子，从而增加其浓烈的风味，后来阿拉伯部落照搬了这种做法。有些水果要放在蜂蜜里保存，而有些水果，如葡萄，则需要在太阳下晾晒。桑特醋栗（Zante currants）是一种源自科林斯（Corinth）的果干，制作这种果干，需要把一种人们2000年来一直在种植的葡萄晾晒成干。这些果干越来越受欢迎，于是逐渐演变成贸易货

▽亚述人的技术

古城尼尼微（Ninevah）水渠灌溉系统复杂，因此自公元前9世纪开始，尼尼微人就已经开始种植葡萄、无花果和石榴等作物。

△尼罗河的酒

古埃及的尼罗河三角洲上葡萄种植蔚然成风，这促成了酿酒的发展。双耳细颈椭圆土罐里的残渣显示出当地人种植的葡萄中红色葡萄居多。

▷乌兹别克斯坦的珍珠

在撒马尔罕（Samarkand），柠檬一直是商品。它不仅能缓解人们的饥渴感，还富含能提供能量的果糖。

物，到公元15世纪为止，在中世纪的手写稿中都可以看到“科林斯果干”一词，该名取自果干装船的海港城市。

橘树花园

欧洲最古老，且依旧存续的“城市果园”之一要追溯到公元前982年，花园建在位于西班牙南部安达鲁西亚（Andalusia）的科尔瓦多大清真寺教堂（Great Mosque Cathedral of Córdoba）。这座摩尔式建筑建于18世纪，200年后，这座教堂的花园，也就是橘树庭院（西语称“Patio de los Naranjos”），因产出人工栽培的橘子而负有盛名。修道院种植各种各样的水果不仅用于食用，还有药用价值。修道士们在培育水果和记载水果种类方面扮演了重要角色。

无核小果的“危险”

在西欧，野生浆果最有可能是第一批被人类栽培的水果。比如草莓秧就是从森林里挖出来，移植到花园里，最后经过人们仔细筛选后开始接受培育的。但在中世纪，人们对很多品种未经加工的水果心存怀疑。人们如果一次性吃太多未加工水果就会生病，但他们并没有考虑减少水果的摄入量，反而把水果视作难以消化的食物。水果难消化的观点基于古希腊医生盖伦的著作，直至他去世后数个世纪，这种观点依旧盛行。盖伦认为吃太多水果会引起发烧，而加工后的水果则可以适量摄入。因此在19世纪发现维生素以前，人们都认为孩子不宜食用未加工的水果。

人们在可追溯到公元15世纪中期的垃圾坑中，发现了英国最早的香蕉。

神秘的历史

人们将许许多多的水果运往世界各地，但对许多水果种类的历史溯源却尚不明晰。维苏威山（Mount Vesuvius）脚下的庞贝古城废墟中有一幅壁画上面画了一种与菠萝极其形似的水果，而欧洲人直到很久以后才知道菠萝的存在。很多种类的水果难以适应运输过程中的气候，所以在发源地以外的地方，它们并不为人所知。在长达数百年的时间里，人们都通过晾晒或制作蜜饯的方法储存水果，直到19世纪，金属罐装法延长了人们储存水果的时间，随后20世纪出现了冷冻法。

△**长期误判**

希腊医生盖伦认为水果和寒凉、偏湿的“体液”密切相关，能引起发烧或腹泻。这样的说法导致几代人都没能摄取至关重要的维生素C。

◁**神圣的橘子**

科尔瓦多大清真寺教堂的橘子树最初是由穆斯林王子阿卜杜-拉赫曼一世（Abd al-Rahman I）在8、9世纪引入的。

△**成功的移植**

至少在4000年前，埃及人就已培育出西瓜。但是，没人知道这种水果最早是在什么时候被运送出埃及的。到了14世纪，意大利人开始食用西瓜。

苹果和梨

有着光辉历史的水果

作为这个世界上有着4000年历史的古老水果之一，苹果不仅美味可口，而且富含营养。和它一样美味的水果兄弟——梨，也有着非凡的历史。

△果篮

从这块公元3世纪的拼花地板上可以看到形似现代品种的梨，这说明古罗马人可能已经认识且喜欢食用梨。

发源地
中亚

主要产地
中国，美国，土耳其

主要食物成分
14%碳水化合物

营养成分
钾盐，维生素C

学名
Malus pumila

人们认为苹果最初产自4000多年前中亚的哈萨克斯坦（Kazakhstan）的山区，这些苹果比现代的苹果更小、更酸。后来经过人为干预，苹果变成了我们现在所看到的样子。公元前2世纪，罗马的政治家老加图（Cato the Elder）在其《农业》（*De Agricultura*）一书中描述了从优质果树取枝（接穗）嫁接至合适砧木上的过程。

增加品种

苹果的培育在欧洲逐渐散播开，但是随着罗马帝国的衰落，嫁接技术也失传了，直到中世纪后期才重见天日。公元16世纪，先是法国人，随后是英国人，开始种植新的、改良过的品种。苹果经典品种有皮蓬斯（原文Pippins，命名源自这种苹果的种植方式是播种而非扦插）、拉塞特（Russets）和赖内特（Reinettes）。

英国人和荷兰人随着他们的定居把苹果种子带到了大西洋彼岸，法国人则把苹果种子带到了加拿大。当引进的苹果与本地野苹果杂交后，一种全新的品种就出现了。19世纪初，培育在美国东部很多地区散播开，这要归功于约翰·查普曼（John Chapman），这位当初为了酿造苹果酒而种苹果树的苗圃主人。现在他被称为“强尼·阿普尔西德”（Johnny Appleseed）。

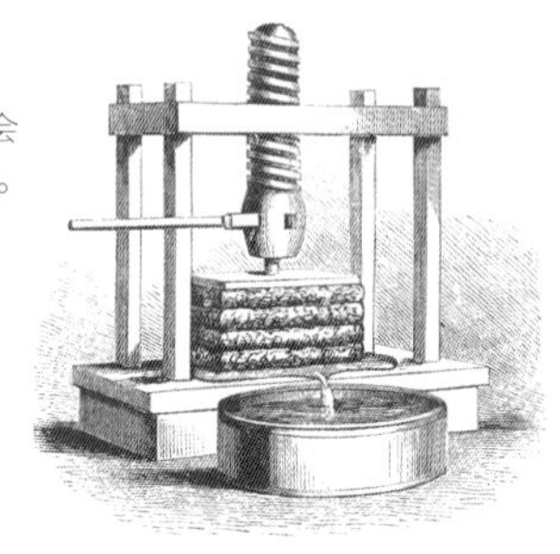

▷苹果榨汁器

几个世纪以来，人们都会用这种工具榨苹果汁酿酒。

蔷薇科的扩大

梨是苹果的表亲，同样起源于中亚，后来被引进到包括希腊、罗马和中国在内的各地。古希腊人对梨尤其青睐。公元前300年左右，特奥夫拉斯图斯描述了如何通过种植、嫁接和异花授粉来培育梨。三个世纪之后，罗马的老普林尼在他的《博物志》（*Naturalis Historia*）这本百科全书中记录了41种梨的名称。

梨在中世纪时受到了法国人和意大利人的欢迎。到了17世纪，路易十四（Louis XIV）对梨如痴如醉。在新英格兰定居的英国人对梨的喜爱程度堪比路易十四。1629年，马萨诸塞海湾公司（Massachusetts Bay Company）开始从英国进口梨的种子。现在，世界范围内种着约7000种梨，大致可分为欧洲产的绿皮或粉皮梨和东方国家产的肉质更坚实的梨。

> “成熟梨子的最佳赏味期只有10分钟。”
>
> 拉尔夫·沃尔多·爱默生（Ralph Waldo Emerson，1803—1882年），美国诗人

△阿肯色州（Arkansas）苹果大丰收

美国阿肯色州的奥扎克（Ozark）地区以其苹果园而享誉盛名。19世纪早期，从更东边移民过来的定居者们在奥扎克种下了第一批苹果树。

▷苹果品种多样

这个19世纪的印制品上有五个苹果品种。即便在那个年代，这也只是能够提供的小部分样本。现在世界上共有1万个苹果品种。

5.
2.
1. a.
1. b.
3.
4
1854.
23.

桃 丰饶的象征

△晒桃干

西开普省（Western Cape）的塞雷斯山谷（Ceres Valley）是南非主要的水果种植区域之一。在这里，草地上铺满了切成两半，并放在大太阳下晾晒的桃片。

桃的果肉柔软、甜美多汁，在8000年前的中国成为幸福、长生的标志，从早期培育开始，它便作为一种昂贵的沙漠水果，且一直在世界各地广受欢迎。

桃比人类的历史更久远。2015年，科学家在中国西南部的昆明发现了可追溯到更新世（Pleiocene Epoch）晚期的桃核化石，这一发现证明至少260万年前那里就生长着一种野生桃树，远在现代人类到达那里之前。

现代桃树是蔷薇科成员之一，它能长到9米高，4.5米宽。桃树的果实是核果，里面是被果核包裹起来的种子，外面是包裹在毛茸茸的、粉白或黄色果皮下面的甜甜的果肉。

中国的桃有三个大类（北方、西南和南方），共有495种桃，这是中国培育桃历史悠久的佐证。在中国的文学作品中，桃常被作为挥霍和特权的象征，此外，中国的瓷器上也常出现桃的图案。中国历代的皇帝都将桃作为盛宴佳品。早在公元前4700—前4400年，一种人工栽培的桃就被带到了日本，随后在公元前1700年，印度也引进了桃。人们带着桃走过丝绸之路，途经适宜栽培桃的波斯（今伊朗），抵达西方国家。

发源地
中国

主要产地
中国，意大利，西班牙

主要食物成分
10%碳水化合物

营养成分
维生素C

非食物用途
调味品，化妆品

学名
Prunus persica

桃在植物学界中被命名为“Prunus persica”（波斯李）。公元前300年，希腊人开始食用桃，约200年以后，罗马人开始食用桃。在罗马，人们称桃为波斯苹果。在罗马帝国的统治期间，人们将桃引进到北非、西班牙，甚至引进到不列颠，而且很快它们就在地中海地区得到了认可。

在美洲被接纳

1513年，西班牙定居者开始在佛罗里达种植桃树，在西班牙征服者埃尔南·科尔特斯（Hernán Cortés）于1519年到达墨西哥的50年之后，人们发现墨西哥也种植了桃树。在接下来的几个世纪里，北美洲的原住民将桃作为他们所在地的原产水果，所以很多历史记录中有“印第安桃”这样的说法。美洲的印第安人在北迁至南澳大利亚和西迁的时候也种植桃树。

到19世纪为止，美国历史文化学家希望减少南方对棉花这种作物的依赖，于是试图鼓励人们种植不同种类的无核小水果，但唯独桃长势喜人，能在南方地区独立生长。

如今，世界上所有温带地区都种植了桃树。然而，中国依旧是最大的桃产地，西班牙、意大利、希腊和美国紧随其后。

中国新娘在婚礼拿桃花象征婚姻幸福。

桃毛之扰

从20世纪开始，科学家和种植者就已经开始尝试解决“桃毛之扰”，也就是桃毛茸茸的果皮带来的问题。美国著名植物学家卢瑟·伯班克在1914年说道：“我们中有相当多的人愿意对带毛的桃下口，就像愿意对带刺的仙人掌下口一样。”解决桃毛有两个方法，培育毛更少的桃，或用刷毛机器把毛刷掉。20世纪30年代，佐治亚州商人会用刷毛机器清除桃毛以增加桃的销量，免得那些被桃毛惹得又痒又烦的人不愿吃桃。

▷**桃子削皮机**

有些人对桃子带绒毛的果皮深恶痛绝，桃子削皮机的发明能帮助人们快速高效地削皮。

◁**象征长生不老的桃**

在17世纪的中国，人们认为桃可以让人长生不老。这个瓷瓶上的装饰描述了一幅“不老仙人”站在云端，准备赐予凡人长寿仙桃的场景。

无毛之喜

油桃（拉丁学名为*Prunus persica* var. nectarina）的出现解决了“桃毛之扰”，油桃是普通桃的基因变种，与普通桃是同类，且二者的树木几乎没有区别。油桃果皮光滑，呈黄色，有深色的红晕。果肉呈金、白或红色，比普通桃子稍硬一些。油桃和桃子一样，都源自中国，4000多年前就开始被驯化，不仅如此，古罗马人可能也见过油桃。欧洲人第一次见到油桃的地点是波斯，这也是其学名的由来，不过油桃在16世纪前的欧洲还很稀有。现在油桃被种植于全球范围内较温暖的地区。

战时补给

在当季吃新鲜桃子实属乐事，19世纪初发明的罐装法，实现了桃子全年供应。桃子罐头在欧洲和美洲很受欢迎，尤其是在20世纪战时，水果供给不足，桃子罐头就更加受欢迎了。桃子多是趁新鲜吃的，但是还是有大量罐装储存的桃，其余较少部分会晾干储存。

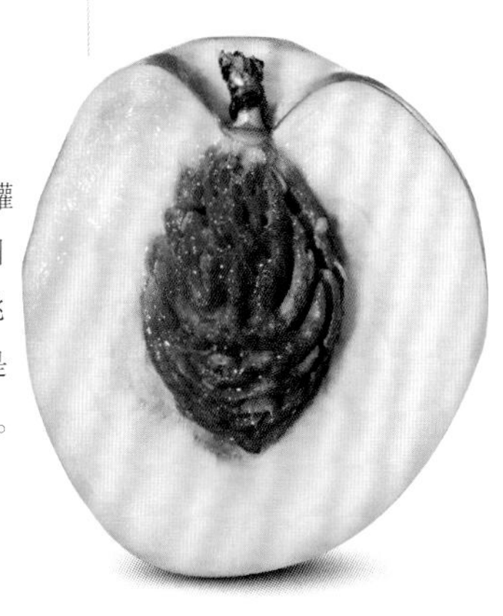

△**有核水果**

油桃和普通桃的中心都有一个大果核。果核虽不能食用，但能用来做调制糖浆、醋和油。

杧果 友谊之果

杧果原产于喜马拉雅山脚下，几千年来喜马拉雅人一直都在种植杧果，如今大多数的热带国家和少数亚热带国家也种植杧果。

△便于食用

人们常常将先将杧果对半切下，再划出整齐的方块以便食用。

△必不可少的调味品

杧果最知名的食用方法——酸辣酱，在印度这个热爱咖喱的国度，酸辣酱是许多当地菜肴的必要搭配。

在印度，杧果是代表友谊的礼物，据古代印度教手稿记载，杧果多汁可口，已有4000多年的培育历史。印度杧果原产于印度东北部、孟加拉国和缅甸。杧果和腰果、开心果同属一个科，杧果树是常青树，可以长到约35米高，而且能够存活数百年。这种水果里面有一个大大的、扁平的种子，也就是它的果核，成熟的果肉是亮黄色的，手感光滑，呈黄油状，有香气。

到公元前400年，杧果已经传到了东亚，之后又传播到中东和非洲。杧果这一名字来自葡萄牙语中“manga”这一水果的名字，而“manga”是根据泰米尔（Tamil）语中这种水果名字改编的。葡萄牙殖民者把这种水果引入到西班牙，于是这种水果在西班牙成了重要的出口作物。印度是世界上最大的杧果生产国。巴基斯坦、泰国、马来西亚和中国也有广泛种植。

吃法多样

在杧果的原产国，成熟杧果大多被生吃。很多地区的街头会有人贩卖杧果。杧果的果肉也可以榨汁或加入饮料、冰激凌里调味。青涩未成熟的杧果常会被用来炖煮或当作蔬菜或加入酸辣酱（Chutney）当配料。未成熟的杧果干是印度菜里的一种佐料。而杧果干也是广受人们喜爱的小吃。

△猴子和杧果

这幅图展现的是公元18世纪莫卧儿帝国（Mughal）的狩猎场景，描绘了一群叶猴在杧果树上的景象。杧果是这些印度猴子的最爱。

发源地
南亚

主要产地
印度，中国，泰国

主要食物成分
15%碳水化合物

营养成分
维生素A，维生素C

学名
Mangifera indica

杏 色泽金黄，香气诱人

发源地
中亚

主要产地
土耳其，伊朗，乌兹别克斯坦

主要食物成分
11%碳水化合物

学名
Prunus armeniaca

这种有核水果原产于中亚，并在中东的美食佳肴和欧美的储物柜里都扮演着重要角色。

杏营养价值高，色泽金黄，但它的果核含有有毒物质，即少量的氰化物。杏属于蔷薇属，可能发源于现在临近中俄边界的中亚地区。如果不修剪树枝的话，这种树可以长到14米，而且能存活一个世纪有余。

▽透着粉色的红晕

杏是核果，也就是说，它的里面有一个果核。杏的果肉包裹在颜色类似的果皮里，其果皮通常会有一点淡淡的粉色。

贸易和战事中流通

早在5000年前，在现在的伊朗（Iran）、土耳其斯坦（Turkistan）、阿富汗（Afghanistan）和中国西部周边地区就有人培育杏。公元前4世纪，亚历山大大帝把杏从波斯带到了小亚细亚，直到现在，土耳其还一直是杏最大的主产国。在罗马—波斯战争（公元前54—公元前628年）期间，这种水果先后被引进到意大利和希腊。1000多年以后，也就是13世纪，杏被引进到西班牙，随后在凡尔赛宫（Versailles）的路易十四的统治下，杏第一次在法国开始培育。大多数的美国杏都起源于17世纪后期，由西班牙传教士将秧苗带到加利福尼亚修道院。现在，人们吃杏可以吃新鲜的杏、杏干、煮杏或杏罐头，杏果酱也很受欢迎。

△在澳大利亚保存

杏酱在世界多地都颇受欢迎。这一品牌在20世纪早期的澳大利亚曾经售卖过。

> “唯一更好的就是一只大马士革的杏。”
>
> 土耳其谚语

樱桃 串串香甜

发源地
西亚

主要产地
土耳其，美国，伊朗

主要食物成分
16%碳水化合物

营养成分
维生素C

学名
Prunus avium

在任何地方都能找到樱桃，因为自从史前时期就有人食用它们。如今，无论是在东方国家还是西方国家，这种结满漂亮花的树长出的水果，用作零食还是烹饪都是最受欢迎的水果。

自公元8世纪开始，日本人开始庆祝樱花会，根据这一习俗，日本人赏樱花，并在树下野餐。然而樱花树上可食用的果子的历史可以追溯到更远。人们认为这种樱桃发源于小亚细亚，然后从这里散播，随后遍布罗马帝国。

色泽和味道

李科的植物中，主要有两个品种的樱桃口味是酸酸甜甜的。甜樱桃树可以长到6米高，9米宽，酸樱桃树品种则会相对矮小一些。这种水果颜色不一，可能是带红的黄色、亮红色或紫色。樱桃核中含有少量的氰化物，如果大量食用会中毒。

◁**黑色、红色和黄色**
人们培育出了不同的樱桃变体来产出不同颜色、不同味道的樱桃并保证品质。

战斗中的水果

樱桃树在公元前5世纪第一次被古希腊历史学家希罗多德（Herodotus）提及。他称之为“旁塔斯（Pontus）之树”，其中旁塔斯是小亚细亚东方北部在古希腊时期的名字。根据老普林尼这位罗马历史学家兼博物学家的说法，路库勒斯（Lucullus）于公元前65年打败旁塔斯国王并把樱桃带到了罗马。据说，英格兰16世纪的亨利八世国王（King Henry VIII）在荷兰尝到了樱桃，因为对这种水果印象深刻，于是派人将这种水果引进到英格兰。如今，樱桃在世界各地的温和地区都有，其中土耳其是世界上最大的樱桃生产国。

知名的夏日享受

人们吃樱桃大多是吃应季的，并直接从树上摘着吃。樱桃也会用在烘烤食物、冰激淋和甜点里。炖过的樱桃可以和白兰地混在一起做成樱桃白兰地，或经过蒸馏做成樱桃白兰地这种无色的酒。樱桃还可以用来做匈牙利酸樱桃汤“meggyleves”。

◁**甜蜜的象征**
在这幅19世纪的插画里，一个小女孩用一块布盛满了樱桃。她的表情暗示出这种水果的香甜，描述了一个在当时典型的多愁善感的形象。

△**林中漫步**
参观果树花园在日本一直是一项很受欢迎的娱乐消遣方式。在这幅19世纪的日本印制品中，密布的人群正在参观李子园。

▽**成熟可食用**
根据李子的颜色可以推断它们的成熟程度，无论是什么颜色，李子都可以既香甜又多汁。

李子 东西方的水果

从新石器时代居民遗址中发现的证据表明，李子是最为古老的培育水果。如今，人们仍以多种方法食用这种水果：直接食用、制成干果、腌制食用甚至是做成果酒。

人们很早以前就已经开始培育李树，因此原始野生李树现已绝迹。如今有两种主要的李属植物：一种源自中国，现在亚洲广泛种植的中国李（*Prunus salicina*）；另一种则是来自高加索山脉和里海的欧洲李（*P. domestica*），后者在欧洲最常见。

传到西方

欧洲的李子最开始是由向西前往古希腊的罗马商人运输过去的。中世纪时期，或许是受到十字军东征的影响，李子被带到了更西的地方。在此后，即公元18世纪，李子被西班牙传教士带往美国西海岸，被英国殖民者带到东海岸，被法国人带到加拿大。在过去的几个世纪里，人们已经培育出不同的李子品种。它们在大小和形状上都不同于小而黑的西洋李子、甜而绿的青梅及大而粉红的维多利亚李子。李子的用途多种多样。它不仅可以生吃、做成果干、做成罐头、烹饪食用、腌制，放在烘烤食物里或炖着吃也很受欢迎。在东欧，李子会被做成李子白兰地（Slivovitz），法国阿让（Agen）的李子干是一种很著名的传统甜点。在亚洲，人们会用当地的李子做咸菜或做成盐渍李子。

“一棵老李树开花的时候，就是整个世界开花的时候。”

道元禅师（Dōgen Zenji，1200—1253年），日本僧人及禅师

发源地
亚洲

主要产地
塞尔维亚，罗马尼亚，美国

主要食物成分
11%碳水化合物

营养成分
维生素K

非食物用途
医用（通便）

学名
Prunus domestica

Del Monte

罐藏食物

从史前时代开始，人们便一直在寻找一种既可以保存食物又能保留其风味的有效方法，人们进行了各种尝试，从发酵、腌制到盐腌、熏制和干制。而到了19世纪初，法国厨师尼古拉·阿佩尔（Nicolas Appert）发明了一种在玻璃罐中对食物进行热加工的保存方法。阿佩尔凭借这一发明获得了拿破仑政府的奖励，并在国际上赢得了声誉。

只是罐藏技术是如何被发明的仍然是个谜。伦敦商人彼得·杜兰德（Peter Durand）在1811年为第一个牢不可破的锡罐申请了专利，但食品历史学家们表示，原创者并不是他，而是菲利普·德·热拉尔（Philippe de Gérard），后者是法国公民，自己没有申请专利。可以确定的是，该专利被卖给了一位成功的工程师布莱恩·唐金（Bryan Donkin），他于1813年在伦敦开办了世界上第一家罐头食品工厂。英格兰的夏洛特女王和摄政王尝了唐金的罐头牛肉后对此表示肯定，很快他便开始为皇家海军供应罐头食品。

然而，罐头食品价格昂贵，而且打开罐头也并非易事。1858年，美国人发明开罐器之前，人们只能用锤子和凿子打开罐头。美国人机智的发明不仅解决了开罐的问题，而且蕴含着商业智慧，降低了罐头食品的价格。1846年，宾夕法尼亚州开始大规模推行罐装番茄，不久之后，穷人也能买得起各种罐头食品了。根据美国罐头制造商协会（Can Manufacturers' Institute）提供的数据，如今仅美国和欧洲的家庭每年就要购买400亿个罐头食品。

◁保存的不只是食物

罐藏技术不仅为存储水果等食物提供了可靠的方法，而且在19世纪和20世纪创造了数百万个工作岗位。

成熟的枣椰树

成熟的雄性枣椰树可高达23米，每年当季椰枣产量可达70至140千克。

椰枣 沙漠中的生命补给

枣椰树是绿洲的经典象征，它为古时候的人类在中东、北非和印度西北部沙漠的定居提供了食物与建筑材料，发挥了至关重要的作用。

△阳光水果

部分品种的椰枣是金黄色的，晒干后会变成棕色。其他品种在新鲜状态下是红色的。

在至少7000年的时间里，椰枣一直是沙漠居民赖以生存的甘甜食物，它经常在宗教文献及其他古文献中被提及，这足见椰枣在一些文化中的重要性。就《圣经》而言，《旧约》将圣地描述为“流淌着牛奶和甜蜜的”，学者们认为其中的甜蜜并不是指蜂蜜，而是指椰枣糖浆，后者现仍在中东被用作甜味剂。

头迎烈日、根扎湿土

结实成荫的枣椰树和它的果实使古代人类在极其炎热、干旱的地区不仅能够生存下来，而且可以兴旺繁荣。只要树根周围有足够的水，枣椰树几乎可以在没有降雨的地方存活，因此它可以指示地下水的位置。干椰枣易于运输，可以在长途旅行中支撑人们穿过贫瘠的地区，也可以作为商品进行交易。

枣椰树的确切起源尚不清楚，它在中东、北非和印度西北部都具有悠久的栽培历史，如今在野外却已经灭绝。据说在美索不达米亚（现在的伊拉克）的巴比伦古城，幼发拉底河和底格里斯河两岸就种有枣椰树，《古巴比伦汉谟拉比法典》（*the Babylonian Code of Hammurabi*，约写于公元前1754年）中有四个段落专门介绍椰枣园的种植。当时古埃及也已经有人种植枣椰树。公元6世纪，摩尔人将枣椰树从北非传入西班牙；十个世纪后，西班牙传教士在墨西哥的加利福尼亚的新大陆种下了第一棵枣椰树。在过去的300年中，枣椰种植遍及南美洲、澳洲和南非的高温干旱地区。

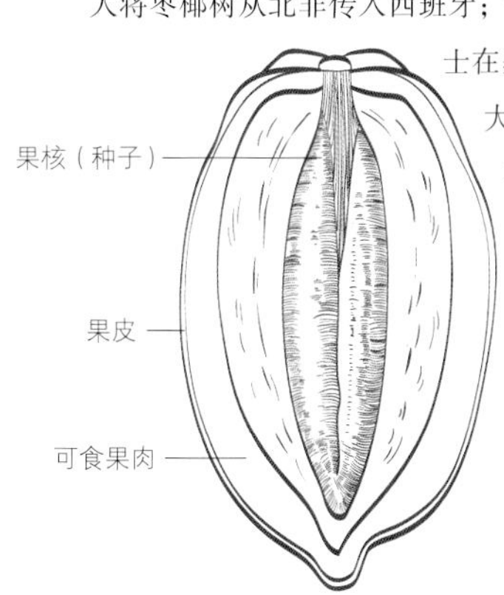

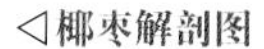

◁椰枣解剖图

椰枣形状为细长的椭圆形。浅棕色的果肉中心是一块约为25毫米×7毫米的果核。

▷树顶上的收获

人们常借助简单的绳钉爬枣椰树采集椰枣。这幅1876年的版画描绘了锡兰（Ceylon，即现在的斯里兰卡）工人工作的状态。

糖浆酿酒

如今有1000多种椰枣。其中，最受欢迎的是浅棕色的德克莱椰枣（Deglet Noor，在阿拉伯语中意为“日光”）和美娇椰枣（Medjool，意为“未知”，由一个不知名的摩洛哥品种培育而来）。巴格达的作家伊本·赛亚尔·瓦拉格（Ibn Sayyar al-Warraq）在其10世纪的著作《烹饪书》（*Kitab al-Tabikh*）中提到了一种名为达哈（Dadh）的用椰枣糖浆酿酒的配方。如今，印度仍在生产用椰枣制成的酒精饮料。但是，在中东和北非，椰枣常被填上馅料食用，或拌在沙拉中，或做进甜点里，或用来给烤肉调味。在一些摩洛哥塔吉锅菜式中，椰枣被整个放进去和羔羊肉一起烹制。

发源地
中东、北非、印度北部

主要产地
埃及、伊朗、沙特阿拉伯

主要食物成分
75％碳水化合物

营养成分
铁，维生素B3，维生素B6

学名
Phoenix dactylifera

2005年，一颗历经2000年的种子发芽后长出一棵雄性枣椰树，该树被命名为玛士撒拉（Methuselah）。

GOLDEN QUEEN.
KING.
LOUDON.
CUMBERLAND.
W.N. SCARFF
NEW CARLISLE, OHIO.
SPRING 1904
MUNGER
CARDINAL.
Two Plants each of best Collection of Raspberries ever offered.
Post-paid, only 50 cents; 5 Plants of each, $1.00.

树莓 仁慈之果

从林间空地的植物到现代水果农场的主要作物，如今，树莓已成为人们常年都喜爱的水果之一，它常被用于制作果酱和甜点，或直接新鲜食用。

发源地
中东

主要产地
俄罗斯、波兰、美国

主要食物成分
12％碳水化合物

营养成分
维生素C

学名
Rubus idaeus

树莓进入人类的饮食生活已有数万年的历史了。以色列的考古证据表明，人类在旧石器时代（大约2万年前）就食用过树莓。树莓属蔷薇科，且与黑莓有亲缘关系。其果实成簇状，大约由100个极小的“小核果”组成，生长在多刺的细枝（通常被称为茎）上，高度可超过1.8米。红树莓植物可能起源于西亚，常见于欧洲东南部。

据说，我们今天所知道的树莓是古希腊人培育出来的品种。据罗马博物学家老普林尼所述，希腊人在伊达山（Mount Ida）的山坡上种植树莓。这可能就是该物种学名*Rubus idaeus*的起源。罗马人继续种植这种水果，而且很可能正是他们将树莓传遍了欧洲帝国，甚至远至英国，在那里的罗马遗址考古发掘中人们发现了树莓种子。在中世纪及之后人们继续种植树莓。据说公元13世纪的英国国王爱德华一世鼓励在英国种植树莓。在那个时期，树莓的叶和果实的功用得到了高度重视，且被用于缓解分娩疼痛。树莓常出现于中世纪的艺术作品中，其象征着仁慈，这可能与其汁液呈血红色有关，因为人们常将血红色与能量和营养联系在一起。树莓的汁液有时也用作织物染料。

在德国，人们依据传统会将树莓枝条绑在欢蹦乱跳的马匹身上，使它们平静。

◁**色谱**

这是美国俄亥俄州一家苗圃的广告，显示了20世纪初美国种植者培育的几种不同颜色的树莓。其中的几个品种现在仍有种植。

进入现代世界

到了18世纪，欧洲殖民者已将树莓引入北美洲，并开发了许多新品种以适应新大陆的环境。如今，树莓遍及全球气候温和的区域，且已培育出不同颜色果实的多个品种，从红色到紫色和金色。

全球最大的树莓生产国是俄罗斯、波兰和美国，当地的树莓与黑莓和野莓等近缘种植物杂交，培育出了奥拉列莓（Olallieberry）、罗甘莓（Loganberry）和杨氏草莓（Youngberry）。博伊增莓（Boysenberries）是树莓的另一种北美近缘种，据说是树莓、黑莓和罗甘莓杂交所得。

△**近缘种黑莓**

树莓的这位亲戚有着与其相似的果实簇，但不同之处在于其果实为黑色，且茎上的刺更大。

▽**共同努力**

20世纪初，美国明尼苏达州的一家农场里，一家人一起采摘树莓。

草莓

“夏日”的代名词

自石器时代开始，人类就开始采集野草莓。然而，如今世界各地大量食用的是更大颗的园艺草莓，这种草莓于18世纪培养而成。

△法国甜心

法国人与草莓有着悠久的历史渊源，他们培育了第一个被广泛种植的商业品种。

公元17世纪，英国医生威廉·巴特勒（William Butler）在赞美草莓时说：“毫无疑问，上帝本可以做出更好的浆果，但毫无疑问，上帝并未做出。”然而，他不知道的是，在接下来不到100年的时间里，人类确实创造出了更好的浆果。

振奋精神

巴特勒所钟爱的草莓可能是森林草莓（Fragaria vesca）的变种，后者果实小、呈深红色、风味浓郁。这种野生草莓是蔷薇家族的一员，在古罗马曾被用作治疗抑郁症和其他疾病。法国人最先在家庭菜园中种植，至14世纪这一做法开始在北欧贵族中流行。据报道，法国国王查理五世（Charles V）种植了1200株野生草莓，专供皇家及其王宫人员食用。15世纪，修道士在他们精致华丽的手稿中加入了草莓的插图。在中世纪，捣碎的草莓或其他浆果还被用作墨汁，这一做法在19世纪中

发源地
欧洲中部和智利

主要产地
美国、墨西哥、土耳其

主要食物成分
8%碳水化合物

营养成分
维生素C

学名
Fragaria x ananassa

▷柔软多籽

草莓是唯一一种种子长在果肉外面的水果。每颗草莓含有约200粒种子。

叶美国内战时期被一些士兵再次采用，因为浆果汁是他们唯一能够获得的墨汁，以便用来给家中的亲人写信。

新大陆，新草莓

如今广泛种植的大颗园艺草莓（*Fragaria x ananassa*）的起源要追溯到在美洲发现的野草莓。智利的马普切和惠里切印第安人种植了一种本土草莓，即智利草莓（F. chiloensis），其种植历史长达数百年。18世纪初期，法国探险队带了一些智利草莓植株回到欧洲，它们在那里生长旺盛，但因只有雌花而无法结出果实。

另一种草莓来自北美东部，即弗吉尼亚草莓（F. virginiana）。一个著名的切诺基族传说便围绕它展开，传说中提到第一个女人在吃了草莓后忘记了对丈夫的愤怒。该品种大约于1750年传入欧洲，其最初被种在法国巴黎的植物园。

据发现，弗吉尼亚草莓的花粉可以使一直不育的智利植株受精产果。这些杂交品种结出的果实个头更大，味道更浓郁，很快便受到人们青睐，并开始在欧洲被广泛种植。

△辛苦的浆果工作

长期以来，水果的采摘和包装为短工提供了工作机会，其中多为妇女。

绝佳拍档

据说草莓和奶油的经典组合是由16世纪英国国王亨利八世（Henry VIII）手下的红衣主教托马斯·沃尔西（Thomas Wolsey）开创的。英国这一传统延续至今，在每年伦敦举行的温布尔登网球锦标赛中，热情的观众会消耗成千上万桶草莓和奶油。

在美国等地，草莓被用于烹饪，作为甜点的装饰配料和奶油酥饼的馅料。这种柔软的水果还可以用来制作果酱、糖浆甚至果酒，它还是饱受欢迎的冰激凌、酸奶和奶昔等的调味品。

> “不要娶一个想在1月吃草莓的女孩。”
>
> 阿尔巴尼亚谚语

征服世界

如今，世界上所有温带地区甚至部分亚热带地区都栽种了草莓。过去，欧洲的草莓季非常短暂，从5月开始，仅持续一个月，但新培育出的品种将生长季节延长至了9月。美国加利福尼亚州是草莓的第二大生产地（仅次于中国），在那里草莓是一种冬季作物，在1月结果。西班牙是世界上最大的草莓生产国，也是该水果的最大出口国。其大部分的产量销往欧洲其他地区，但近年来也有出口至较远的亚洲市场。这种贸易扩张的实现有赖于新品种的培育，因为它们能够在漫长的运输途中保持良好的状态。

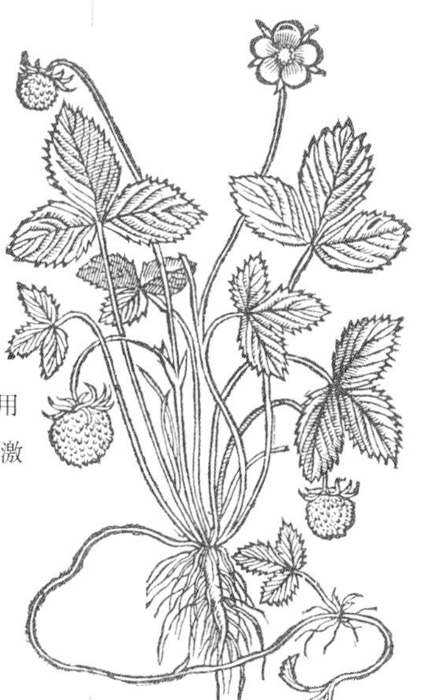

△小而野

此图摘自约翰·杰勒德的《草本志》，图中描绘的是一种果子很小的草莓植株。较大颗的草莓直至200年后才被培育出来。

▽多彩茶藨子

茶藨子野生和栽培的品种有数百种，其中最广泛被食用的是白果、黑果和红果的品种。

茶藨子 浓郁的维生素补给源

在欧洲，黑茶藨子及其近缘红茶藨子、白茶藨子的种植历史较短，但它们的药用与烹饪历史由来已久。在这里，人们常用黑茶藨子做果馅饼、果酱和果冻，以及富含维生素的果汁。

黑茶藨子

发源地
欧洲

主要产地
俄罗斯、波兰、乌克兰

营养成分
维生素C，维生素K

学名
Ribes nigrum

北美洲有许多品种的茶藨子，但大多数美洲人却不知道它们的味道。美洲印第安人食用茶藨子，并用其治疗蛇咬等病痛。到了公元17世纪，一些可食用的栽培品种从欧洲引入，并很快便成为流行作物。但是，茶藨子是疱锈病的天然宿主，疱锈病病原菌是一种寄生真菌，于19世纪被偶然引入美国。这种有害真菌还有另一个寄主，即白松木，它是美国木材工业的支柱性材料。而树木对这种疾病没有抵抗力，因此一旦感染则可能毁坏整片森林。因此，1911年，美国联邦政府下令只允许在境内一小部分地区种植黑茶藨子和醋栗（一种近缘水果）。尽管该禁令于1966年被取消，但在一些州内仍在执行。美国的超市不售卖新鲜的茶藨子和醋栗，货架上只有这些水果的罐装产品或果酱。

△果汁公司
法国有着悠久的茶藨子种植传统。图中采摘的果子或许会被用于制作黑茶藨子甜酒。

从药物变为食物

茶藨子与小葡萄干在英文中都被称为“Currant”，但两者并无关系。它们共享一个英文名可能是因为它们都使用了科林斯（Corinth）的变体，一个以生产并出口葡萄干而闻名的希腊城市。欧洲大约在500年前就开始种植茶藨子，是茶藨子最大的生产地。英国植物收藏家约翰·斯坎特（John Tradescant）于1611年从荷兰进口黑茶藨子（*Ribes nigrum*），它最早被人们注意到的是其果实与叶子的药用特性，例如植物学家约翰·杰勒德在其于1597年发表的《草本志》中所述。和黑茶藨子一样，红茶藨子（*R. rubrum*）最初被人们采集也是因为其药用特性。后来，它们多汁的果子受到人们的喜爱，成为了食品，并且从17世纪开始，法国北部、比利时和荷兰开始种植更甜的红茶藨子。

◁茶藨子甜酒
这是一则宣传黑茶藨子甜酒的海报，该品牌最初于1841年在第戎用黑莓榨汁酿酒。

维生素补给站

所有品种的茶藨子，包括白茶藨子（一种较甜的红茶藨子），都富含维生素C。在第二次世界大战期间，黑茶藨子是唯一英国本地种植的维生素补充源。从1942年开始，婴幼儿可以免费获得黑茶藨子果汁饮料，用以增强其身体免疫力。甚至在今天，英国产出的90%的黑茶藨子仍用于制作果汁。在法国，黑茶藨子果汁还被用来制成一种类似糖浆的甜酒（Crème de cassis），通常与白葡萄酒混合饮用。

欧洲生产的黑茶藨子中有三分之二用于制作果汁。

蓝莓 美国英雄

这种来自北美洲东部地区的不起眼的浆果最初被美洲印第安人珍视为药品和防腐剂，到了21世纪，它已成为一种时尚的“超级食品”，且闻名世界。

△新鲜的蓝莓

新鲜的蓝莓外皮上通常有一层土灰色，单颗蓝莓直径从5至16毫米不等。

蓝莓是许多美洲印第安神话的核心。根据其中一个传说（可能是受到浆果底部星形花萼的启发）所述，伟大神灵派出了“星形浆果”来缓解饥荒时期的饥饿情况。美洲印第安部落将蓝莓的果子和叶子（泡制成茶）作为药物。干浆果被压碎制成粉末，擦入水牛肉中，制成干肉饼（Pemmican）。这种干肉饼容易保存，便于人们在长途旅行中携带，以及熬过严寒的冬季。

美国故事的一部分

蓝莓干还是一种玉米粉布丁（Sautauthig）的主要成分，这一烹饪方法后来被欧洲人采用，或许成为了早期感恩节盛宴的一部分。在美国内战期间（1861—1865年），蓝莓被制成饮料供联邦军士兵维持体力。

◁认可的邮票

1980年，前苏联发行了一张印有蓝莓图案的6戈比邮票。

在野外

蓝莓从仲夏开始成熟，颜色由浅绿变为深蓝。它们最初只出现在野外，直到1911年才投入商业化种植，它由当时一位农民的女儿伊丽莎白·怀特（Elizabeth White）和植物学家弗雷德里克·科维尔（Frederick Coville）在美国新泽西州首次种植。他们

“我看到蓝莓了……和你的大拇指头一样大。”

罗伯特·弗罗斯特（Robert Frost），《蓝莓》，1915年

意在大规模种植蓝莓，并于1916年成功地将他们栽培的第一批蓝莓推向了市场。到了20世纪40年代，美国已有13个州实现了蓝莓的商业化种植。蓝莓现遍布全世界降水丰沛的温带地区，包括部分欧洲地区（1930年引入）。1951年，日本也加入了种植蓝莓的行列。

如今，蓝莓作为新鲜水果被广为食用。它们也被加工成果汁或制成果酱和蜜饯，或添加到甜点中。许多人把蓝莓称作营养的“超强补给站”和超级食物，这可能有点夸大，但在美国和欧洲，蓝莓至今仍是非常受欢迎的浆果之一。

你有“蓝莓”，我有“越桔”

蓝莓的欧洲近缘种越桔（Vaccinium myrtillus）只大量种植在北欧。越桔的灌木丛上会结出单个或成对的暗紫色浆果，而蓝莓的果实则成簇状。在斯堪的纳维亚半岛，尤其是瑞典，越桔特别受欢迎，人们经常和家人去森林里采摘越桔。它们可以直接食用，但味道很酸，因此通常被烹煮制成馅饼的馅料、果酱，或放入甜点甚至汤中。

发源地
北美洲

主要产地
美国、加拿大

主要食物成分
14%碳水化合物

营养成分
钾、维生素C

学名
Vaccinium corymbosum

◁**植物学图**

蓝莓丛结出的果实成簇状，同一簇的浆果可能会在不同的时间成熟。

▽**成箱的蓝莓**

这张20世纪40年代的照片中，两名美国农场工人将蓝莓装到一个木制的分拣设备中，而另一个人则在组装箱子。

户外用餐

对不同人而言，户外用餐形式各不相同。在英、美两国，户外用餐通常指在乡村或海边野餐，携带的食物一般包括水煮蛋、三明治和炸鸡。而在日本，户外用餐是用来庆祝“花见”，即樱花开花。传统庆祝“花见”的食物包括切成樱花花瓣状的胡萝卜、饭团（Onigiri）和樱饼（Sakuramochi）——用腌制过的樱花树叶包的粉色甜豆沙馅年糕。在中世纪的欧洲，富裕地主常常会在狩猎开始前举行户外狩猎宴会。法国人加斯顿·德·富瓦（Gaston de Foix）在1387年写了一本《狩猎之书》（*Le Livre de Chasse*），其中描述了这一活动，宴会上客人们会享用大量油酥糕点、火腿、烤肉和饮品。在18世纪中晚期，野餐是富人的专有活动。1789年，法国大革命推翻君主制后，皇家公园首次对公众开放，很快，这些公园就成了流行的聚会地点。游客们来此常常会携带食物和饮料。但户外用餐是在摄政时期和维多利亚时代的英国真正盛行起来。在维多利亚时代，户外用餐花费较高。伊莎贝拉·比顿（Isabella Beeton，又称比顿夫人）在《家务管理》（*Book of Household Management*）中详细列举了40人的餐食：几块烤牛肉和煮牛肉、两扇羊排、四块肉饼、四只烤鸡、两只烤鸭、五打奶酪蛋糕，一大份葡萄干布丁以及三打1夸脱（相当于1/4加仑）装的啤酒、红葡萄酒、雪利酒和白兰地酒。美国烹饪作家埃尔斯沃斯（M. W. Ellsworth）女士于1900年在《家务女王》（*Queen of the Household*）一书中也给出了类似的详细说明，但她更喜欢罐装兔肉三明治和“让人欲罢不能的小牛肉”。

◁**冠军的早餐**

在18世纪，典型的狩猎开始前，都有狩猎早餐给队伍补充体力，早餐越奢侈越好。

发源地
北美，北欧，北亚

主要产地
美国，加拿大，白俄罗斯

主要食物成分
12%碳水化合物

营养成分
维生素C，钾

学名
Vaccinium macrocarpon

蔓越莓

沼泽地鲜艳且落下能弹起的浆果

蔓越莓是一种有名的美国浆果。以前，它是在北方度过严冬必不可少之物，现在，它成了感恩节饭桌上必备的佐餐物。

△欧洲亲戚
越桔是蔓越莓远亲，产于欧洲，表皮为红色和黄色，可食用。

有人说，蔓越莓的味道和它美丽的外表相差甚远，这实在不公平。但蔓越莓受欢迎程度的逐渐上升表明它的味道并不差。蔓越莓是美国主要的培育品种，它的自然生长地在美国和加拿大东海岸温带地区广袤的沙地沼泽，西至五大湖，南至阿帕拉契雅山脉。这种颜色鲜红的浆果生长在低矮蔓生的藤蔓上，藤蔓的纤匐枝可长达2米。在生长季节，藤蔓会形成一个密集的垫子，覆盖在种植苗床上。用水漫灌苗床能让蔓越莓与藤蔓分离，然后浮至表面，从而被摘取。历史上，人们给蔓越莓取了大量昵称。土著居民称其为“atoca”，但除了在加拿大，这一名称已被英语名字“craneberry”（蔓越莓）所替代，而英语名字本身又

> “他们带了……大概450克（1磅）大米，和一块蔓越莓馅饼……”
>
> 爱德华·李尔（Edward Lear），《奇妙出海记》（*The Jumblies*，1871年）

蔓越莓之海
现在，蔓越莓销量非常高。图中巨大的机器在加拿大不列颠哥伦比亚（British Columbia, Canada）蔓越莓铺成的湿地里收召成熟的蔓越莓。

是“Craneberry”（鹤莓）的简称。蔓越莓粉色花朵向下垂向水面的样子会让英国移民者想起在蔓越莓沼泽中涉水的鹤的头，这就是这个名字的来源。成熟的蔓越莓落在地上后会弹起，这让它们又有了“弹莓”（Bounceberry）这一昵称。

储存能力

公元17世纪，早期英国移民者通过土著居民了解了蔓越莓。这一水果的储存能力给一些移民者留下了深刻的印象，因此他们经水路给查理二世寄了十箱作为礼物。没有记录表明这些蔓越莓是否到了查理二世手里，以及国王是否喜欢它们。英美船只上也会携带小蔓越莓，偏远地区的捕兽者同样食用它们。梅里韦瑟·刘易斯（Meriwether Lewis）和威廉·克拉克（William Clark）当年横跨美国时也吃了蔓越莓干，在1805年的感恩节，他们用蔓越莓制作了蔓越莓酱。现在，我们知道蔓越莓含有自然防腐剂和苯甲酸，当年易洛魁族猎人出远门时会带上名为“干肉饼”的高能量口粮，即用捣碎的肥肉、果实、烟熏野味和干蔓越莓制作的便携糕饼。如今，人们主要是利用蔓越莓的果汁，制作果酱、果馅饼甚至白酒。蔓越莓酱是烤火鸡的传统佐餐物。

△手铲

机械化之前，使用特殊手动工具采获蔓越莓，上图中马塞诸塞州人使用的铲子就是其中一种。

◁收获良多

20世纪早期，采摘蔓越莓的工人包括各个年龄阶段的人。这名8岁儿童正提着采自美国新泽西洲布朗·密尔斯（Brown Mills）的蔓越莓。

香蕉 水果主食

香蕉原产于东南亚，如今，在亚洲、非洲与加勒比海地区国家，它是富含营养的主食，在欧洲与北美洲，它是流行的小吃、餐后水果和蛋糕配料。

发源地
南太平洋岛屿

主要产地
印度，中国，菲律宾

主要食物成分
23%碳水化合物

营养成分
维生素B3

非食物用途
屋顶，纤维（叶片）

学名
Musa sp.

令人惊讶的是，从植物学上讲，香蕉是浆果而非水果。它长在巨大的泪珠状花朵周围，一串接着一串，数量庞大。它的花朵有紫色，也有红色。香蕉树的叶子很大，呈扁平状，生长香蕉树的地方可用作茅草屋顶。香蕉树可食用部分并未长在树干上，而是在根系结构上，因此从专业角度讲，香蕉是一种药草，尽管它体型很大。

◁巨大的叶子
在这幅版画中，可以清楚看到香蕉树巨型的叶子。它的叶子在世界上一些地方可用作屋顶。

全球分布

人们认为，香蕉原产地在东南亚，主要分布在印度、马来西亚、印度尼西亚和新几内亚一带。香蕉从这些地方广泛传播到亚洲其他地区。到了公元前1000年，香蕉传到马达加斯加岛，非洲香蕉种植可能就是源自于此。公元前200年，香蕉经由太平洋从亚洲传到南美洲。传说，公元前4世纪，马其顿国王亚历山大大帝出征印度时，可能见到了香蕉，并将香蕉带回欧洲。

到了公元1200年左右，摩尔（Moorish）入侵者将香蕉带到了北美和伊比利亚半岛。

随着新世界的发现，据说是在1516年，西班牙修道士托马斯·德·贝兰加（Thomas de Berlanga）将香蕉树从非洲带到了加勒比海的圣多明哥。香蕉树在中美洲与南美洲的种植使香蕉成了当地奴隶方便而廉价的主食，此外，香蕉树本身也能帮殖民者保护咖啡、可可等其他作物。20世纪，具有冷藏功能船只的出现让香蕉可以运输到全世界，因此保持了其持久的受欢迎度。

◁巨大发现
到了19世纪，香蕉已被用于商业烘焙食品，例如1870年左右出现的这一品牌的香蕉面包。

优质香蕉

今天，香蕉的主要品种是卡文迪许（Cavendish），这种体型较大的香蕉是以德文郡公爵威廉·卡文迪许（William Cavendish）的名字命名的。这位英国人在19世纪成功地在自己的庄园温室中种植了进口自毛里求斯的香蕉。大蕉是甜香蕉远亲，在中美洲、南美洲、非洲和亚洲部分地区，成了常见的淀粉类主食。与甜香蕉相比，大蕉个头更大，质地更粉，但没有甜香蕉甜。

世界上的100多个国家种植着各种种类的香蕉，从货币价值来看，香蕉是世界第四大主食，排在小麦、大米和玉米之后。乌干达每人每年食用的香蕉（主要是大蕉）总量居世界榜首，美国紧随其后。印度是世界上甜香蕉第一大产国，乌干达则是大蕉第一大产国。

▷出果
香蕉果实成串地长在大锥形花朵上。

△开启旅途

香蕉往往需要运输几千千米才能到达市场。上图绘制的是香蕉装运的场景，地点在厄瓜多尔瓜亚基尔港口（Guayaquil），目的地可能是美国（大约是1955年）。

“当你不走运时，即使吃熟香蕉，也会把牙齿硌掉。”

非洲谚语

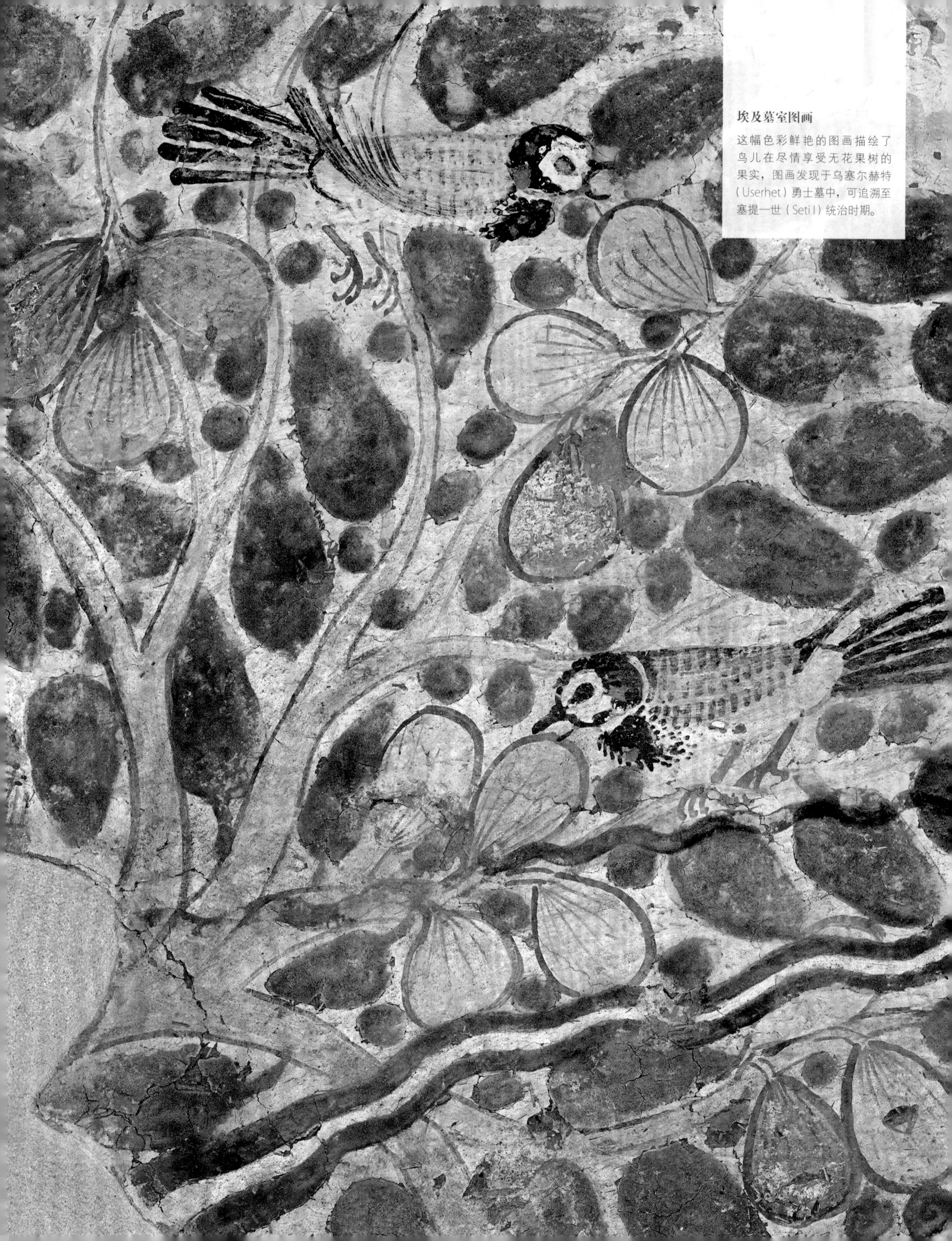

埃及墓室图画

这幅色彩鲜艳的图画描绘了鸟儿在尽情享受无花果树的果实，图画发现于乌塞尔赫特（Userhet）勇士墓中，可追溯至塞提一世（Seti I）统治时期。

无花果 历史久远的甜味水果

几千年前，无花果树甘美的“果实”为中东文明古国的人民提供了甜蜜的款待。如今，世界各地的人们都能享受到这种美味水果。

可食用的果皮

果内嵌满了细小的果籽

△**多籽的中心**

无花果内部柔软，果内全是嵌在粉红色果肉中的果籽。

其果实每个部分均可食用。从专业角度讲，无花果并不是水果，而是隐头花序，即一部分茎延伸至囊中，囊中含有在内部生长的花朵。“果实”长在茎的末端，可能是绿色，也可能是紫色，更可能是圆形，还可能是锥形，其中含有大量小籽。常见的无花果树叶子较大，叶片边缘不齐，枝干非常分散。无花果树上只有雌性花朵，果树无需授粉繁殖，因为它的种子不结果实。

◁**满满一篮**

从这块来自突尼斯乌提卡（Utica）的罗马马赛克上可以看到，无花果从篮子里溢了出来——这是表示富足的经典图像。

传自东方

普通无花果产自小亚细亚，但它在史前时期，就已经传到地中海东部地区和阿拉伯半岛。在约旦河谷（现在的以色列）的考古发掘中，发现的无花果化石残余可追溯至公元前9000年，这使得无花果成为人类最早培育的作物。公元前2500年的苏美尔石碑上提到无花果是一种食物。在古希腊，无花果种植较为普遍，哲学家亚里士多德和他的弟子特奥夫拉斯图斯都曾对其进行过描述。

> “这儿是青色的无花果，它甘甜的果汁溢了出来。”
>
> 荷马，《奥德赛》（*The Odyssey*，公元前8世纪）

古罗马人也很珍视无花果，可能正是他们将无花果传播到罗马帝国地中海区域。到了公元16世纪，北欧也开始种植无花果。英国红衣主教雷吉纳尔德·博勒（Reginald Pole）在其位于伦敦的宫殿花园中种植了无花果树。18世纪，无花果由西班牙传教士带到了加利福尼亚。

19世纪，从法国和英格兰引入新品种后，加尼福利亚无花果种植得到了迅速发展。如今，土耳其是世界上无花果的最大产地，约占了全球产量的五分之一。其他主要无花果种植国家包括埃及和摩洛哥。

新鲜的无花果和果干

历史上，人们一直享用的是新鲜的无花果，但无花果干也很受欢迎。通过这种方式能够轻松保存无花果，让无花果一年四季都能为人们所享用，而且方便了其运输与保存。现在，无花果不仅作为水果为人们享用，它常常还是充当奶酪的佐食及甜品和糕点的配料。烘烤后的无花果果籽可以用作“维也纳咖啡”调味品，这一风俗传自17世纪占领奥地利的土耳其人侵者。

发源地
土耳其

主要产地
土耳其，埃及，摩洛哥

主要食物成分
19%碳水化合物

营养成分
钾

非食物用途
泻药（糖浆）

学名
Ficus carica

▽**传统工作**

这是19世纪末，来自无花果产地士麦那（如今的土耳其伊兹密尔）的明信片，上面的图像是女性正在挑选无花果去市场售卖。

葡萄 远古食物饮料

葡萄被发现于9000年前，其味道甘甜，有自然发酵能力，可能是历史上最早的既能滋养人又会把人灌醉的食物。

◁**醉酒的神**

大理石雕制的希腊神西勒诺斯（Silenus）握着一串葡萄。他被称作醉神，是掌管葡萄丰收之神狄俄尼索斯的朋友或导师。

古代中国人早在公元前7000—前6600年就开始饮用由野葡萄发酵的一种饮品。然而，证明葡萄繁殖的首个证据是公元前6000年早期发现的葡萄籽。葡萄籽发现于西亚格鲁吉亚在新石器时期定居点，陶罐上的残留物表明不久后就出现了葡萄酒酿造。

葡萄与诸神

在随后的几千年，葡萄种植遍及中东南部与西部，并传到了埃及与欧洲。新鲜的葡萄果实和果干均是苏美尔与巴比伦菜肴的一部分，葡萄汁和葡萄干常用作甜味剂。而

当今世上，人们种植的葡萄中有70%用于酿酒。

且只有皇室和富人喝得上葡萄酒。古代埃及从公元前3000年左右开始种植葡萄藤，葡萄酒同样也是主要由上层阶级享用，葡萄酒还在各种仪式中有着重要地位。

随着各国买卖葡萄与葡萄酒，葡萄在经济上变得十分重要，但栽培葡萄需要大量精力，这可能就是迈锡尼文明时期的希腊人从公元1500年左右开始祭拜狄俄尼索斯——掌管葡萄丰收之神的原因。他也被称作巴克斯（Bacchus），这是爱喝葡萄酒的罗马人随后使用的名称。罗马人喜爱各种形式的葡萄制品，他们甚至用葡萄干进行物物交换。公元前75年，老普林尼写到一种从科林斯进口的无籽葡萄干，“无籽葡萄干”一词就是来源于这个城市的名字。使用葡萄干烹饪小牛肉和鱼的方法被记录在公元前5—前4世纪的一本罗马烹饪书《阿皮基乌斯》中。很久以后，即14世纪，无籽葡萄干常被加在一道叫做牛奶麦粥（在牛奶或肉汤中煮裂开的麦子）的菜中，并通常搭配肉或鱼一起食用。这道菜在中世纪的欧洲非常流行。产自德国的水果湿面包——圣诞果仁面包可追溯至1400年左右，同一时期类似的甜面包还包括米兰的潘妮朵尼（Panettone）和俄罗斯传统复活节面包库里奇（Kulich）。

带麝香的味道

北美东部的本地葡萄树是美洲葡萄（V. labrusca），属耐寒品种。早期欧洲移民者发现其新鲜果实及果汁味道浓郁，虽有泥土气味，但带有甜蜜芳香，这种气味常被称作“麝香味”。最常见的美洲葡萄培育品种是黑色果皮的康科德（Concord），美国商店中大多数葡萄果汁和葡萄果冻（果酱）均是由这种品种生产而来。美洲葡萄由西班牙传教士于17世纪带到北美，他们携带的是插枝，目的是酿造葡萄酒。如今，北美有超过8000家葡萄酒厂。墨西哥、智利和阿根廷也成为了重要的葡萄种植地和葡萄酒生产地。

发源地
西亚

主要产地
中国，美国，意大利

主要食物成分
18%碳水化合物

营养成分
维生素K

非食物用途
营养补充品

学名
Vitis vinifera, Vitis labrusca

▷**祭品葡萄**

图中，在尼罗河畔纳黑特（Nakht）古墓，树木女神将啤酒、面包、葡萄和洋葱作为祭品献给逝去的人。

◁**干制葡萄**

自罗马时期，葡萄干已经广受欢迎。在太阳下用简单方法干制无籽葡萄在许多葡萄产地仍在使用，也包括图中的土耳其。

柠檬与酸橙

远古柑橘双姝

柠檬和酸橙关系紧密，但在颜色和口感上却有所不同，这两种水果均源于印度和远东地区，如今双双成为世界上众多食品与饮品的重要原材料和调味料。

柠檬和酸橙被认为最有可能首先种植在亚洲季风带上。公元前800年左右，印度梵文记载中就提到了柠檬。接着，在公元前4世纪，出生于艾雷色斯（Eresus）的希腊植物学家和哲学家特奥夫拉斯图斯也提到了柠檬，称它为“波斯之果”，并推荐把柠檬用作香料、驱虫剂和解毒药。古罗马商人把印度的柑橘类水果带到了古罗马帝国各处，庞贝古城发现的壁画上也描绘了柠檬这种水果。

△**地中海丰收**

位于法国里维埃拉（Riviera）的芒通（Menton）小城拥有引以自豪的种植柠檬的悠久历史。图中是1900年柠檬丰收的景象。

分布逐渐扩展

柠檬出现于一篇撰写于公元10世纪的阿拉伯农业论文中，阿拉伯人在地中海地区，如西班牙、西西里岛、埃及种植柠檬。阿拉伯人用“limun”和“lima”这两个词来分别指代柠檬和酸橙，它们构成了许多西方语言中这两种水果名称的基本结构。然而，直到15世纪中叶，欧洲才开始在热那亚附近的利古里亚（Ligurian）海岸大规模种植柠檬。1493年，哥伦布把柠檬种子带到了加勒比海的伊斯帕尼奥拉岛（Hispaniola），随后引进了美洲大陆，随着16世纪和17世纪西班牙殖民地的扩张，柠檬种植范围也扩展到了中南美洲地区。

甜与酸

关于鲜榨柠檬汁配蔗糖做成的无汽柠檬水，其最早的书面证据出现于11世纪的埃及。13世纪初，蒙古人在成吉思汗（Ghenghis Khan）统治期间，就在饮用加了酒精的无汽柠檬水了。16世纪，法国流行饮用不含酒精的无汽柠檬水，由汽水经营者（Limonadiers）在巴黎街头售卖。17世纪初，才开始有了瓶装柠檬水。200年后的1929年，美国密苏里州的查尔斯·莱珀·格里格（Charles Leiper Grigg）推出了“锂化柠檬酸橙汽水”（后更名为“七喜”），这是一款加了碳酸水制成的汽水。

△**引人注目的标签**

18世纪，彩色印刷术问世，与此同时，冬日里美国阳光明媚的加州果园里的柑橘类水果正被运送至冰天雪地的东北各州。

◁**热狗，冰柠水**

1936年，美国曼哈顿，这位有开拓精神的街头小贩以每杯5美分的售价为顾客提供清爽的冰镇柠檬水，好让他们的法兰克福香肠下肚。

柠檬

发源地
亚洲

主要产地
印度、墨西哥、中国

主要食物成分
9%碳水化合物

营养成分
维生素C、钾

非食物用途
香水、化妆品、清洁用品

学名
Citrus limon

△薄薄的果皮

酸橙果皮通常呈绿色，也有些品种果皮为黄色。因果皮较薄，酸橙这种水果不耐寒，只能在没有霜冻的地区种植。

柠檬一向因其果汁的酸味和外皮（擦碎的柠檬皮）的幽幽香味而备受推崇。已知最早的柠檬食谱出现于12世纪埃及的论文《关于柠檬及其饮用和用途》（*On Lemon, Its Drinking and Use*）中，作者是伊本·朱梅（Ibn Jumay），是一名讲阿拉伯语的犹太医师，他提出把柠檬放于盐中储存的办法在如今的北非料理中仍然发挥着重要作用。盐渍酸橙常用于烹饪南亚菜肴。柠檬已成为构成美食的重要成分，比如希腊的“Avgolemono”（鸡蛋柠檬汤）调味酱，配有葡萄叶包饭，或被用来做鸡汤和诸如柠檬馅饼、蛋糕、冰糕、冰激凌之类的甜食。

广受欢迎的水果

酸橙的维C含量高，以前人们把它带在航海船上，用以治疗坏血病。它在烹饪时的用法与柠檬类似。在伊拉克和伊朗，干酸橙切片或磨碎后被放入炖菜或汤里调味，辛辣酸橙泡菜则是一种广受欢迎的印度调料，可用作咖喱的佐料。佛岛酸橙派饼之所以得名，就是因为它源自佛罗里达群岛，这一广受欢迎的美式甜点最初问世是在20世纪初期。在酸橘汁腌鱼（Ceviche）这一南美海鲜菜肴中，柠檬和酸橙常常被一起使用，这两种水果的果汁因有防腐的功效而被用来腌制和“烹饪”生鱼和海鲜。

“柠檬不挤，果汁不出。”

斯瓦希里（Swahili）谚语

发源地
中国（种植地）

主要产地
巴西、中国、美国、印度、墨西哥

主要食物成分
16%碳水化合物

营养成分
维生素C、维生素B1、维生素B9、钙

非食物用途
清洁用品（油）、香水（油）、牛饲料

学名
Citrus sinensis

柑橘 阳光鲜果

柑橘是杂交水果，拥有数千年的种植历史，随着贸易路线和殖民探险的步伐，它也渐渐从东方传播到西方，成为一年四季里健康和阳光的象征。

无论是在温暖干燥的冬天，还是在炎热的夏天，都可以种植柑橘。这种广受欢迎的多年生水果拥有在冬天也能成熟的优势，而许多其他水果在同期的北半球国家是不能结果的。这一季节优势造就了柑橘这一种植最为广泛的水果，柑橘树体型较小，终年常绿。

野生柑橘的起源尚不明确，不过，早在公元前2500年，中国就首先种植了柑橘。柑橘有可能是葡萄牙商人于公元15世纪末引入欧洲的。如今，柑橘品种繁多，包括19世纪中叶由巴勒斯坦农民首先种植的沙莫蒂（Shamouti）橙或雅法（Jaffa）橙；在19世纪于加利福尼亚州兴起的晚熟的巴伦西亚（Valencia）橙；小而甜、皮薄的柑橘，如克莱门氏小柑橘（Clementine）、中国橘（Mandarin）和橘子（Tangerine）。

1919年，加州水果交易所（California Fruit Exchange）在柑橘上贴上了“新奇士”（Sunkist）的产品标志，这是第一种带商标的新鲜水果。

▷**西班牙丰饶之地**

这幅19世纪的版画描绘了一群女性在塞维利亚市场里包装橘子的场景。如今，这座城市的街道上遍布有14 000多棵柑橘树。

公元8世纪，摩尔侵略者把苦橙或塞维利亚（Seville）橙引入了西班牙。公元9世纪，摩尔人又把这一水果带到了他们占领的西西里岛（Sicily）上。如今，苦橙主要用于烹饪，尤其用于烹饪一种被英国人称为“marmalade”的酸味扑鼻的橘子酱，“marmalade”源于葡萄牙语“marmelada”，意为“温柏果酱”（Quince jam）。

◁橘子酱生产商

19世纪90年代的一则广告显示，柑橘从其起源地塞维利亚（Seville）被空运到伦敦，当地的E & T Pink公司声称自己是"迄今为止世界上最大的橘子酱生产商"。

1493年，哥伦布的第二趟航海路上，柑橘种子被带到了加勒比海。16世纪初，西班牙和葡萄牙移民把蜜橘引进到中南美洲地区。虽然西班牙传教士在1769年就播撒了加利福尼亚州第一批柑橘种子，但直到1849年"淘金热"兴起时，柑橘的需求才急剧上升，且带来了早期种植面积的增长。从19世纪70年代开始，美国开通了洲际铁路后，柑橘才开始被运送至芝加哥和纽约这样的东部大市场。

你的每日水果

"阳光之州"佛罗里达州是美国另一大柑橘产区和橙汁生产中心，其柑橘产量的95%被做成了果汁。20世纪初，柑橘种植风靡一时，运用加热处理贮存食物的巴氏灭菌技术使得橙汁可以罐装储存且便于运输。第二次世界大战后，冷冻浓缩橙汁问世，成为一种方便且廉价的果汁饮料，因其有益健康的特点而被大力推广，它也变成了早餐"必需品"。

▽柑橘丰收

佛罗里达州的迈阿密市，一些工人正在橘子林里采摘水果。16世纪，西班牙探险家在佛州播下了第一批柑橘种子。

祭祀食物

为神灵奉上食物是世界各地古代人民的一种生活方式。他们认为神灵需要食物来维持生命，并相信神灵会给予回报，帮助他们的作物茁壮成长。神灵还需要依靠人类的供品维持生命。埃及早期的文字将人类称为神的“牛”，表示他们相互依存的关系。有些人认为还需要为他们的祖先奉上食物，因为如果让祖先挨饿可能会导致作物歉收。

在埃及，一块牛腰腿肉若作为祭品，其中一部分将赠予牧师，作为请他服务的报酬。面包、牛奶、无花果、枣、葡萄、盐、蔬菜、谷物和野禽都可以作为祭品。埃及人还认为奥西里斯神（Osiris）发明了啤酒，因此将酒也作为一种祭品。秘鲁的印加人也因同样的原因将芝士或玉米啤酒作为祭品。

希腊人在献祭动物时会将其洒上圣水，并使其晃晃头，似乎表示它同意进行献祭。据说上升的烟雾会将祭品的灵魂带向众神。同样地，印加人将骆驼肉作为香进行焚烧，并将其血液用于祭祀仪式。

一般而言，人们会将最好、最精致的食物奉献给庙宇，但此类礼物也可以是家中摆放的不起眼的小物品。例如，巴厘岛印度教徒会在指定的地方摆放一些小扎囊（canang，用椰子或香蕉叶制成的简单方形篮子，里面装满鲜花、大米，通常还有一张小额纸币），以表达对他们神灵无私的感谢。出于同样的原因，在巴厘岛的街道上也会摆有扎囊，最上面还会放有燃烧着的香。

◁高耸的祭品

巴厘岛的印度教徒每天为他们的神灵献祭。图中，一行妇女抬着祭品（banten tegeh，一种堆得高高的祭品，由水果、年糕等多种物品组成）送往庙里。

葡萄柚与柚子

世界水果的后来者

作为柑橘类家族的两个重量级成员，葡萄柚和柚子有着近缘关系，但却来自地球上相对的两端，在历史上出现的时间也相距数千年。

葡萄柚

发源地
加勒比群岛

主要产地
美国、南非、以色列

主要食物成分
9%碳水化合物

营养成分
维生素C

非食物用途
药品

学名
Citrus x paradisi

直到公元19世纪，葡萄柚才出现在烹饪书籍中，原因很简单，因为18世纪才首次出现有关它的记录。1750年，威尔士自然学家格里菲斯·休斯（Griffith Hughes）牧师在巴巴多斯偶然发现了一棵树，树上结着硕大的黄色果子，像葡萄一样成串生长，他称之为“禁果”。1年后，年轻的乔治·华盛顿（George Washington），未来的第一任美国总统，在一次晚宴上提到了这种“禁果”，称它是当地人使用的一种供品。

葡萄柚是加勒比地区唯一本土种植的柑橘类水果，是两个柑橘类水果杂交而成的品种。其中一个可能是橙子，但更可能是香橼，后者是第一个传入西方的柑橘类水果，于大约公元前300年从印度经波斯传入。香橼和葡萄柚一样有厚厚的橘络和苦涩的果肉。另一种水果是柚子，是个头最大的柑橘类水果，具有光滑的黄绿色外皮、厚厚的橘络，与稍带苦味的葡萄柚比起来，柚子的果肉更甘甜。柚子起源于东南亚，公元前2200年传入中国，然后沿着丝绸之路向西传到欧洲。它于1696年传入西印度群岛，据说是由沙道科（Shaddock）船长驾驶一艘东印度公司的船只运送的，这便是该水果的另一个英文名“shaddock”的来源。

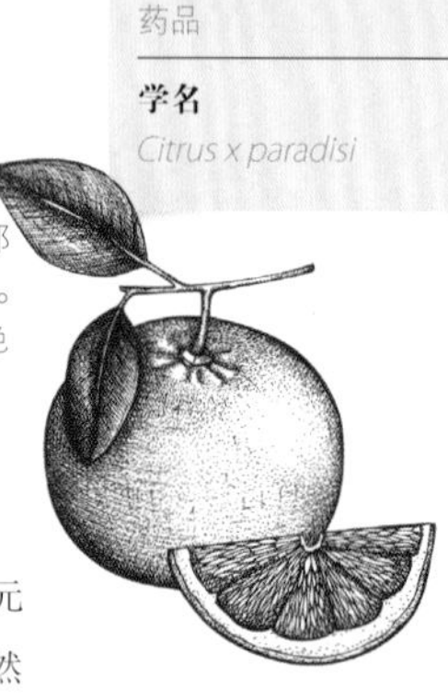

▷**切开的水果**

葡萄柚和柚子切开后，内部是柑橘类水果的典型结构。果肉颜色从浅黄色到粉红色不一。

如今，柚子已被广为食用，或作为新鲜水果或榨成果汁。美国是世界上最大的柚子生产国，中国和南非的产量也很高。

◁**热带特色**

葡萄柚特别适宜在热带气候中生长，是加勒比地区唯一一种本土的柑橘类植物，正如这幅19世纪画中的场景。

▷**罗马甜心**

石榴在古罗马广受人们喜爱。在这幅公元前1世纪的罗马壁画中，鸟儿正栖息在石榴树上。

石榴

神话之果

石榴的果肉包裹着许多种子，一粒粒像宝石一样。这一丰裕的形象在许多文化的神话和传说中都有着非常重要的意义，直至今天仍然备受推崇。

根据希腊神话所描述，冥界之神哈迪斯（Hades）用石榴引诱了他的王后珀耳塞福涅（Persephone），它那像宝石一样的种子看起来的确非常诱人。这种水果具有较硬的粉红色外皮，渐变成黄色，包裹着红宝石色的汁囊，也就是假种皮。

△红宝石

掰开石榴后，会发现数百个有光泽的深红色汁囊（假种皮），外面裹着一层苦味的膜。

象征意义丰富

据说，石榴起源于波斯或高加索地区，最早种植于大约5000年前。它很快就传遍了整个古代世界，成为了神话的主题。对于主要把这种水果作为药物的古埃及人来说，石榴是多产与繁荣的象征。《圣经》中多次提到石榴。摩西派出侦察迦南地的密探从埃什科尔谷（Fhevcle of Eshcol）带回了石榴，以显示那片土地肥沃，所罗门王庙的柱子顶端被雕刻成石榴的样子。现代犹太人有一个传统便是在犹太新年吃石榴，石榴那繁多的种子象征着丰收的希望。在《古兰经》中，石榴作为奖励被赠予到达天堂之人。

> “石榴越红越饱满。”
>
> 亚历山大·蒲柏（Alexander Pope），《荷马史诗》之《奥德赛》（1726年）

石榴在中东美食中一直具有重要的地位，近年来被用于现代西方美食。如今，该水果的种植已不仅限于亚洲和中东地区的传统种植区，还遍及西班牙、西西里岛和美国加利福尼亚州。

发源地
西亚

主要产地
伊朗、美国、中国

主要食物成分
19%碳水化合物

营养成分
维生素C

非食物用途
化妆品

学名
Punica granatum

甜瓜

止渴甜果

几千年来，这类多汁的水果在不同的地区与文化都深受喜爱，如古埃及、摩尔人统治时期的西班牙和太平洋岛屿等。

甜瓜有数百种，是黄瓜、葫芦和南瓜等的近缘植物。甜瓜最适宜在温暖的气候下生长，但需要大量的水。甜瓜有两种类型：香瓜（包括哈密瓜和蜜瓜）和西瓜。所有甜瓜都有硬硬的果皮，或绿色或黄色，以及厚厚的果肉，都是1年生蔓生植物的果实。

“品尝西瓜就是品尝天使享用的美味。”

马克·吐温（Mark Twain），19世纪的美国作家

最晚在公元前2400年，古代埃及人就开始在尼罗河谷种植西瓜。人们在公元前1323年的图坦卡蒙的墓穴中发现了西瓜籽。后来出现了在西班牙地区食用西瓜的证据，分别是在961年的科尔多瓦和1158年的塞维利亚。在中世纪，这种水果被引入印度和中国，并经南欧向北传播。到了公元1600年，甜瓜被列为一种欧洲草药。在气候允许的地方，欧洲人广泛种植甜瓜。西班牙殖民者在16世纪将西瓜带到了新大陆，据记录，在1576年佛罗里达和密西西比河谷种有西瓜。日本科学家最初于1939年培育出了无籽西瓜，如今它们的销量约占美国西瓜销售总量的85%。中国是世界上生产甜瓜最多的国家。

▷**诱惑的种子**

这是1890年美国种子目录中的一张广告页，向潜在种植者承诺他们将收获一种美味多汁的橘红甜瓜。

△街头小吃

19世纪，西瓜在意大利是一种常见的水果。这幅图显示了当时那不勒斯的一处街景，一个西瓜小贩正在卖瓜。

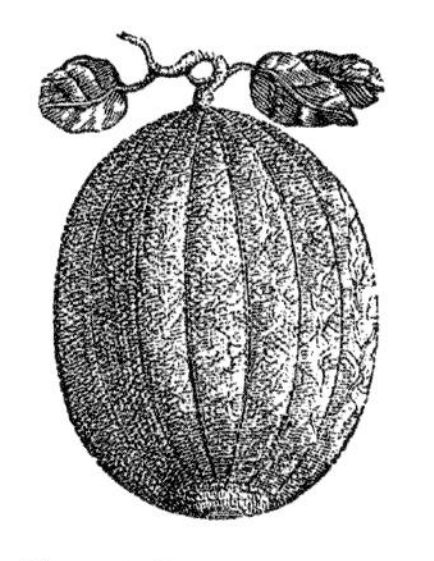

△棱纹果皮

甜瓜的外观不是千篇一律的。一些瓜（例如哈密瓜）的果皮是有棱纹的，而其他瓜的果皮则有彩色的条纹或粗糙的纹理。

香瓜

发源地
中东、北亚

主要产地
中国、土耳其、美国

主要食物成分
8%碳水化合物

营养成分
钾、维生素A和C

学名
Cucumis melo

番木瓜 浓郁的能量补给站

玛雅人称番木瓜植物为“生命之树”，他们是对的。如今，番木瓜以其丰富的营养与药用特性而闻名。

发源地
中美洲

主要产地
印度、巴西、印度尼西亚

主要食物成分
11%碳水化合物

营养成分
维生素A、维生素C

学名
Carica papaya

最初的野生番木瓜植株细长纤弱，果实几乎无法食用。然而，随着时间的流逝，这种植物发展成如今的草本灌木，高可达7米，叶面宽近1米。它的果实成簇挂在枝条下，这种果实在南非也被称为泡泡果（Pawpaw）。番木瓜成熟后，皮薄，呈绿黄色；果肉甜，呈粉橙色。果实的形状和大小大多与梨相似，尽管有的单个可重达9千克。

西班牙探险家播撒爱种

番木瓜最初野生于中美洲的低地，从墨西哥至巴拿马都有分布。美洲土著人经培育和精心挑选种出了果实更大、更美味的品种。在公元16世纪，西班牙探险家首先将种子（干燥后可以存活数年）运到加勒比地区，然后运往菲律宾群岛。从那里，它们被分带到印度、南太平洋岛屿和非洲。19世纪初，新一代的西班牙海员将这种水果引入了夏威夷。番木瓜现已被广泛种植于世界上温暖的热带地区。

番木瓜的每一部分都是有用的，包括嫩叶（可制成预防疟疾的茶）、种子（干燥后可用作温和的香料）、成熟和未成熟的果实和汁水。最常见的是将新鲜番木瓜去皮与柠檬或酸橙一起食用。在南美洲、亚洲和非洲，人们会水煮未熟的番木瓜，将其当做一种蔬菜，放进炖菜中煮熟或烘烤。在东南亚，人们会把番木瓜的嫩叶像菠菜那样烹饪和食用。青番木瓜含有可以使肉变嫩的酶。

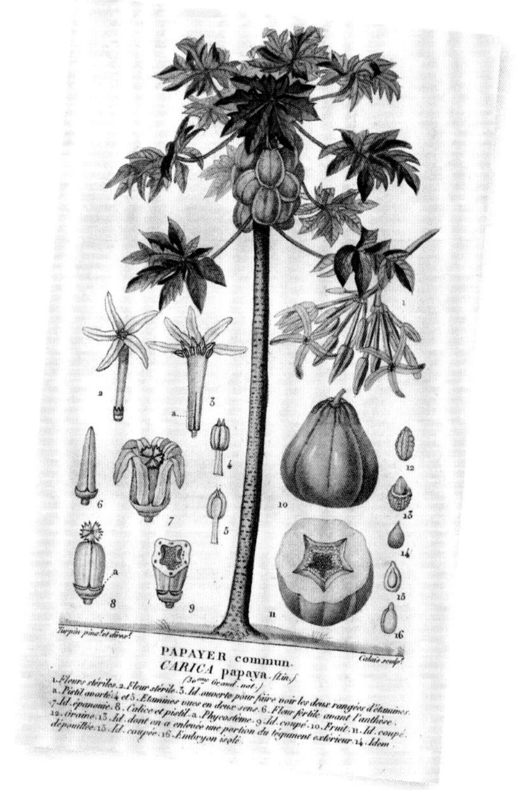

△丰饶之木

这张插图来自《自然科学词典》（*Dictionnaire des Sciences Naturelles*，1816年），由皮埃尔·让·弗朗索瓦·特平（Pierre Jean François Turpin）绘制，清楚地展现了番木瓜树的大叶片和梨形果实。

◁果皮内部

番木瓜的内部由可食用的橙色果肉和不被食用的黑褐色种子组成。

椰子

带壳的食物和饮料

椰子可能是人类已知的最有用的植物，为全球大多数热带地区的人们提供食物和建筑材料。

△远在高处

使用爬梯和绳索是爬上椰子树采摘椰子的传统方式，目前世界上许多地方的人仍选用这一方法。

▷两半、两层

除去外皮后，将椰子切成两半，便可看到覆有长纤维的内层棕色硬壳和内里雪白的果肉。

高大优雅的椰子树无需人工协助即可自行开枝散叶。它的坚果可以漂浮起来，在热带地区顺着洋流从一个岛漂到另一个岛。椰子树可长至30米高，最多可以结出30个大的圆形或椭圆形坚果，且包裹在柔软的灰绿色果壳中。内层由覆盖有长纤维的棕色硬壳组成，而这层硬壳又包裹着一层雪白的果肉。中间的空心处盛满一种液体，即椰子水。从果肉中提取的果汁（椰奶）和椰子水为当地居民和远方的消费者提供了富含营养的饮品。

太平洋旅行者

人们在澳大利亚和印度发现了距今5500万年的现代椰子的祖先化石，并普遍认为该物种起源于西太平洋和印度洋的岛屿。2000多前的印度文献也曾提到椰子。阿拉伯商人很可能从那时起将这种果子传到了中东和东非。到了公元13世纪，埃及已开始种植椰子树，当时威尼斯探险家马可·波罗将这个情况记录了下来。到了16世纪，欧洲人将椰子带到了西非、加勒比地区和中美洲。如今，椰子产品在其生长地区已成为重要的食物来源，而且在世界其他地方也备受重视。

椰子的英文名称“coconut”，可能源自葡萄牙语中的“cocuruto”（意为头顶），因为它的底部看起来像一张脸。

发源地
印度洋、太平洋岛屿

主要食物成分
33%脂肪

营养成分
铁、锌

非食物用途
编制材料

学名
Cocos nucifera

菠萝

热带滋味

发源地
南美洲

主要产地
哥斯达黎加、巴西、菲律宾

主要食物成分
13%碳水化合物

营养成分
维生素C

学名
Ananas comosus

在20世纪以前，对于其产地之外的地区而言，“水果之王”菠萝一直是一种奢侈品。随着罐头食品的出现，它才变得广泛可得。

公元17世纪，菠萝首次传入欧洲时引起了轰动。皇室成员和贵族们竞相在他们专门设计的温室中种植最大的、最好的菠萝，气派的大房子的门柱上经常使用菠萝的设计作为装饰。

△成堆的菠萝

准确判断可以采摘菠萝的时间是需要技术的，通常这项工作由人工完成最佳，正如图中这一发生在孟加拉国坦盖尔（Tangail，Bangladesh）的场景。

与松树无关

菠萝在英文中被称为“pineapple”，意指该水果与松果形似，这一相似之处是由第一个发现这一水果的欧洲人注意到的。但是这种植物与针叶树没有任何关系，它是凤梨科的一员，凤梨科植物是南美洲本地的一种开花植物。尽管外观如此，然而菠萝并不是单个水果，而是多颗浆果的集合。与许多水果不同，菠萝采摘后不会继续成熟，因此必须在收割后的24小时内售出。菠萝最初由中美洲、南美洲和加勒比地区的土著人种植，在哥伦布来到新大陆之后，将菠萝于16世纪运到西班牙，后来被欧洲商人带到非洲和亚洲并被当地人培育种植。如今，它们已被广泛种植在世界各地的热带国家。

菠萝有着甜中带酸的自然口味，作为甜点备受欢迎，也可通过罐装或干燥保存，或制成蜜饯。其不同之处在于，新鲜菠萝含有一种酶，这种酶被称为菠萝蛋白酶，具有使肉变嫩的特性，这就是为什么新鲜菠萝会经常与火腿一起食用。

◁叶片锋利的水果

菠萝的叶片和外皮都有尖刺。内部略带纤维的黄色果肉多汁甘甜，但有时略带酸涩。

> “爱就像菠萝，甜蜜而无法描述。”
>
> 皮耶·彼得松·海因（Piet Pieterszoon Hein），17世纪荷兰海军司令员

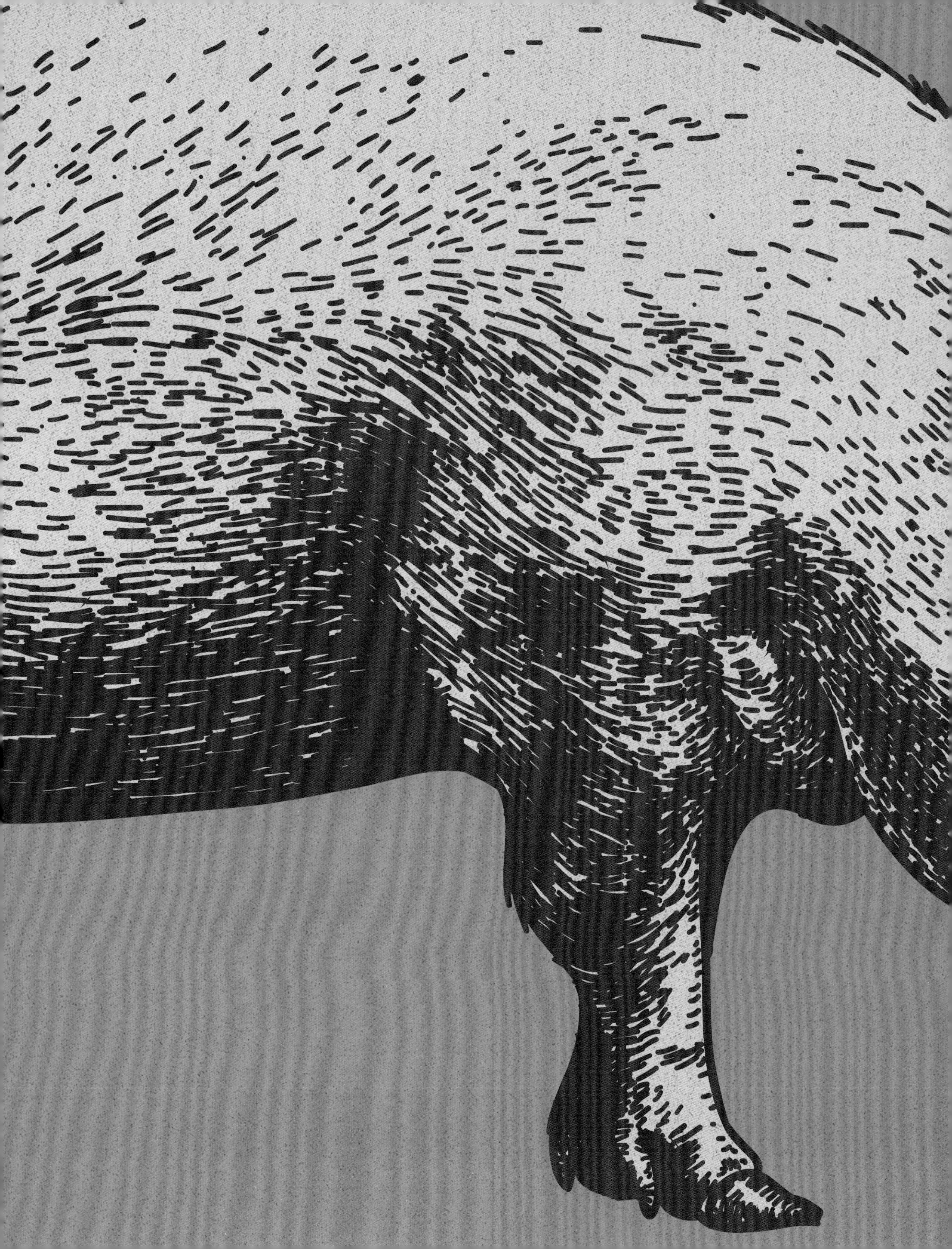

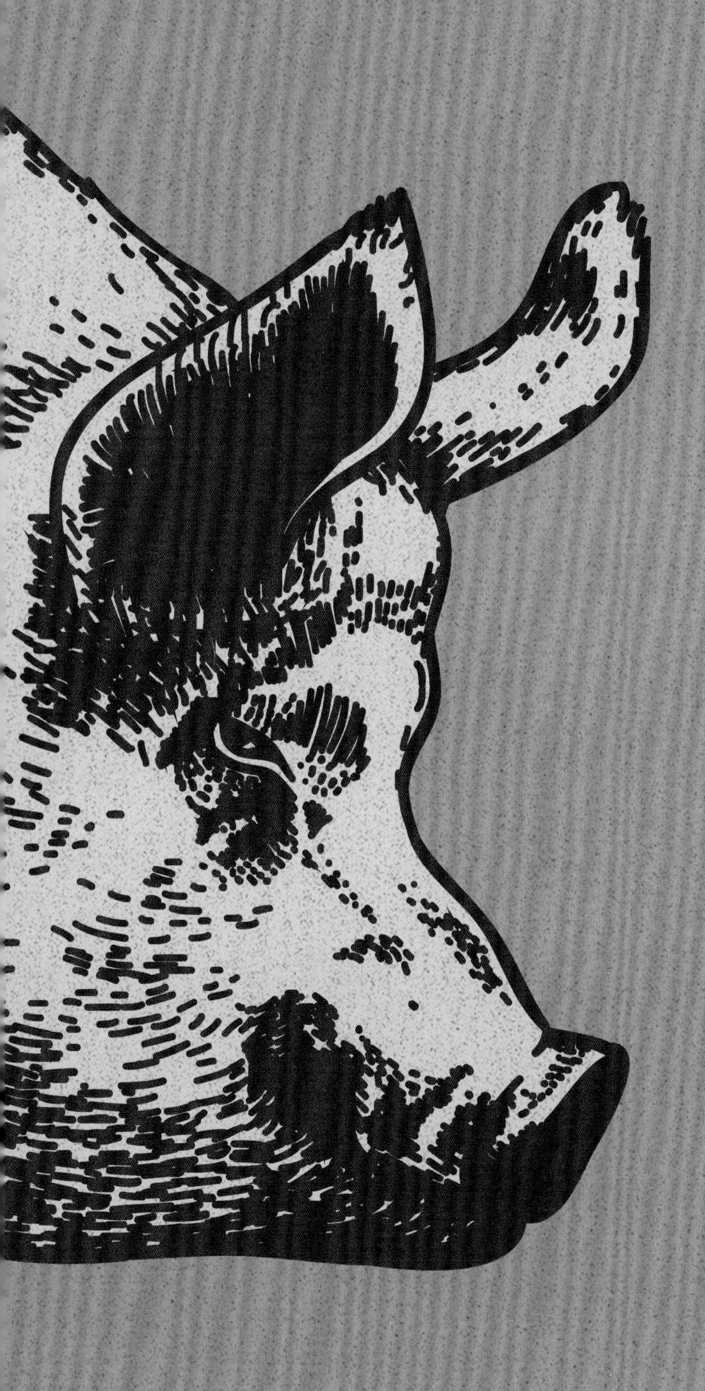

肉类

介绍

在坦桑尼亚的奥杜瓦伊峡谷（Olduvai Gorge）和肯尼亚的维多利亚湖（Lake Victoria）里发现的考古证据表明，我们先祖狩猎动物，取肉而食的历史至少已经有200多万年了。人类学家相信原始人类族群会伏击兽群，猎杀羚羊、瞪羚、角马和其他大型动物。他们可能会像非洲大草原上的其他大型猫科动物一样，运用狩猎策略，将兽群中较为弱小的个体孤立开来。

除了一些能够通过打鱼补充身体日常所需的复杂蛋白质的海岛族群，肉类是世界各地早期人类饮食中非常重要的一部分。

狩猎野马、野牛

在德国，考古学家还发现了40万年前野马被长矛刺穿并被吃掉的痕迹。想要做到这样的壮举，需要有一定的智慧，这不仅体现在基础的策略谋划上，更要求早期人类发展出高超的技术。美洲印第安人的狩猎活动是另一个类似的例子，他们在公元前12 000多年前，穿越大平原和加拿大草原，一路狩猎水牛和野牛。他们用打磨过的石头制作长矛，有些考古学家甚至相信这些长矛能够击溃一头像非洲象这样的庞然大物。

肉类是如何改变我们大脑的

人类学家相信，原始人类精通狩猎后，进一步推动了人类文明的发展。这主要是因为肉类所含的复杂蛋白质比果蔬里所含的简单蛋白质更容易被人体吸收。除此之外，食肉还可以帮助人类减缓以植物作为饮食基底所引起的卡路里快速流失的情况。因此，如果早期人类的饮食中有三分之一是由动物蛋白质组成的，那么这种饮食能够为他们提供源源不断的卡路里，支撑他们完成日常活动。狩猎也需要人类进行合作，这促进了语言与交流的发展。

用不了几千年，人类始祖就完成了他们下一步伟大的进化——饲养牲畜，他们要么是在固定场所饲养单只被捉获的动物，要么就像游牧民族一样，控制并放养一群动物。不论这是怎么发

△集体的努力

一些史前人类会以群体为单位进行狩猎，以获取大型动物的肉，比如猛犸象之类的。科学家认为高蛋白的饮食会让猎人长得更加高大。

▷上层阶级怎么吃

与很多早期文明一样，在古埃及，食肉是一种财富的象征。这幅公元前2330年萨卡拉（Saqqara）王子墓中的浮雕上展现的正是一位手举着大块牛肉的仆人。

▽以狩猎为荣

虽然罗马1世纪时的很多肉类都来自于家畜，但是狩猎仍是精英阶层流行的休闲活动。猎杀像野猪等野生动物赋予猎人一种荣誉感。

生的，可靠的肉类供给早已成为人类历史中浓墨重彩的一笔了。

根据历史学家和科学家找到的线索发现，牲畜的驯化发生在10 500年前左右的新月沃土（Fertile Crescent），即我们现在的伊朗、土耳其、叙利亚和伊拉克这片区域[1]。绵羊是第一种被人类为了食肉而驯化的动物之一，它们是由野羊繁育而来的。在同一时间，相同的区域，由野生山羊繁育而成的山羊，由西欧野牛繁育而成的牛，也被人类驯化了。6400年前，牛的交易就出现在欧洲大陆上了，1000年后，同样的交易也开始发生在中国、蒙古和韩国。与此同时，牦牛也在中国西藏被驯化了。

庞贝下水道里发现的食物碎片显示，当时的有钱人家会享用一些比较新奇的肉类，例如长颈鹿肉。

在地球的另一侧，即在牛被人类驯化的500年后，现代家鸡的祖先在东南亚出现了，它们是由一种丛林禽类繁育而成的。后来居上的猪是在现在的土耳其和中国于大约9000至10000年前左右驯化而成的，猪肉自此成为中国最流行的肉类。大多数的牲畜不仅可以为人类提供肉食，还可以生产奶类和蛋类。但是其中的一个例外就是猪，因为猪取奶十分困难；另一种就是火鸡，它产的蛋远少于鸡。从18世纪开始，农夫开始集中喂养专门为人类提供肉类的牲畜，而不再只注重它们所能提供的其他农产品了。英国的农学家罗伯特·贝克维尔（Robert Bakewell）就是肉牛和肉羊人工育种的开创者。18世纪中期，在他莱斯特郡的家庭农场里，他繁育出了一种莱斯特长角牛，这种牛的牛奶产量较少，但是却是很好的肉牛，他还繁育出一种莱斯特绵羊，能够产出大量多汁可口的羊肉。贝克维尔的贡献给现代肉食产业打下了坚实的基础。

战后的大量培育

第二次世界大战以后，肉类的量产开始了迸发式的发展，主要是因为人们急需解决战后食物短缺的问题。但是20世纪80年代中期，牛脑海绵状病变（俗称疯牛病）在英国牛群中爆发，生产者和消费者开始重新反思肉食工业内一些不卫生及不安全的行为。这激发了传统有机农业生产方式的复兴，以及人们对野生肉类比如鹿肉、野禽和兔子肉的兴趣。

1 新月沃土是自中东两河流域及附近一连串肥沃的土地，包括今日的以色列巴勒斯坦、黎巴嫩约旦部分地区、叙利亚，以及伊拉克大部和土耳其的东南部。由于其在地图上好像一弯新月，所以美国芝加哥大学的考古学家詹姆士·布雷斯特德（James Henry Breasted）把这一大片肥美的土地称为“新月沃土”。

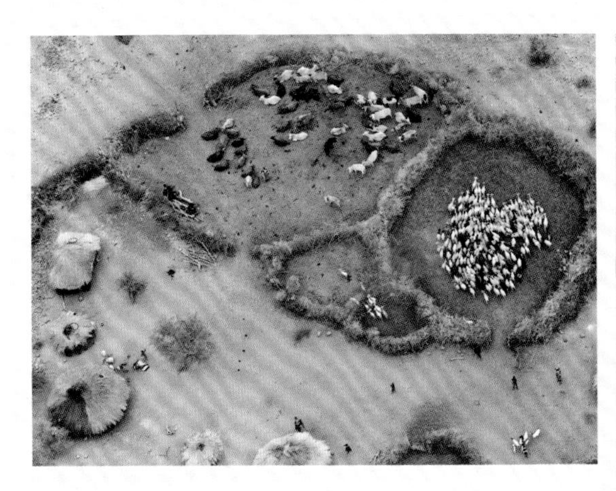

△千锤百炼后的畜栏

早期的牧民用类似的畜栏（名为Bomas）来保护自家的家畜免受猎食动物的侵袭。在非洲的马赛（Masai）部落，人们还能见到这种围栏。

△早期品种管理

通过人工培育长角牛，英国的罗伯特·贝克维尔重点关注这些牲畜的肉产质量，此举革新了畜牧业。

◁很长的谱系

DNA测试表明中国的猪种是新石器时代人类驯化的野猪的直系后代。

牛肉 最受重视的肉

历史悠久的肉牛是所有被人类驯化的家禽、家畜中最为有用的动物，在许多不同的菜式中，人们都能看到它的身影，不论是鲜嫩的兔翁牛柳（Filet Mignon）还是美味的汉堡包。

发源地
亚欧大陆、北非

主要产地
美国、巴西、中国

主要食物成分
21%蛋白质

营养成分
铁、维生素B3、维生素B12

非食品用途
皮革产品

学名
Bos taurus

在法国西南部的拉斯科洞窟内，一幅有着17 000年历史的壁画展示了古人类猎杀黑色原牛的场景，这些原牛就是现代肉牛的祖先。原牛原生于北非和亚欧大陆，是最先被人类驯化的动物。原始人类驯化原牛是因为它们不但可以给人类提供肉类、奶类、血液和脂肪，还可以提供制作衣物的毛皮和制作工具用的牛毛、牛角、牛蹄和骨头。它们被人类驯化后，还成为了拉犁、拉车的主要劳动力。

在古代，提供肉食的牛一般都是为人类工作了一辈子的老牛，因此，厨师需要慢慢地炖煮牛肉，才能煮软它们生硬的肌腱。中世纪，法国的厨师认为烤牛肉会让牛肉肉质干瘪，而煮牛肉则能让其更加软嫩，这也就给后来的传统菜式，例如，法式红酒炖牛肉等炖菜打下了一定的基础。

“找到一头肥牛并把它杀了。让我们举办盛宴。”

摘自《圣经》路加福音15:23《浪子回头的预言》

△**小牛牛腿**

古苏美尔文明（现今的伊拉克）和古罗马的贵族阶层沉迷于小牛肉。随后，它也开始在欧洲饮食中流行开来。

只有富贵人家才吃得起不需要过多的处理就可以制作出一道入口即化、风味十足的佳肴的优质牛肉，因此人们一般会把它做成三成熟或五成熟的牛排。在19世纪流行于法国的鞑靼牛排将这个点子做到了极致。这道菜是由切碎的生牛肉与生鸡蛋制成的，它们的鲜美味道完全来自于整头牛中最优质的那块肉——里脊肉（整头牛中运动次数最少的一块肌肉），兔翁牛柳里的肉也是从这块肉上剔出来的。腿部肌肉和牛的颈部肌肉往往是运动次数最多的，因此这些部位的肉，例如牛胸腩和牛肩肉，会更老，需要更长的时间制作。小于六个月的牛肉则会被视为小牛肉（Veal）。

对嫩肉的追求

日本人为了达到极致的嫩肉体验，发展出了一种特殊的喂养方法。他们将少量的牛圈养在室内，喂食谷物，这一方式与古埃及人在小隔间里喂牛的方法异曲同工。后者目的在于献祭，在当时人类食用的牛肉极其宝贵。但马牛（Tajima-gyu）是日本著名的和牛品种之一，是世界上最贵的牛肉。和牛要在严格的管控下饲养30个月，必须达到一

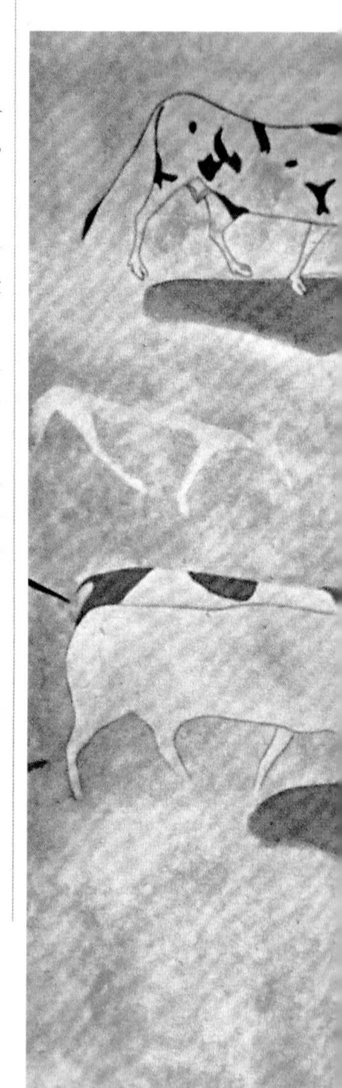

▷**德州牛肉**

饲养员把德州喂养的肉牛赶到斜坡上，以便让它们自己进入到车厢内，从而方便司机将它们通过堪萨斯州太平铁路运送到科罗拉多州。

定的肥瘦相间程度才能被认证为真正的和牛。最高级别的和牛肉质细嫩，人们常常用吃生鱼片的方法食用它。

和日本争夺一品牛肉生产国名号的阿根廷也有不少世界顶级的牛肉，阿根廷人吃牛肉的频率比世界上其他地方的人都要多。阿根廷牛是16世纪征服者佩德罗·德·蒙多萨（Pedro de Mendoza）带来的种牛的后代，它们一般以广袤的低地平原上的绿草为食。

面包夹牛肉

到了19世纪，美国德克萨斯州的肉牛已经十分普遍了。它们在被送去北方的芝加哥屠宰场之前会被喂得十分肥美。在同一时期，一种美国传统食物诞生了。掺杂着面包屑和洋葱的碎牛肉被当作一种便宜的餐品，呈现给从德国汉堡乘船来到北美的移民。这种吃法原本叫做汉堡牛扒，后来又在美国的海岸被重塑。最出名的一个版本首次出现在1904年密苏里州圣路易斯的世界集会上。碎牛肉夹在两块面包中间就形成了汉堡包，这种汉堡包很快就成了美国的经典美食。

▽**古代的牛**

这幅来自撒哈拉沙漠阿杰尔高原（Tassili n’Ajjer）的古代石壁画展现了两个品种的牛，其中一种长着竖琴角的原牛现在已经灭绝了。

喂养肉畜

科学家认为人类驯化动物的历史已经有1万多年了。作为群居动物，牛、绵羊和山羊是第一批被驯化为肉畜的动物，牛、羊自此成为世界各个文明肉类的主要来源。

公元16世纪早期，牧牛就在美洲大陆出现了，那时墨西哥的牛仔放养的都是西班牙人带来的长角牛。1836年，德克萨斯州从墨西哥州取得独立后，当地的牛仔开始渐渐取代墨西哥牛仔，到了1865年，大约有500万头牛在牧场上活动。几千头牛就在奇瑟姆（Chisholm）和阿比林（Abilene）牛车道之间啃食草原，它们还会被赶到像德克萨斯州的阿比林和堪萨斯州的威奇托（Wichita）的火车枢纽等地。从这里，牲畜被运输到芝加哥和堪萨斯城的畜栏和屠宰厂里。芝加哥处理的肉品数量比世界上任何一个地方都要多，1885年，35名“牛肉大亨”坐拥150多万头牛。

牧牛也在许多南美国家慢慢开始盛行，比如巴西、阿根廷和乌拉圭。在澳大利亚，牧牛也成为一种生活方式。比如这里的基德曼（Kidman）庄园，是世界上最大的牧场，它11个牧园中的一个甚至比比利时的国土面积还要大。

新西兰的羊肉产业和牛肉产业类似。19世纪初期，牧羊成为了新西兰最重要的农业产业。在19世纪80年代，当装有保鲜集装箱的船只开始投入使用时，羊肉和羊羔的销售加入了早就是当地出口支柱产业的羊毛，成为当地重要的出口产品。近年来的羊肉销量有所下降，但根据统计，在2015年，仍有2860万头羊生活在新西兰，这个数目在1990年达到了惊人的5790万。

◁牛车道

20世纪40年代后期，虽然优质的草原愈发稀少，但是像亚利桑那州的3V牧场还是会带着大批的牛群穿越好几英里的广阔牧场。

羊羔和山羊

第一种被驯化的肉类

绵羊是11 000年前第一种人类为了食肉而驯化的动物。经常与它的近亲山羊被一起喂养的它们在牛群无法生存的地方为人类提供了软嫩的羊羔肉和美味的羊肉。

▽**山道**

一名年轻的牧羊人正赶着他的羊群前往西班牙安达卢西亚地区的内华达山脉上的高地草原吃草。

绵羊和山羊的故事是相辅相成的。在伊拉克和伊朗的札格罗斯（Zargos）山脉，考古学家找到了公元前8000年人类牧养绵羊和山羊的证据。在此之前，考古学家还发现了人类狩猎野生动物的线索。牧养山羊和绵羊都曾出现在非洲和亚洲，因为它们能够在干旱的山脉地形以稀疏的草植为生。

从巴比伦到巴巴多斯

在伊拉克找到的三块巴比伦黏土版上写着一份公元前1700年前的食谱，其中就包括了用啤酒和洋葱制作羊肉汤的菜谱。古埃及人用香菜、小茴香和大蒜等香料炒制羊肉。虽然罗马人更喜欢猪肉，但是在阿皮基乌斯记录的罗马食谱中，记载了4—5世纪的不同菜谱，其中有一整章就是留给羊肉的。用水果制作绵羊肉和山羊肉也成为了中东地区的特色。

△**数数**

公元前2350年，美索不达米亚（现今的伊拉克）苏美尔人的黏土版上记载着绵羊和山羊的数目。

10世纪的中东食谱《厨艺之书》（*Kitāb al-Tabīkh*）推荐在春天烤制或是炖煮绵羊和山羊。有些菜谱比较容易，例如用长签把绵羊肉块或是山羊肉块串在一起，烤成羊肉串，其他的就比较复杂。阿拉伯人将它们的烹饪方式带入了印度的莫卧儿帝国，最明显的证据就是用肉桂做成的羊肉印度香饭（Biryani）和小豆蔻山羊咖喱。这种阿拉伯的影响在中世纪的西班牙也曾出现过，当时侵占了西班牙的摩尔人把带来的香料、柑橘类水果、干果和坚果类食物都加入到羊肉的菜式里。

西班牙人把山羊和绵羊带到了墨西哥、中美洲和南美洲。而英国人、法国人和荷兰人则把他们带到了北美洲。印度的移民把山羊咖喱带到了加勒比群岛一带。英国人也把绵羊带到了澳大利亚和新西兰，直到现在，那里羊的数量是人的6倍之多。

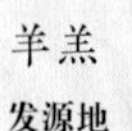

羊羔

发源地
中东

主要产地
中国、澳大利亚、印度

主要食物成分
20%蛋白质

营养成分
维生素B3、维生素B12、硒

非食品用途
羊毛、羊皮

学名
Ovis aries

◁**祭祀羊羔**

羊羔对基督教徒有着重要的意义。这幅来自里森塔尔（Richental），由乌尔里希（Ulrich）编撰的德国康斯坦斯基督教理事会（Ecumenical Council of Constance）编年史中的13世纪插图展现了当时的屠夫市场。

▷**好牧羊人**

虽然它们不是什么娇贵的动物，但是绵羊还是需要牧羊人照顾的，以避免它们遭受猎食者的猎杀。

新西兰第一批羊是由英国探险家航海家詹姆斯·库克（James Cook）船长于1773年带来的。

猪肉和野猪

划分文明的肉

猪在各种情形下，都经受住了时间的考验，它们经历了被喜爱、被尊崇，再到成为世界上最常见的肉类的历史历程。现在世界上有10亿头猪，其中有一半在中国。

历史上，猪肉一直是农民的日常食品，主要是因为猪可以以食物残渣为食，并且不会像牛、羊一样占据太多的空间。和鸡不同，它们还是多产的生物，肉质也不容易腐坏。

◁**物种起源**

野猪一般比家猪的祖先表皮更加厚实，它们长满鬃毛、头大、尾巴长而粗。

命运多舛的肉

猪是由曾经生活于史前欧亚大陆上的野猪进化而来的。早期的人类会狩猎这些野猪，但是它们很快就被居住在9000—10000年前的小亚细亚东部的人们和中国人所驯服，那里的人们很重视猪肉的高脂肪，因为猪的脂肪能够炒出猪油并作为农副产品销售出去。从小亚细亚地区，家猪开始销往欧洲、中东、北非，并且从中国进入到亚洲东部，成为当地农业社区重要的肉类来源。

△**品种展示**

英国的猪种（从左下角顺时针顺序）分别有大白猪、小白猪、伯克郡（Berkshire）公猪、泰姆华斯（Tamworth）猪和大黑猪。

但是，到了公元前1000年，中东的养猪业开始衰败，因为鸡肉开始成为农民主要的蛋白质来源。猪比鸡需要更多的水分才能产出同样分量的肉，所以在干旱地区的人们会更倾向养鸡而不是养猪。

古希腊和古罗马人对猪肉就没有这样的顾忌。和中国人一样，他们十分重视猪的高脂肪，特别是烤制猪肉时，猪表皮形成的那层脆皮，他们尤为喜欢。公元1世纪的罗马美食家阿皮基乌斯的菜谱中就提到了一种制作脆皮的方法。这份菜谱是由三四个世纪后的人搜集制成的，它要求厨师将猪皮单独剥开，并在烤制前把猪皮放置在一层面团上来提高制作脆皮的成功率。

乳猪的诱惑

1539年，西班牙探险家赫尔南多·德·索托（Hernando de Soto）将船只停靠在坦帕港口（Tampa Bay，现在的美国佛罗里达州境内）。他带着13头猪及其他从欧洲带来的动物下船。有几头猪逃跑了，成为了现在尖背半野猪的祖先，但是大多数的猪最终还是被捕获，并饲养了起来。几年下来，这个猪群的数量就发展到了700头，它们也就成为美国猪肉产业的“创业先猪”。

家猪

发源地
土耳其、中国

主要产地
中国、美国、巴西

主要食物成分
26%蛋白质

营养成分
维生素B1、B2和B3、硒、锌、磷

非食品用途
化妆品、药品（胰岛素）、鞋子（绒面革）

学名
Sus scrofa domesticus

这些猪还被赋予了新的政治意义，它们被当作一种和解礼物送给了印第安人。而印第安人也因为其肉质的鲜美多汁，逐渐爱上了这种从西班牙进口，来自卡斯蒂利亚（Castile）地区的烤乳猪（Cochinillo asado）。制作这道菜式需要用到一头年龄仅2—6个星期的乳猪。这道菜源自于中国和罗马，一直是猪肉爱好者的最爱，其中就包括了美国作者欧内斯特·海明威（Ernest Hemingway），他最喜欢在马德里的卡斯蒂利亚餐馆里大口大口地啃食乳猪。

狩猎运动

即使后代已经被完全驯化，野猪还是难逃被人类狩猎的宿命。罗马人就以猎物为食，并把狩猎当作一种战争的训练活动。在中世纪，狩猎野猪是一种流行了好几个世纪的运动。同样，在波斯、印度和日本，追杀象征着多产繁荣的野猪不但有一定的文化重要性，同时对当地人度过寒冬也有着重要的意义。

如今，野猪是世界上最常见的哺乳动物，人们对它的狩猎也从未停止。17世纪中期，英格兰的野猪就已经被猎杀殆尽，直到20世纪80年代，人们才又把野猪重新带回这里，现在这里的野猪数量已经有4000多头。还有更多人将野猪饲养起来以便取食它的肉，这种猪肉比普通的猪肉更瘦、更有野味。

△日本野猪狩猎

日本武士以他们的勇猛与力气著称，这幅16世纪关于日本武士勇战巨型野猪的木板版画进一步证实了这一观点。

> “好的乳猪在烤制时会有裂纹。”
>
> 阿忒那奥斯，《宴饮丛谈》（公元3世纪）

发源地
世界各地

主要产地（培根和火腿）
荷兰、丹麦、美国

主要食物成分
40%脂肪

营养成分
碘、锌、维生素B3

培根以及其他腌肉

风味犹存

从中国的盐猪肚到伦巴第（Lombardy）大区的干牛肉，腌肉帮助了无数文明度过寒冬，且诱惑着无数美食家的味蕾。

在冰箱、冰柜和其他冷藏方式出现之前，人们必须在肉类腐坏之前把它迅速吃完，要么就是找个方式把它储存起来。肉类的储存对于度过严寒、饥荒和正在行军的军队来说至关重要，因为它能为人类提供必须的营养。1万年前农民会利用空气蒸发水分的特性来储存肉类。后来，他们发现烟熏肉能保存更长时间，而且烟熏所锁住的那一层肉也能作为防卫细菌的表层。肉类的脂肪层也能帮助人们储存肉类，因此容易养大、全身肥肉的猪成为了腌肉的首选。

“一口火腿所迸发出的滋味，堪称千姿百态。”

1世纪罗马作家老普林尼

盐的保鲜力

利用盐来储存肉类是人们首创的一计妙方。在中国，有人发现盐可以给各种不同的食物提供储存条件。在陶锅里叠上肉类，加盐，盐会使肉类本身的水分渗透出来，这样就能让肉类不再腐坏了。

南非的部落有他们自己储存肉类的方式，他们把肉切成条状，用该地区内陆盐湖里的盐来腌渍，最后留在外面风干。

▽**挂起来的火腿**
在西班牙的萨拉曼卡（Salamanca）地区，伊比利亚（Iberian）火腿会被挂在像这样的地下室里腌渍上好几个月。

17世纪，荷兰的定居者对这种腌渍方法进行了一定的改善，他们在卤水中加入了食醋、糖和香菜来制作比尔通（Biltong，南非的腌制肉类）。埃及也有丰富的盐矿资源。古埃及人会储存鱼肉、鸟肉还有牛肉和猪肉，甚至还会将木乃伊化的腌肉放到陵墓里，供奉给往世的亡灵。

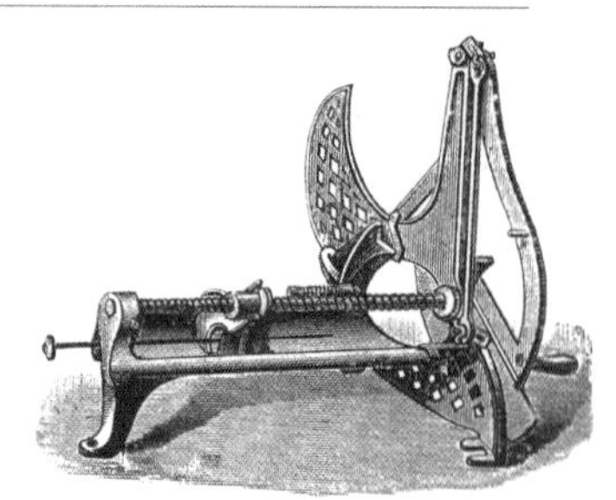

▷**轻薄切片**
火腿及其他类似产品的量产促进了相关的能够准确切肉的发明层出不穷。

凯尔特文明，腌制火腿的大师

在大白熊山（Pyrenees）的高山地区，凯尔特人开创了自己腌制肉类的新方法。他们可是制作火腿的能手。公元前1世纪，希腊历史学家与地理学家斯特拉波（Strabo）就赞美了来自大白熊山地区和伊比利亚山区的火腿。当时，这些火腿在整个罗马帝国都十分出名。

到了公元15世纪，意大利也开始以腌肉闻名。在伦巴第大区，意式风干牛肉成为了当地的一种特产，而在蒂罗尔州（Tyrol），杜松风味的五花熏肉更是迷人。

将培根带回家

用猪肚或者猪背制作的培根比五花熏肉或相似的腌肉所需的制作时间更短，因此它基本上就是生的。1170年，英国威尔特郡的约翰·哈里斯（John Harris）开始大量生产培根，当时最为流行的腌渍方法就是将猪肉浸泡在卤水里的湿制法。在北美，培根的销量从20世纪90年代末就开始不断上涨。

◁早餐小点

培根搭配煎蛋是著名的传统英式早餐的一部分，几个世纪以来，这样的搭配组合一直在给人们提供能够维持一整天活动的能量。

香肠和内脏

不浪费一点肉

从我们史前祖先开始狩猎动物起，内脏就已经是我们饮食中的一部分，因此猎物的任何一个部位都不会被浪费。香肠则是一种剩肉再利用后的“后起之秀”。

△**香肠制作器**

今天还有一些小的香肠作坊会使用这种19世纪的仪器制作香肠。

考古学家找到了几百万年前人类用火烹饪食物的证据，但是在此之前，最早的人类没有火也要继续生存下去。没有用火烤制过的肉类是很难咀嚼的。而从刚刚屠宰好的动物里掏出来的内脏却是温热柔软的，还能提供比肉类更多的营养。

从肉酱到香肠

一些最早的关于食用内脏的文字记载来自于古埃及，那里的人甚至会故意喂肥一些鹅，来制作鹅肝，这可比法法国鹅肝（Foie gras）早了好几个世纪。直到现在，肝脏还是许多埃及城市里很受人欢迎的一道街头小吃，特别是牛肝，当地人会加上新鲜的辣椒和酸橙炒制，放在皮塔饼（Pitta）或是法棍面包上食用。鹅肝也曾出现在古希腊人的菜单上，在古罗马，人们会用无花果喂肥鹅或是猪来增加他们肝脏的风味。除了肝脏，世界各地的人们会吃许多不同的内脏，其中包括了脑子、肾脏、心脏和肺部。

希腊人和罗马人以血肠的制作而闻名，其实早在1000年前，美索不达米亚的巴比伦人就开始往动物的肠子里塞腌渍过的肉类了。血肠第一次在文学作品中出现是在公元前725—前675年，在希腊史诗《奥德赛》一书中，荷马描述了如何往肠子内部塞入脂肪和血脂。在同一时期，罗马人已经开始享用来自意大利南部卢卡尼亚（Lucania）的烟熏香肠了，这种香肠里的香料包括胡椒、孜然和松子。而同时期的中国人也开始享用腊肠，一种甜咸口味的风干香肠，还有用鸭肝做的鸭润肠和一种鹅肝香肠。泰国人也有自己的香肠种类叫做“Naem”，这是一种酸的发酵过的猪肉香肠，和“Sai krok isan”一样，是一种发酵过的烤猪肉米肠。

▷**文艺复兴时期的厨房**

香肠的制作是意大利腊月的传统，人们会制作香肠以抵御寒冬。在这幅16世纪的挂毯里描绘的正是人们如何将一串一串香肠放在巨大的缸里煮制的场景。

> 内脏的英文单词“offal”，
> 是由“off fall”（脱落）一词衍生而来的，
> 意指屠宰动物时掉落下的肉块。

中世纪，亚洲的香料开始抵达欧洲，这也带动了香肠制作的风潮。在欧洲南部比较温暖的地区，例如，意大利，莎乐美（Salami）干香肠比较受欢迎，因为它们能在炎热的天气下储存更久；在欧洲北部，人们喜欢制作新鲜的香肠，因为它们在寒冷的气候下不容易腐坏。到了19世纪，欧洲的很多地区都有了自己的特色香肠。德国人开发了很多不同种类的香肠（Wurst），例如14世纪的有着墨角兰香气的纽伦堡烤香肠（Nürnberger Rostbratwurst），1857年慕尼黑屠夫创造的巴戈利亚香肠（Weisswurst of Bavaria）等。

意式香肠

发源地
意大利

主要产地
意大利

主要食物成分
37%脂肪

营养成分
铁、碘、维生素B2、维生素B3、维生素B12

◁**吊起来**

人们会用像猪肉、牛肉和鹿肉等不同肉类制作出形状各异的传统腌渍风干香肠。

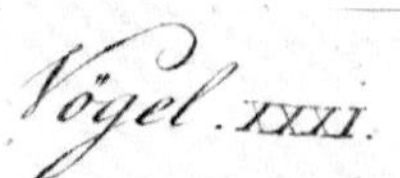

鸡肉

在世界范围内量产的肉类

比世界上任何鸟类的数量都要多的家鸡给人类提供了便捷的、高蛋白的食物来源，鸡肉和鸡蛋。早在8000年前的南亚人就将这种鸟类从野生的丛林鸟类驯化成家禽了。

是先有的鸡还是先有的蛋呢？从食物历史的角度来讲，是先有的蛋，因为能够生产鸡蛋的鸡太过珍贵了，人们舍不得吃。鸡的具体发源地还是很有争议性的。它应该是由公元前6000年前的一种红色丛林鸟类驯化而来的，但是它一开始的用途偏向于斗鸡，而非食用。这个驯化过程可能在不同的地区，例如南亚、东南亚以及中国南部等地区都有发生过。

◁黏土鸡

在古罗马，鸡是一种十分珍贵的动物。这只公元1世纪的公鸡壶就体现了这种动物的重要性。

一种昂贵的肉

公元前2000年左右，鸡从印度河流域（现今的巴基斯坦河印度西北部）传到了中东、非洲和欧洲。它们还传到了波利尼西亚群岛，并先于欧洲定居者200年抵达南美州。虽然鸡被人工培育出了两个种类：一种是专门生蛋的蛋鸡，还有另一种专门长肉的肉鸡，但是最终，还是蛋鸡抢占了养殖的先机，因为蛋鸡能够给人类长时间提供源源不断的食物来源。古埃及人最先掌握了鸡蛋孵化的技艺，制作了能够让鸡蛋保持在最佳孵化温度的暖炉。在大多数的情况下，只有老的公鸡和不生蛋的母鸡才会被杀掉。

△帮助孵化

早在16世纪，人们就开始想方设法来保证他们能够孵出更多的鸡。这是一个1570年的孵蛋器。

也就是说，鸡肉是很罕见的，只有在特殊场合或是富人才有机会吃得到。在古罗马，人们培育鸡不单是为了它的蛋，还是为了它的肉。它们算得上是最贵的家禽家畜，比牛肉、羊肉的价格贵上9倍之多。到了公元前2世纪，鸡肉的需求量一路飙升，导致法院不得不制定特殊的法令，明令限制鸡肉的摄入量最多为一餐一只。

罗马人还发现阉割公鸡能让它们长肥，这也成为了后来的阉鸡。罗马厨师还开发了能够让鸡肉保持湿润的烹饪方法。

美国人每人每年摄入41千克鸡肉——比任何国家的人都多。

随着罗马帝国和其畜牧业开始衰败，鸡的命运也开始转衰。它们的体型变得更小，并于中世纪，被其他更有适应性的鸟类，例如鹅和鹧鸪等取代。欧洲人将鸡带到了北美，但是在这片遍地都是火鸡和鸭的土地上，没有人会专门开设牧场饲养肉鸡。直到19世纪中期，喜欢饲养家禽和异国鸟类的英国女王维多利亚得到了一份来自中国的礼物——交趾鸡，这种状况才有所改善。这只羽翼丰厚的鸟竟然成为了家鸡流行起来的历史转折点。“母鸡热”在20世纪50年代的英格兰和美国全面点燃，育种者都争先恐后地竞赛，看谁能够培育出最好看的鸟。

现代方法

这时，饲养肉鸡还只是小规模的本地操作，而且鸡在大多数情况下都是在户外生活的，它们可以随处走动，直到20世纪中期，掺入抗生素和营养剂的饲料让鸡能够大规模地生活在狭小的笼子里。第二次世界大战时期，美国储存了较多的猪肉和牛肉，但是当时并没有配给任何的鸡肉，这也导致了鸡肉的消耗量在第二次世界大战后一下子翻了3倍。这种全国性的鸡肉风潮在1952年肯德基餐厅开张后更加明显。如今，肯德基连锁店每年都会消耗1.1亿吨鸡肉，超过全球鸡肉产量的三分之一。

发源地
亚洲

主要产地
美国、巴西、中国

主要食物成分
21%蛋白质

营养成分
铁、维生素B6、维生素B12

非食品用途
动物饲料、枕头棉和纸张（羽毛）

"在鸡蛋孵化前，别去数你的鸡。"

伊索（Aesop，希腊寓言作家，公元前6世纪）

◁**家禽种类**

这张关于不同家禽种类的插画展现了德国18世纪的不同品种。

▷**军队食物**

在流行的历史故事中，马伦哥鸡（Chicken marengo）是因为1800年拿破仑在意大利的马伦哥城打了场胜仗而得名的。

△第一次感恩节

现在和感恩节息息相关的火鸡在1621年的第一次感恩节大餐中可能还未出现。

火鸡 墨西哥赠与世界的礼物

当西班牙征服者在1519年涉足墨西哥时，他们发现有一种本地人驯化好的当地鸟类。现在人们把这种鸟称作火鸡，它是世界上许多地方重要的食物来源。

△美丽的羽毛

成年的雄性火鸡可是一种令人印象深刻的鸟，它那颜色丰富的羽毛和红色的肉垂绝不会让人认错。

在墨西哥特华堪发现的骨头遗骸表明，人类最早以火鸡为食是在公元前200年至公元700年之间。当时，火鸡是玛雅文明重要的食物来源，他们定居的场所北达洪都拉斯，南达墨西哥。他们不止是取火鸡的肉来吃，还会用它的羽毛和骨头制作仪式服装、药材和乐器。直到现在，在墨西哥，搭配上巧克力辣椒酱的火鸡仍旧是当地的国菜。

到了公元15世纪，西班牙人抵达美洲的时候，火鸡已经从山峦迭起的墨西哥中部高原扩散到了北部。关于这种美味大鸟的早期报告传回了欧洲。到了16世纪30年代，火鸡已经被西班牙上层阶级当作一种美味佳肴，并饲养起来。到了1525年，它们的名声传到罗马，谋求它们的意大利贵族实在太多了，以至于1561年教堂必须出台法令，明令禁止它们出现在晚宴上，因为晚宴吃火鸡是一种奢侈铺张的体现。

在16世纪第一个10年末期的英格兰，火鸡饲养业开

“火鸡是一种更加值得人尊重的鸟，它代表着真正的原汁原味的美利坚。”

本杰明·富兰克林，美国建国先父，1784年

始蓬勃发展，这种禽类也变得更加平价，普通大众都能吃得起了，第一份关于火鸡的菜谱也开始印刷。用清水煮制成了最常见的烹饪方法，煮火鸡剩下的汤水则会被做成肉汤或是酱料。烤制火鸡也十分流行，特别是用铁杆烤制，这样滴落下来的肉汁也可以做成肉汤。

“碳化”火鸡

17世纪，英国作家热尔韦塞·马卡姆（Gervaise Markham）的食谱进一步带动了食用火鸡的热潮。他建议把火鸡养肥并提出了多种烹饪方式，例如用法式的碳烤方式来制作火鸡。到了18世纪，商业巨头开始扩充它们的供给，以满足日渐增长的市场需求，英国的诺福克郡（Norfolk）很快便成为了养殖火鸡的核心地区。当时的作者曾记录了从诺福克到伦敦的列车上挤满成千上万只火鸡的场景，这些火鸡脚上都绑着粗麻布来保护它们，以免它们在长途跋涉过程中受伤。这些著名的诺福克黑火鸡也搭上了英国殖民者的船来到了北美东岸。当它们与本地的野火鸡配种后，诺福克黑火鸡便成为了美国三大元祖级火鸡的先祖，它们分别是：拿刚塞火鸡（Narragansett）、青铜火鸡（Bronze）和石板火鸡（Slate）。当时几乎所有的菜谱里都有一个章节是留给火鸡的，殖民者也将这些菜谱带到了北美洲，开创了他们自己的火鸡烹饪传统。18世纪影响力巨大的《烹饪艺术》（*Art of Cookery*）里就有19种烤制火鸡的方法，在北美，烤火鸡也成为了感恩节庆典中的传统菜式。历史学家质疑火鸡是不是真的曾经出现在朝圣先辈的感恩节晚宴餐桌上，但是到了19世纪，没有火鸡作为头牌的庆典晚宴已经是让人难以想象的事情了。

△牧鸟

在19世纪的欧洲，人们已经开始大量饲养火鸡了，正如这幅意大利画家弗朗西斯柯·保罗·米切蒂（Francesco Paolo Michetti）所绘制的插图一样，两个孩子正在照顾他们的鸡群。

圣诞火鸡的到来

19世纪末，在英格兰，据说是即将即位的国王，爱德华七世让圣诞节吃烤火鸡成为一种风尚的，但是火鸡可能早就出现在维多利亚家族庆典晚宴的餐桌上了。在查尔斯·狄更斯（Charles Dickens）1863年出版的著名鬼故事《圣诞颂歌》（*A Christmas Carol*）中，虽然克拉基特（Cratchits）一家早就备好了购买传统烤鹅的钱，但是小气财神（Scrooge）还是在圣诞节这一天给这家人送来了一只火鸡。近年来，火鸡的瘦肉成分吸引了大批关注养生的粉丝。火鸡培根也渐渐成为一种取代高脂肪猪肉培根的流行替代品，火鸡沙拉、爆炒火鸡和作为三文治夹心的火鸡片也加入了人们的日常饮食中。

◁去赶集

在20世纪30年代的英国，火鸡会被赶着去市集里。从18世纪开始，这样的短程火鸡赶集就已经在不断地发生了。

发源地
墨西哥和中美洲

主要产地
美国、巴西、德国

主要食物成分
23%蛋白质

营养成分
磷、钾、维生素B3、维生素B6

鸭 亚洲最受欢迎的家禽

从南京的北京烤鸭到巴黎的香橙鸭（à l'orange），绿头鸭驯化后的家鸭启发了许多有创意的厨师，让他们制作出各种新奇的菜式。

绿头鸭

发源地
全世界

主要产地
中国、法国、马来西亚

主要食物成分
18%蛋白质

营养成分
锌、B族维生素

非食品用途
坐垫和床被填充物（羽毛）

学名
Anas platyrhynchos

◁**绿头野鸭**
在很多地区都能发现绿头鸭的身影，家鸭正是由它驯化而来。

鸭的故事基本上就是一个中国的故事，当然其中也包括中国的东南亚邻居。在他们驯化了绿头野鸭4000年后的今天，世界上任何一个国籍的人在吃鸭子这一方面仍旧比不过中国人。北京烤鸭就是一道经典的菜式。虽然北京烤鸭是以北京命名的，但是它其实源自南京。

为帝王而制

在帝国首都，全国最优秀的厨师总会想方设法制作特殊的菜式来刺激贵族的味蕾。早在元代（公元1271—1368年），皇帝身边的御医忽思慧就已经写了一本菜谱，详细记载了后来即将成为北京烤鸭这道菜的原型的制备方法。最重要的步骤就是提前花费六个星期时间将鸭子养肥。呈上的鸭子的脆皮到现在还是这道菜的重要组成成分。中国的学者和诗人在好几个世纪前就已经歌颂过北京烤鸭的美妙滋味，它的传奇地位至今还难以撼动。

▽**增强的火炮**
20世纪早期发明的平底船枪让猎手们能够一枪打死好几只水鸟。

1971年，正值冷战最激烈的时期，美国国务卿亨利·基辛格（Henry Kissinger）在北京品尝了一道七式的北京烤鸭。

美国的飞地长岛后来也开始大力开发自己的鸭种——长岛鸭，它们是1873年从中国进口的九只鸭子的后代。烤乳鸭是当地著名的菜式，其名声甚至让当地的专业棒球队都以此命名，叫长岛鸭队。

世界流行

鸭子在亚洲的其他地区也十分受欢迎。在韩国，鸭汤（Oritang）是光州的特色菜，而在印度尼西亚，传统的制做方法就是用香料涂抹整只鸭子，然后在陶瓦罐里慢慢烤制。

在欧洲，法国厨师非常喜欢鸭子，他们发明了法式鸭肝和卡酥来砂锅（Cassoulet），加斯科涅（Gascon）人则发明了油封鸭和最著名的香橙鸭。其实，这道菜的起源要追溯到好几个世纪前中东人做菜的传统，他们会用酸味的水果来中和鸭肉中丰富的脂肪，这一方法在很多国家都有使用。

△**呼叫鸭子**
人们狩猎和食用鸭子的热情促生了很多类似于这种木制鸭子呼叫器的发明，它们可以帮助猎人更好地捕获到鸭子。

▷**困在西西里**
在古罗马，人们一般会用陷阱和绳索来抓捕鸭子，正如这幅公元4世纪意大利西西里的镶嵌画所示。

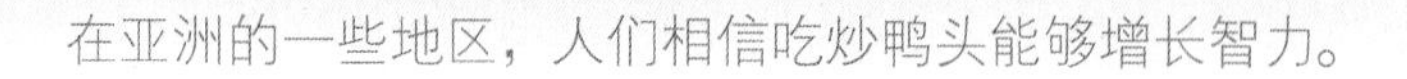

在亚洲的一些地区，人们相信吃炒鸭头能够增长智力。

宴请宾客

豪华的晚宴在古埃及十分常见，在底比斯（Thebes）的陵墓绘画和其他陵墓中我们都能发现。希腊人也很喜欢宴请宾客；荷马就曾经多次在《伊利亚特》（*The Iliad*）和《奥德赛》中提及宴会。但是要说古代世界中最奢侈的晚宴，罗马晚宴当仁不让。

典型的罗马晚宴包括三道菜：开胃小菜（Gestatio）、主菜（Mensa Prima）和点心（Mensa Secunda）。开胃菜包括了芝士、甘蓝、鸡蛋、蘑菇，还有一些新鲜的豆类，及煮制和腌渍的蔬菜、清蒸叶菜和沙拉等。最受欢迎的主菜包括雉鸡、画眉和其他鸣禽，还有龙虾、贝类、鹿肉、野猪和孔雀。母猪的子宫、兔子的胎儿、孔雀的舌头、牛奶喂大的蜗牛、腌海胆、煮鹦鹉、烤睡鼠都是一些常见的珍馐。

文艺复兴时期的晚宴则更加复杂。食物是按阶段上桌的，这也被称作分餐（Removes）。每一阶段都有好几道菜，一道接着一道上桌。这种形式持续了好几个世纪。例如，在英格兰1671年查理二世主办的晚宴上，宾客们在第一阶段就品尝了整整145道菜。每一道菜在都铎王朝时期都算得上是精致的餐点，一道一道上来的菜，有些能吃，有些不能吃，但是每一道菜都以其复杂的工序夺得了宾客的阵阵掌声。1527年，在一场红衣主教沃尔西为法国大使准备的宴席上，一道用糖浆做成的西洋棋盘和棋子的精美菜肴夺得了宾客的喜爱。红衣主教看到宾客表露的喜爱之情，便将其打包，让他们带回法国享用。

◁**彰显富贵**

历史上所举办的宴会一般都是为了庆祝特殊的日子，例如婚礼等，或者作为一种彰显财富的好机会。

鹿肉 皇家运动中的肉类

史前洞穴绘画中鹿的身影，以及世界各地考古地点里发现的鹿角，表明人类食用鹿肉已经有上千年的历史了。

▷**伪装狩猎**

北美原住民部落会身着鹿皮，狩猎鹿群。

作为一种几百年来一直和狩猎运动有关的肉类，鹿肉的英文名“Venison”就是由拉丁语中狩猎“Venation”一词衍生出来的。当地的红鹿很明显是欧洲新石器时期人类重要的食物来源，与此同时，黇鹿则是中东和西亚人重要的食物来源。在北美洲，欧洲人抵达美洲的数千年前，早期的原住民会狩猎白尾鹿，而东亚人则会追捕梅花鹿。

肉和传说

世界上留存最久的鹿肉菜谱就雕刻在巴比伦的黏土石碑上，距今已经有3750年的历史了，它具体描述了如何用高汤和大蒜炖煮鹿肉。古希腊人也会吃鹿肉，当时贵族的年轻人以狩猎作为一种成人礼，因此鹿肉也尤其珍贵。有钱的罗马人也会以狩猎鹿群为运动。他们把黇鹿带到了英国并在他们的庄园里修建了不少鹿园。

虽然鹿对希腊人来说是狩猎女神阿耳忒米斯（Artemis）和她罗马的对应女神戴安娜的神圣化身，但是鹿肉还是可供人们享用的。在日本，鹿则是被供奉为古代神道教中众神的信使。在亚洲其他信仰佛教的地区，人们因为信仰而不把鹿当成狩猎或是食用的对象。

高贵的菜式

在中世纪的欧洲，狩猎鹿群仍旧是贵族的运动。几个世纪以来，鹿肉也因其独特的风味，经常以烤制、煮制，以及炖煮等形式出现在皇族和贵族的餐桌上。虽然这种美味的肉仍旧带有一种贵族的意象，但是因为鹿肉产业的发展，欧洲的普通人也可以开始食用鹿肉了，它是很好的精瘦蛋白质的来源。

梅花鹿

发源地
亚洲

主要食物成分
22%蛋白质

营养成分
铁、维生素B1、B3

学名
Cervus nippon

▽**中国狩猎**

中国的贵族信仰孔圣人，因为儒家对狩猎并没有明确的禁令，因此他们能够享受狩猎野鹿的过程。

兔和野兔

食物来源和农害

与其他已经被人类驯化了上千年的家畜不同，兔子直到5世纪才被人类驯化。作为欧洲中世纪各个阶层的主食，它也慢慢渗透到全球的其他地区。

欧洲兔子

发源地
欧洲

主要食物成分
19%蛋白质

营养成分
铁、维生素B3

学名
Oryctolagus cuniculus

3000年前，当来自地中海东部的腓尼基人（Phoenician）抵达伊比利亚半岛（Iberian peninsula）的海岸时，当地野兔数量多到让他们震惊。据传是他们参照了腓尼基语中兔子的单词“Span”，把这个半岛命名为Hispania，意思是“兔子岛”。

在中世纪，刚从襁褓中出来的幼兔被教皇认证为是“水生的”，因此人们能在大斋期食用幼兔。

“Hispania”这个词后来成为了西班牙语中“España”和英语中的Spain，这两个单词都是用来纪念当地野兔的。公元前200年左右，在西班牙成为罗马帝国的一部分后，有一些货币把兔当作西班牙的象征。有着西班牙血统的哈德良（Hadrian）帝王统治时期的货币上，一面是统治者的画像，另一面则是一只兔子，其端坐在一位代表西班牙的女性角色的脚边。

修道院的食物

罗马人开始饲养野兔以便获取它们的皮毛骨肉。最终也将这些兔子带到了欧洲的其他地区。在5世纪的法国，修道院开始驯化野兔，中世纪的兔子人工培育也因此扩展到整个欧洲。

△准备烘烤
这个16世纪佛拉芒（Flemish）人家庭餐厅的场景里包括了一只挂在墙上准备被除毛的兔子，还有一只准备放进烤箱的兔子。这个时期，欧洲各地的人都会食用兔子炖肉或是兔子派。

野兔是兔子家族中个头较大的成员，它们经常被猎杀并食用。像罐焖野兔肉（Jugged hare）和酒焖兔肉（Lièvre à la royale）等菜式都是为贵族量身定制的。

欧洲国家的殖民扩张将兔子带到了世界各地，给当地的生态环境带来不少的影响，特别是澳大利亚。在欧洲，中产阶级食用兔子肉的次数从20世纪开始就已经逐渐减少了，但是兔肉仍旧是较贫困人群重要的食物来源。

▷活动迅速的兔子
野兔跑得很快，这也就意味着它们很难被猎手抓到，这时候能够找到兔子藏身地的猎犬就派上了用场。

鹌鹑、鹧鸪和雉鸡

陆生猎鸟

狩猎这三种鸟经常被看作是一种运动，鹌鹑、鹧鸪和雉鸡早在人工培育的家禽——鸡，享誉全球之前就已经是人类喜爱的美味佳肴了。

普通雉鸡

发源地
亚洲

主要食物成分
24%蛋白质

营养成分
铁、维生素B3

学名
Phasiaus colchicus

鹌鹑、鹧鸪和雉鸡是食物史上最流行的三种猎鸟。这三种鸟中，鹌鹑最常见，因为它跟其他两种鸟不一样，它会迁徙。几千年前，有人在早期采猎时期人住过的欧洲石窟中找到过鹌鹑的骨头遗骸，但是当时的人是如何抓到这些鸟的仍是未解之谜。大约在公元前3000年左右，古埃及人用网捕捉大量的野生鹌鹑。公元前5世纪，希腊历史学家希罗多德也记载过他们是如何生吃用盐腌渍过风干后的鸟肉的。希腊人和罗马人都会用鹌鹑来斗鸟，而不是用来吃。这大概是由于鹌鹑有一定的毒性，因为如果鹌鹑吃下有毒的植物种子，它们的脂肪中就会有毒素累积。鹌鹑的培育要追溯到公元前770年的古代中国。到了公元11世纪，人工培育的鹌鹑已经出现在了韩国和日本。当地的人们很欣赏鹌鹑的优美歌喉。日本人花了几个世纪的时间专门培育会唱歌的鹌鹑，到了18世纪中期，鹌鹑热席卷日本。热衷鹌鹑的人们会拼尽全力去培育歌声最为优美的个体。

在欧洲，人们会按照季节用网捕捉野生的鹌鹑，通常人们会在它们迁徙路上的海岸边抓捕它们，因为这时候它们飞得最低。后来，

▷艺术家雉鸡

雉鸡是维多利亚时期餐桌上最受人欢迎的头菜。人们喜欢它华丽的样貌，它也因此经常出现在一些重要的宴席上。

在18—19世纪，随着复杂的猎枪的发展，射击取代了网捕。鹌鹑一般是用烤箱或者烤架快速烤制，且整只食用的，这样才能保留它们本身的脂肪，防止肉质干柴。其他的猎鸟也是用同样的方法烹饪的，因为它们的肉一般都比较精瘦。

奥斯曼人的最爱

与鹌鹑不同，鹧鸪生活在地上，且不会迁徙，因此抓捕它们也相对容易。欧洲主要的品种是灰鹧鸪。而土耳其则拥有三个品种。几个世纪以来，土耳其人都很敬重鹧鸪。狩猎并食用鹧鸪一直是奥斯曼帝国（1299—1922年）国王最爱的活动，这种鸟会以一种意象出现在民间传统艺术和诗歌里。鹧鸪的土耳其语是keklik，这个词语出现在很多以前饲养鹧鸪的传统村庄里，当地人也会将饲养的鹧鸪放生，以方便日后捕捉。

作为最大的猎鸟，人类从石器时期就开始狩猎雉鸡了。它是一种短程飞鸟，比起其他较小的鸟类，它们能够给人类提供更多的肉。它是大约在公元前1000年，从亚洲传到欧洲的。罗马人饲养它们作为家禽，并将对它们的喜爱随着帝国的扩张带到了法国和英国。在英格兰，雉鸡一直都是高贵的象征，会经常出现在中世纪晚宴的餐桌上。

△结束旅程

抓捕迁徙的鹌鹑这个传统已经持续了5000多年了，在这幅1862年的叙利亚插画中，描绘的正是抓捕鹌鹑的场景。

> “在圣诞节的第一天，我的真爱给予了我：一只栖于梨树的鹧鸪。”
>
> 《圣诞十二天》（*The Twelve Days of Christmas*）英国传统颂歌（1780年）

▽翱翔天际

克里特岛（Crete）上的克诺索斯（Knossos）米诺斯王宫（Minoan palace）由美丽的壁画装饰。这幅20世纪的复制品上就有一只鹧鸪，还有一些颜色绚丽的鸟蛋。

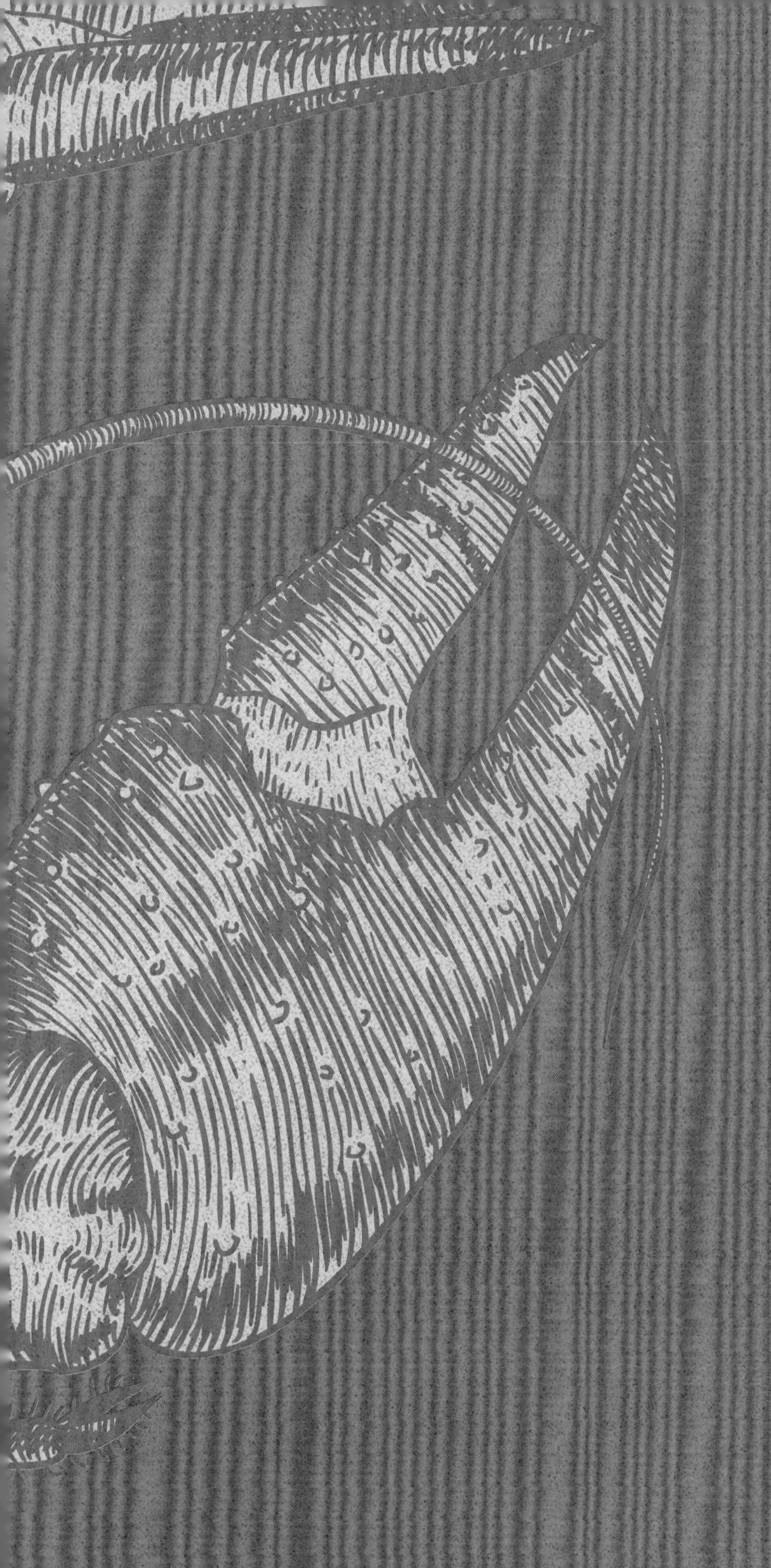

鱼和贝类

介绍

早在我们的祖先熟练掌握捕鱼技巧前，他们就开始对捕鱼表现出了别样的兴致。从人类发展初期开始，就已经有人懂得在岩石间寻找海鲜，捡拾被风暴刮上岸的鱼，懂得在岸边捕捉生活在浅水区的鱼类，或者在鲑鱼跳跃着溯游而上去产卵的路上抓住它们。要提升捕鱼技术，就需要装备加持：人类必须学会造船、织渔网、编篮子、制作鱼叉、鱼钩和鱼线等技能。在水域中的鱼悠然自得，而人在水中却如池鱼笼鸟，无法肆意前行。鱼游得比人快，懂得在何处藏身，且能够覆盖的水域较广。人类只能以智取胜，这就需要花些时间。

钓鱼伊始

南非的洞穴中留下的遗迹表明在14万年前人类就已开始食用贝类和浅水鱼了，而人类用鱼钩捕鱼的最早证据则现于东南亚的东帝汶。考古学家在这里发掘了38 000多块鱼骨，以及一些有着16 000至20 000年历史的贝壳鱼钩。1500年前，北美人就已经开始捕捞鲑鱼，有些文明甚至几乎完全以捕鱼为生。北极圈的因纽特人（Inuit）就是其中一例，他们懂得如何储藏鱼类，这样就能维持全年的食物供应，即使在最恶劣的条件下也不例外。

经过数百年的发展，我们的祖先逐渐学会使用多样的钓鱼技巧来引诱不同的鱼类，并制作各类钓具和诱饵以配合各类鱼的习性和偏好。他们很快发现不但可以用网捕抓鲑鱼，还可以用手抓捕，甚至可以用矛在鱼产卵的浅滩刺捕它们。罗非鱼是一种很容易在海岸边打捞到的鱼类，人们常常将这种鱼放到人造池塘中围养，以促进其繁殖。在潟湖和清澈平静的水域中用鱼叉捕鱼，是人类最耗费体能也是最有技巧的技能，只有眼疾手快的人才能施展出这一技术。

在世界上的一些地方，出现了更不寻常的捕鱼方法。其中之一是鹈饲（日语作鵜飼），指的是日本人用训练有素的鸬鹚捕鱼的习俗，这一习俗大约始于1300年前并延续至今。

△**得见于艺术**

数千年来鱼一直是人喜爱的生物与食物来源，最早关于鲑鱼的洞穴浮雕可以追溯到25 000年前。

▷**休闲垂钓**

到19世纪，钓鱼在欧洲和北美洲大举流行。像鳟鱼一类的鱼种既是食物，也是战利品。

古罗马的捕鱼技术

古罗马的学者为历史学家提供了大量关于人类早期捕鱼方法的资料。早在公元1世纪和2世纪，老普林尼、奥维德（Ovid）和奥庇安（Oppian）就把全部精力都投入到钓鱼上。老普林尼和奥庇安都提到了“鱼群聚集装置”：一种常被放在海上的漂浮物，旨在吸引鱼群。当鱼聚集在这些漂浮物周围时，它们很容易成为了钓鱼者的目标。还有一种较少见的策略是人带着渔网或长矛涉水入海，然后发出叫声把海豚从海上引诱过来。这时海豚会在无意中把鱼群赶到岸边，人们就刚好能捕获鱼群。据老普林尼记载，人们会因此向海豚投喂食物，比如蘸了酒的面包。

水产养殖，有据可考的是，在公元前3500年的中国，当时人们在淡水池塘和水稻田里养殖鲤鱼。1000年后，古埃及人在尼罗河沿岸专门修建池塘养殖罗非鱼。11世纪，印度尼西亚人采用了类似的技术，在涨潮时将遮目鱼苗围到沿海的池塘中，然后将它们转移到准备好的海水池中，这就是人类开展海产养殖的雏形。

现代养鱼业始于17世纪中期，当时德国农场主斯蒂芬·路德维希·雅各比（Stephan Ludwig Jacobi）在自己的地域给河里的鳟鱼进行人工受精，并成功地孵化了鳟鱼卵。然而，尽管自那以后水产养殖取得了不少的进步，但拖网捕捞仍是现代最流行的捕鱼手段。

过度捕捞

荷兰人于15世纪率先发明了拖网渔船，随后在17世纪，英国人又对这一技术进行了进一步的完善。然而，从20世纪60年代开始，工业制造技术的发展，促进了大规模商业船队的形成，随之而来的结果就是，20世纪后期世界海洋鱼类资源急剧减少。而消费者对各种廉价鱼类的需求，再加上寿司惊人的普及范围，使海鱼资源变得更为紧缺。让海洋恢复生机，回到曾经供过于求的景象，唯一可行的选择似乎也只有限制船队捕鱼和投资水产养殖了。

> 1980—2010年，大部分鱼都是人们从渔场捕捞而非在野外获得的。

△**拖网觅食**

将渔网拖在船尾以一次性捕获数百条鱼的方法已经用了数百年，即使在北海这种天寒地冻、环境恶劣的地方也不例外。

▷**古代传统**

渔民用老式鱼叉在美拉尼西亚（Melanesia）的珊瑚礁中寻找鱼类，从旧石器时代以来人们就开始这么做了。

▽**雪中养殖**

随着野生鱼类资源数量的骤降，世界各地为满足需求而建立了更多的鱼类养殖场，其中之一就有冰岛的鲑鱼养殖场。

◁**好收成**

在美国阿拉斯加州朱诺（Juneau），木船上的渔民把捕获到的鲑鱼卸至码头。

◁**上好的鱼**

鲑鱼重量可达47千克，深受垂钓者喜爱。

大西洋鲑

发源地
北大西洋

主要食物成分
20%蛋白质

营养成分
欧米茄-3和欧米茄-6脂肪酸

非食品用途
药用（油）

学名
Salmo salar

鲑鱼 神奇的淡水—咸水鱼类

几千年以来，鲑鱼因其独特的粉红色肉质、精致的风味和多种烹饪功能而备受推崇，它们富含欧米茄-3脂肪酸，因此成为现代的超级食物。

英国作家与钓鱼老手，伊扎克·沃尔顿（Izaac Walton）在他1653年出版的《优秀垂钓者》（*The Compleat Angler*）一书中将鲑鱼描述为“淡水鱼之王”。他可能一直联想到的都是鲑鱼那紧致的粉红色鱼肉，或者联想到鲑鱼容易捕捉的特点——人们只要在产卵季节，趁鲑鱼从海上游到河流上游产卵时，就能轻易将其捕捉。沃尔顿可能并不知道鲑鱼有多聪明。鲑鱼经过数百万年磨练，已经学会评估水的速度、水和砾石的深度，并以此决定最佳的产卵地点。不同的物种甚至已经各自适应了在同一条河流的不同地点产卵，因此它们不会侵犯彼此的繁殖领域。

沃尔顿时代的英国厨师十分清楚鲑鱼肉的多种吃法。大约在1500年，有一本名为《温柔男子汉库克》（*The Gentyll Manly Cokere*）的食谱描述道，先用煎锅煎制鲑鱼，然后用葡萄酒、肉桂、洋葱、醋和姜调制成酱汁后一并上桌。1585年，英国厨师托马斯·道森（Thomas Dawson）在《好主妇》（*The Good Huswifes Jewell*）一书中极力推荐一种特别的“鲑鱼洋葱紫罗兰沙拉”，在他的书《成就大厨》（*The Accomplisht Cook*，1660年）中描述了法国厨艺精湛的贵族厨师罗伯特·梅将整条鲑鱼浸泡在橙汁、葡萄酒和肉豆蔻中的细节。

▷**鲑鱼矛**

北极中东部的因纽特人用这种带刺的三叉铜雷管来刺杀他们用石堰捕获的洄游鲑鱼。

来自两片海域的故事

这些食谱中使用的鲑鱼都是大西洋鲑。鲑科是一个单一的物种（Salmo salar，Salmo意为“跳跃”，Salar意为“盐”），这种鱼原产自欧洲水域和北美东海岸，从格陵兰岛西部到加拿大的魁北克，乃至美国的康涅狄格都有其踪迹。一幅有25 000年历史的洞穴壁画中出现了食用大西洋鲑的古老证据，这幅壁画发现于法国多尔多涅（Dordogne）地区的韦泽尔河（Vézère river）沿岸的阿伯里杜鲑鱼·泊松岩石避难所（the Abri du Poisson rock shelter），画中十分详细地描绘了一条长达1米的鲑鱼。也正是在韦泽尔河上，人们

△**熟练的渔民**

19世纪，美国华盛顿州的哥伦比亚河盛产太平洋鲑，为美洲原住民部落提供丰富的食物来源。

太平洋鲑产卵一次后就会死亡，
而大西洋鲑可以多次产卵。

◁篮子陷阱

在英格兰的塞文河（Severn）上，人们一直使用柳条编成的"putcher"篮子捕捞鲑鱼的传统方法，并沿用到了20世纪。

发现了另一证据，证明12 000年前就有人在这条河流上修建了池塘，用来捕捞鲑鱼。

太平洋鲑在世界上最大的海洋中繁殖，这种鱼有好几个品种而且都原生于北太平洋的部分地区。9000年前，美洲原住民就开始捕捞这种鲑鱼，加拿大不列颠哥伦比亚省鲁珀特王子港的考古发现揭示，从公元前500—1000年，当地居民几乎只吃太平洋哺乳动物和鲑鱼。当欧洲殖民者到达后，他们觉得这里的鱼太多了，且很快就厌倦了吃鱼。

在日本，鲑鱼对北海道岛上的土著阿伊努人（Ainu）具有象征意义，同时也是他们的主食。阿伊努人把1年中捕捉到的第一条鲑鱼视为神圣的使者，并把他们的村庄建在公认的盛产优质鲑鱼的河边。每个阿伊努人家庭都会储存多达2000条鱼以备淡季食用。阿伊努人至少用了十种不同方式称呼鲑鱼，这些称呼的方式取决于鱼的不同特征，如性别、发育阶段和大小。

酸味伴侣

几个世纪的烹饪历史揭示了一条共同的线索，这条线索不只是鲑鱼的烹饪方法，还涉及到鲑鱼的配菜。无论是烘烤、烧烤、水煮还是熏制，人们长期以酸性食物与这种味道温和的油性鱼类搭配使用，在北欧，人们会以新鲜柠檬和白葡萄酒伴食；俄罗斯人则是用伏特加制作；北非人会在鲑鱼的孜然腌泡汁（Chermoula）中加入柠檬脯；而夏威夷人则在罗米罗米（Lomi lomi）菜肴中加入新鲜番茄。早期西方水手将番茄引入夏威夷。这些酸味食物不仅能给鱼油提味，还能平衡口感，帮助分解鲑鱼结缔组织中的细胞外蛋白质，促进人对这些蛋白质的吸收。1995年，《美国医学协会杂志》（*the Journal of the American Medical Association*）的研究表明，每周食用一份鲑鱼或任何其他油性鱼类可以降低人类患心脏病和某些癌症的风险。这项研究是食用鲑鱼有益人类健康的早期证明。鲑鱼富含欧米伽-3脂肪酸，这种脂肪酸被证明可以降低血压、降低血脂，并降低罹患血栓的风险。

烟熏的益处

鲑鱼中欧米伽-3含量高的这一事实，就足以说明为何北美洲和格陵兰的因纽特人在缺乏水果和蔬菜（同时缺乏其中的营养素）的饮食条件下，仍旧能够长期维持健康的状态。因纽特人大量食用鲑鱼，其中的欧米伽-3脂肪酸有抗炎作用，因此能降低他们自身免疫性疾病和炎症性疾病（例如牛皮癣皮肤病）的发生率。由于野生鲑鱼的捕获期主要在于春季和夏季，所以因纽特人开发了烟熏技术以保存

> "苹果酒和罐装鲑鱼是农业阶层的主食。"
>
> 伊夫林·沃格（Evelyn Waugh），《独家新闻》（*Scoop*，1938年）

◁罐头美食

西班牙的一则广告以"鱼侍者"为特色，宣扬罐装鲑鱼的品质。

鱼类并确保全年供应。他们在漫长的冬季里几乎完全依赖烟熏鱼生存。

由于没有树木可以作为木柴，所以格陵兰的因纽特人用帚石楠（Heather）来熏鱼。传统做法是在烟熏房里熏制鲑鱼——一个能够防止海鸟偷吃鱼的小棚屋。在低温燃烧下，熏制过程缓慢，保持了鱼肉本身的软嫩。在熏制之前，需要将鱼充分晒干，然后加盐，这是熏鱼过程中的关键，因为如果不这样做，鱼就会变酸或变质。一些北美部落会在阳光和风中将鱼晒干，而不是制作烟熏鱼，或者有时两种方法并用。

在斯堪的纳维亚，一种不同的保存方法导致了鲑鱼盘的出现，这个词来自于北欧语中的“grav”，意思是“棺材”或“地上的洞”和“lax”，意思是“鲑鱼”。在中世纪，渔民会把鲑鱼埋在海岸线的沙子里，让咸水冲刷，从而腌渍鲑鱼。如今，当地人仍旧会把这种鱼浸泡在盐、糖和莳萝中，搭配当时中世纪北欧人还一无所知的芥末酱一起食用。

当冷藏运输在19世纪40年代发展起来的时候，人类对盐腌和烟熏鲑鱼的需求随之下降。一些更为软嫩的烟熏味不重的鲑鱼成为人们更喜爱的美食，这些鲑鱼的制作地点、腌制食材和用于烟熏的柴火都有区别，因此味道也会有所不同。俄国人用糖和伏特加酒来腌制鲑鱼；苏格兰人用橡木和山毛榉烧火熏制鲑鱼；英国伦敦的熏制室发明了“伦敦熏制”，这是一种轻度熏制的鲑鱼，口感柔软温和。

19世纪后期，来自波兰的犹太移民把熏鲑鱼带到了纽约，在那里，犹太人发明了他们自己的腌制技术——把糖和盐混合起来熏制鲑鱼，最著名的吃法是将熏鲑鱼和奶油、奶酪一起放在百吉饼里食用。

△烟熏

鲑鱼被悬挂在缓缓燃烧的木头上，以传统方式熏制。

▷法国的革新

19世纪40年代，法国渔民约瑟夫·雷米（Joseph Remy）与内阁成员安托万·盖欣（Antoine Géhin）联手设计了这些用于饲养幼年鲑鱼的盒子，可谓是鱼类养殖历史上的里程碑。

鲶鱼 河海中肉质紧实的鱼类

鲶鱼因其带有胡须的面貌，以及被捕获时发出叫声而得名“catfish”（有猫鱼的意思），从西非到东南亚再到美国南部，鲶鱼都是各种当地鱼类菜肴中的关键配料。

斑点叉尾鲶鱼

发源地
北美洲

主要食物成分
16%蛋白质

营养成分
维生素B3、维生素D

学名
Ictalurus punctatus

许多种类的鲶鱼都隶属于庞大的鲢形目鱼类目下，这一类目下的鱼类是地球上最常被食用的鱼类，其原因之一是由于这类群体十分多样且分布广泛。鲶鱼生活在除南极洲外的所有大洲的河流以及沿海地区，范围从仅有1厘米长的小鲶鱼科，到可以长到4.5米长的欧洲鳗鲡属鲶鱼。

全球现象

几千年来，几乎每个大洲都有人捕捞和食用鲶鱼。考古学家在古埃及坟墓中发现了鲶鱼木乃伊，这说明鲶鱼是埃及人十分珍视的食物来源。在西非，鲶鱼也十分受欢迎，人们会用鲶鱼来炖汤，例如尼日利亚的鲶鱼胡椒汤。东南亚人也爱吃鲶鱼，而且它是最受欢迎的街头小吃，其也会用于更正式的菜肴中。在缅甸，传统的莫辛加汤（Mohinga）里就有鲶鱼。

在美国，钓鲶鱼是由来已久的传统，到了20世纪，鲶鱼养殖业已发展成为当地的主要产业，其中密西西比州是鲶鱼最重要的养殖区。鲶鱼在美国很受重视，以至于罗纳德·里根总统在1987年宣布6月25日为国家鲶鱼日（National Catfish Day）。不爱吃鲶鱼的人认为鲶鱼肉有一股泥巴味，因为它是一种生活在水底，以水底沉积物为食的鱼类，但也有吃起来清甜的鲶鱼，其口感完全取决于鲶鱼的觅食地点。

△**猫须**

所有鲶鱼的嘴两侧都长有一对敏感的胡须状触角，称为触须，这对触须能够帮助它们寻找食物。

◁**幸运神**

惠比寿是日本七福神之一，图中的惠比寿正在杀鲶鱼，而他身旁的女人正在扇火为烤鱼肉做好准备。

△带来好运的鱼

在日本，锦鲤象征着幸运、好运和繁荣，因此，这个19世纪的盘子应该是当时的礼品。

鲤鱼

幸运鱼

鲤鱼原产于欧洲和亚洲的淡水湖泊和河流，现已被引入到全球河流之中。如今，鲤鱼已成为世界上养殖最广泛的鱼类，但是有些国家把它当作“外来”物种。

发源地

东亚

主要食物成分

18%蛋白质

营养成分

维生素D

学名

Mylopharyngodon piceus

罗马帝国的渔民很了解鲤鱼，他们在欧洲中南部的多瑙河三角洲专门建造了养殖鲤鱼的池塘。罗马人离开后不久，当地人继续以鲤鱼为食。

从中世纪开始，在欧洲，僧侣们一直在养殖鲤鱼并将其作为食材。在法国的阿尔萨斯（Alsace）南部，鲤鱼成为当地的特产。鲤鱼在14世纪被引入英国，在1483年理查三世（Richard III）的加冕宴会上作为一种菜品出现。现在，鲤鱼是东欧国家宗教节日时的美味佳肴。波兰的圣诞菜单中常常也会出现鲤鱼。

幸运鱼

鲤鱼于公元1世纪以食物的身份从中国传入日本，但无论是中国人还是日本人都会将鲤鱼培育成各种颜色用来装饰花园池塘。这种习俗一直延续到今天，特别是在日本，鲤鱼或锦鲤是日本的国鱼，象征着好运。

亚洲鲤鱼于1872年被进口到美国。由于它们繁殖快，坚韧且身形巨大，因此一度被视为有一定商业价值的食物。

◁龙头鲤

鲤鱼必须迎流而上抵达产卵池。在中国神话中，成功越过瀑布的鲤鱼就能变成龙。

罗非鱼

古人养殖

罗非鱼适应性强、耐寒且多产，自6000多年前埃及人发现罗非鱼很容易被捕获以来，罗非鱼就被发展为一种食物。罗非鱼是继鲤鱼之后世界上最受欢迎的养殖品种。

尼罗罗非鱼

发源地
非洲、中东

主要食物成分
26%蛋白质

营养成分
硒、维生素B3、B12、D

学名
Oreochromis niloticus

罗非鱼强大的繁殖能力使它在古埃及成为生育和重生的象征。想要怀孕的妇女会佩戴罗非鱼护身符，而将护身符缝在葬礼的裹尸布中，则是为了帮助逝者重生。罗非鱼还与造物主神阿特姆（Atum）有关，阿特姆从嘴里吐出精液，来制造新的神，这一行为与罗非鱼在嘴中孵卵的行为十分相似。罗非鱼在靠近水面的区域游动，因为它们更喜欢浅滩，所以埃及人在尼罗河沿岸建立密闭的池塘后，就能轻松获得源源不断的罗非鱼。古希腊人和古罗马人也效仿埃及人养殖罗非鱼，贵族们在自己的庄园里建立养鱼场，以保证鱼群数量稳定。

◁非洲以外

尼罗河罗非鱼是非洲许多河流湖泊的共同物种，现在除了南极洲，其他所有大陆都有它的养殖厂。

跨越大陆

在撒哈拉以南的非洲（sub-Saharan Africa），罗非鱼是当地人的主食，它们生长在塞内加尔河内，这条蜿蜒的河流流经内加尔（Senegal）、马里（Mali）、毛里塔尼亚（Mauritania）、冈比亚（Gambia）、几内亚（Guinea）和几内亚比绍（Guinea-Bissau），河流沿岸的人们以捕捞野生罗非鱼为生。传统的塞内加尔莱蕃茄鱼饭（Thieboudienne）通常含有整条罗非鱼，配以米饭，还有浓浓的萨姆巴拉（Nététou）——一种用非洲刺槐豆制成的香料。

烤罗非鱼是加纳流行的街头食品，通常佐以发酵后的木薯或玉米糊、辣椒和洋葱。像苏丹的特金（Terkin）和斯里兰卡的贾阿迪（Jaadi）一类的发酵鱼酱的主要成分也是罗非鱼。

一条雌性的罗非鱼能够将200多个卵含在口中，并在口中孵化至少5天。

但是，很少有地方能像中国台湾地区一样珍视罗非鱼，现在台湾地区罗非鱼养殖产业已经十分庞大，使台湾地区得以成为世界上最大的罗非鱼生产地。如今，罗非鱼仍被称作"吴郭鱼"，该名称结合了两位有胆量引进罗非鱼苗的士兵的姓氏。

◁家养鱼

古埃及人通常将罗非鱼养在池塘里，有些贵族也会在家里养殖罗非鱼，这幅公元前1350年左右的墓室壁画展示的正是这一场景。

传统方法

肯尼亚渔民向图尔卡纳湖（Lake Turkana）的浅水区投掷渔篮，他们几千年来一直这样做。

鲭鱼 油脂满满的美味

鲭鱼有特殊的斑纹，很好识别，它也是最美味、最便宜、最有营养的鱼类。鲭鱼是蛋白质和健康精油的宝贵来源，几千年以来，鲭鱼一直都是沿海人们的生活支柱。

大西洋鲭

发源地
北大西洋

主要食物成分
19%蛋白质

营养成分
铁、镁、维生素A、维生素B12、ω-3脂肪酸

学名
Scomber scombrus

◁**敏捷泳者**

鲭鱼细长的身体与可收缩的鱼鳍使其能够在水域中快速游动。

鲭鱼因其蓝绿色的身体、背部的黑色和绿色条纹及银色的腹部成为外表最独特的咸水鱼。鲭鱼通常会在开阔的浅滩里生活，它的身体呈流线型，从头部到尾部逐渐变窄，鳍伸缩自如，尾巴大幅度开叉，这使得它特别善于在水中快速游动。

大多数鲭鱼与金枪鱼同属一科，但金枪鱼体型更大，而鲭鱼的寿命更短。大西洋鲭鱼主要有两种，分别生活在北大西洋和地中海。在印度洋到南太平洋这一片区域，太平洋短吻鲭鱼（The Pacific short mackerel）的数量最多。印度耙鳃鲭鱼（The Indian rake-gilled mackerel）则生活在从红海到西太平洋之间的水域。

维京人的食物

人们在爱琴海的遗址中发现了鲭鱼的遗骸，其历史至少可以追溯到7000年前。再向北走，根据从第一个千年开始在挪威进行的考古活动中发现，维京人食用鲭鱼，他们的后代亦如此。19世纪，挪威人的主食就是熏制和腌制鲭鱼。当时，腌鲭鱼也是加勒比地区非洲奴隶的口粮之一。

现代美食

鲭鱼肉颜色深、富有油脂、风味浓郁，在北欧一直都很受欢迎。美国新英格兰人十分爱吃鲭鱼苗，并称其为“小鲭鱼”（Tinkers）。太平洋短吻鲭鱼在泰国菜中被称为“pla thu”。它的内脏不会被浪费，人们把它当作咖喱鱼酱中鱼酱（Tai pla）的主料。加勒比海沿岸和东南亚的人们也都爱吃干鲭鱼。

△**米诺族人的收获**

米诺族人热衷于捕鱼。这幅来自公元前1600年左右的壁画展现的场景表明当时的鲭鱼捕获量很高。

▽**海滩美食**

在海岸边，用新鲜鲭鱼制作的炭烤鱼是墨西哥瓦尔拉塔港（Puerto Vallarta）的本地美食。

鳗鱼 海中之蛇

鳗鱼是最神秘也是日本人最爱吃的鱼种，这一淡水咸水湖的蛇形居者有一定的历史传统。

淡水鳗是一种奇怪的生物，它在5000万年前就开始进化。它出生在海里，但是大部分时间都在淡水中生活，将死之时又返回大海。鳗鱼种类很多，包括欧洲（普通）鳗鱼、美国鳗鱼、日本鳗鱼、鳖裸胸鳝鱼和康吉鳗鱼。

国王和贫民的食物

鳗鱼一直被视为重要的食物来源。盖乌斯·赫里乌斯（Gaius Hirrius）是公元前1世纪一位杰出的罗马人，他是首个专设池塘养殖鳗鱼的人（有个说法称他养的是七鳃鳗），据说他曾为恺撒大帝（Julius Caesar）的奢华宴会提供过鳗鱼。

在后来的几个世纪里，因为鳗鱼比较容易用网捕获，所以欧洲农民经常靠鳗鱼补充蛋白质。公元730年，英国科尔切斯特主教温弗里德（Winfrid）指出，“当时的人们对捕鱼一无所知，只会捕捉鳗鱼。”在18—19世纪，鳗鱼冻成为英国伦敦东区最受欢迎的一道菜。如今，斯堪的纳维亚人最喜欢吃熏鳗鱼，常搭配黑麦面包食用。鳗鱼在各种亚洲菜系中也很常见。日本以烤鳗鱼蘸辣酱（Kabayaki，蒲烧）这道菜而闻名。

△日本人的最爱

日本有专门吃鳗鱼的餐厅，鳗鱼和其他鱼类不同，不可夹在寿司中生吃，因为鳗鱼的血液中含有有毒物质，必须通过烹饪或烟熏来消除其毒素。

△鳗鱼濒危

欧洲鳗鱼现在处于极度濒危的主要原因是它们栖息地的恶化及丧失。

“本季第一条鳗鱼必须要给渔民吃，这样一年都能大获丰收。”

丹麦谚语

欧洲鳗鱼

发源地
欧洲

主要食物成分
18%蛋白质

营养成分
维生素A，B3，B12

学名
Anguilla anguilla

鳟鱼 活跃的肉粉色鱼

鳟鱼和鲑鱼是近亲，两者都是具有1亿多年历史的鱼类家族中的一员。鳟鱼曾经是餐桌上鲜有的珍馐，因为它很难被捕捉到，多亏了人们的大规模养殖，现在，鳟鱼终于不再罕见。

△**老式钓具**

多年来，为了钓鳟鱼而出现的飞钓催生了许多的专业设备。

对任何垂钓者来说，钓鳟鱼都是一件极具挑战性的事情，因为鳟鱼习惯小口轻咬食物而非大口咬食。从鳟鱼的英文名字就能看出它的进食习惯，“Trout”一词源自希腊语“Troktes”，意思是“吃东西的人”。鳟鱼来自于北半球，但在过去的150年里，鳟鱼被广泛地引进到除南极洲外的各大洲的湖泊、河流和小溪中。鳟鱼和鲑鱼一样，每年都回到同样的地方产卵。二者不同点在于，大部分鳟鱼仅在淡水中生活，而鲑鱼则在海水和内河之间迁徙。

外形真实

“真”鳟鱼分为三类：褐鳟，虹鳟和凶猛鳟。褐鳟鱼原产于欧洲，而且在中世纪的欧洲备受青睐，因其在海中栖居所以也被称为海鳟。19世纪下半叶，褐鳟从英国和德国传入北美，接着传入非洲、亚洲和大洋洲的其他许多国家。

虹鳟，以其色彩斑斓的蓝绿色斑点和略带紫色的侧条纹而得名，原产于北美洲西北部和东北亚太平洋沿岸的河流和湖泊。虹鳟的另一生活在海中的品种，其周身呈银蓝色，因此得名“硬头鳟”。在日本的北海道，阿依努人从湖泊和河流中捕捞虹鳟，作为夏季的主食，当地甚至还有关于虹鳟背负整个世界的传说。另一种北美洲的鱼——剌杀鳟鱼，是欧洲人在美洲遇到的第一条鳟鱼，西班牙探险家弗朗西斯科·巴斯克斯·德·科罗纳多（Francisco Vásquez de Coronado）描述它在1541年出现于新墨西哥州的佩科斯河（Pecos River）。

> “鳟鱼在泥水中最满足。”
>
> 17世纪英国作家塞缪尔·巴特勒（Samuel Butler）

引进鳟鱼

人们普遍认为，人工养殖鳟鱼的方法是法国僧侣唐·潘琼（Dom Pinchon）于15世纪发现的。两个世纪后，德国农场主斯蒂芬·路德维希·雅各比用和唐·潘琼一样的方法建造了第一个鳟鱼孵化场。然而，雅各比的方法基本没几个人记得，直到19世纪末，饲养虹鳟或“养殖”虹鳟的做法才在美国传播开来，之后又传播到其他地区。

养殖的鳟鱼肉质通常是粉红色的，美味可口。野生鳟鱼则比泥土味更重的养殖鱼更受珍视，特别是当前者以贝类为食时。特鲁伊特拉梅尼埃（Truite à la meunière）和特鲁伊特奥阿曼德斯（Truite aux amandes）是经典的法国鳟鱼菜肴。在斯堪的纳维亚，鳟鱼常被用来代替鲑鱼，而发酵鳟鱼是挪威传统菜肴（Rakfisk）的基础。

虹鳟鱼

发源地
东北和西北太平洋海岸

主要食物成分
20%蛋白质

营养成分
镁，锌，磷，维生素B3，维生素B12，欧米伽-3脂肪酸

非食品用途
药用（油）

学名
Oncorhynchus mykiss

◁**不断成功**

捕捞野生鳟鱼对任何垂钓者都具有一定的挑战性，因此，像加州的美国捕鱼协会捕捞上来的这么多条野生鳟鱼，绝对值得庆祝。

▷**同种的变体**

全世界有数十种鳟鱼。它们的大小和颜色不同，但两侧都有斑点。

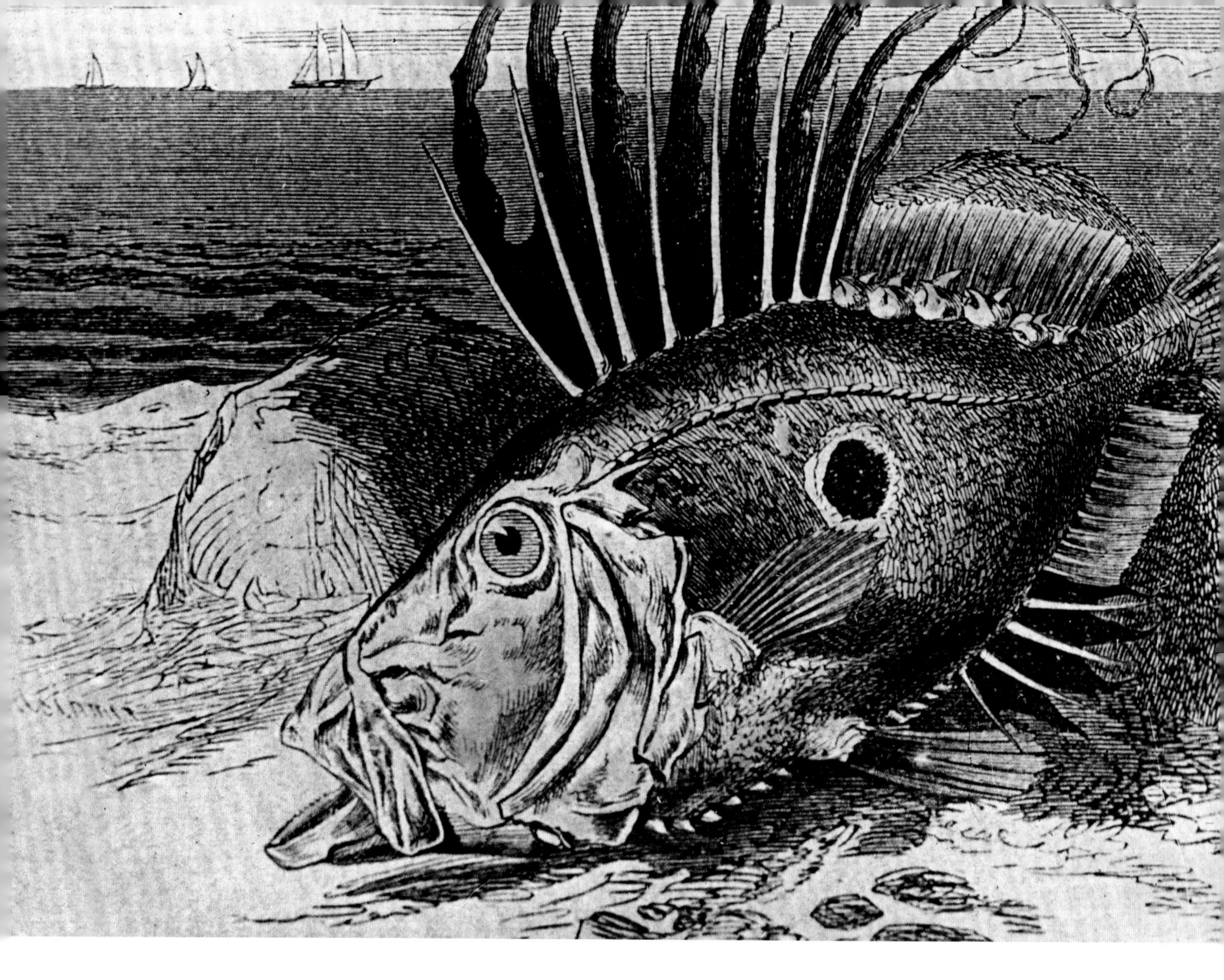

多利鱼　看似怪异却又美味

多利鱼（John Dory）是海洋中奇怪的鱼，它看起来像是难吃的鱼类之一，它们踪迹神秘，但长期以来多利鱼却因其肉质白皙细腻、食用方法多样、味道温和甜美而备受赞誉。

发源地
全球

主要食物成分
21%蛋白质

营养成分
钙、铁、维生素A、维生素C

学名
Zeus faber

人不可貌相，鱼肉不可斗量。多利鱼又长又尖的鳍、又大又丑的脑袋、巨大的眼睛和宽得突出的下巴就不应该成为它是否可以食用的判断标准。习惯独居的多利鱼在5至200米深的沙质海底或杂草覆盖的海床岩石附近生活，相对靠近海岸。它灵活的下颚和偷偷接近猎物的习性弥补了多利鱼游泳能力的不足，使它成为鲱鱼、沙鳗、凤尾鱼、沙丁鱼和它赖以为生的贝类的可怕“敌人”。

虽然大部分多利鱼生活在温暖的水域，但是它的范围

分布依旧十分广泛，以斯堪的纳维亚和北海为起点，穿过地中海，环绕整个非洲海岸，无论是红海、阿拉伯海、印度洋还是太平洋都有它的身影。

◁登上邮票获得认可

多利鱼两次在中非国家布隆迪（Burundi）的邮票上出现。图中邮票发行于1974年。

名字的来源

一条常见的鱼外表却如此怪异，一定会成为神话和传说的好素材，它的名字也尤其具有吸引力。1758年，瑞典植物学家卡尔·林尼厄斯设计了生物命名系统，他对多利鱼印象深刻，并以希腊众神之父宙斯的名字给它起了属名。“多利鱼”这个名称的起源并不明确，它是一首17世纪早期的英国民歌的名字，讲的是一个水手遇到了法国国王让（Jean，即John约翰）的故事，但是这个故事与该鱼的联系却随风而逝了。另一种理论认为，多利鱼这个名字与法语单词“jaune”（黄色），和“doree”（镀金的）有关，两者都指鱼身呈现出的金青铜色。

多利鱼又叫圣彼得鱼（St Peter’s fish），其两侧中部有一个又大又圆的深色斑点，包围着一个颜色较浅的斑点，传说这是圣彼得的手印。耶稣叫圣彼得从加利利海挑鱼，圣彼得照做了，但他对这条毫无吸引力的鱼感到惊讶，于是又把它扔了回去，但他拇指上的痕迹却留在了多利鱼身上。尽管多利鱼不可能生活在加利利海，因为这是一个淡水湖，但这个圣人曾游历到了很远的地方，法语中“圣皮埃尔”（Saint-Pierre）和西班牙语中“圣佩德罗”（pez de San Pedro）的两个名字都是由他的名字衍生出来的。事实上，这些“指纹”是一种进化上的适应，旨在转移捕食者的注意力，捕食者会误以为这些斑点是多利鱼真正的眼睛，让多利鱼有机会逃跑。

内在的美

多利鱼隶属于泽状目，这是一个古老的鱼鳍目，它的历史可以追溯到大约1.45亿年前的白垩纪时期。通过进化，它成为形状扁平、瘦骨嶙峋、浑身带刺的样子，由于它们身上可供食用的肉量比较少，因此并没有让人想捕捞它的吸引力。然而，罗马人却很了解多利鱼，也爱吃多利鱼，英国厨师伊丽莎·阿克顿（Eliza Acton）就曾在自己的书中推荐食用多利鱼，她在1845年的烹饪书《私人家庭现代烹饪》（*Modern Cookery for Private Families*）中说：“多利鱼虽然外表不好看，但却是一些人心目中最美味的鱼。”

> “多利鱼遇到的第一个人是法国国王好人约翰。”
>
> 传统英国民谣

当代美食

多利鱼在北美不太出名，但却广受英国美食家的赞誉，在澳大利亚和新西兰也有多利鱼的身影。多利鱼的肉质紧实，呈白色，蒸、炸、烧、烤或水煮都可以，它也可以用来代替其他白肉鱼，如鳎鱼或大菱鲆。多利鱼数量丰富的骨架是很好的汤料。

△外形怪诞

多利鱼是外形最怪诞的食用鱼，它头上有“皱纹”、裂开的嘴，背部和腹部布满了刺。

▷和《圣经》有关

多利鱼的别名是圣彼得鱼，特指其与圣彼得的紧密联系。侧面的黑色标记据说是圣人的指纹。

欧洲沙丁鱼

发源地

地中海，大西洋，黑海

主要食物成分

24%蛋白质

营养成分

维生素B12，维生素D，欧米伽-3脂肪酸

学名

Sardina pilchardus

沙丁鱼 经典的罐头鱼

沙丁鱼营养丰富且含油量高，还富含有益健康的脂肪酸，长期以来一直是欧洲人捕捞和食用的对象。沙丁鱼也是第一批被投入大规模罐装制作的鱼类之一。

“沙丁鱼”一词，除了指来自撒丁岛（Sardinia）的鱼，许多权威人士还用它来指欧洲沙丁鱼的幼鱼（在大西洋东北部和地中海很常见）。在印度太平洋地区，沙丁鱼是另一种不同物种的名字，即南美沙丁鱼（*Sardinops sagax*）。

自古以来，人们就用盐腌及压榨沙丁鱼，不过罗马人认为沙丁鱼是“下等的、二流的”。公元18世纪，人们开始将沙丁鱼储存在醋、油或融化的黄油中。最初将沙丁鱼制作成罐装食物的约瑟夫·科林（Joseph Colin），是来自南特（Nantes）的法国糖果商。1824年，科林开设了法国第一家鱼罐头工厂，很快沙丁鱼就成为了从欧洲南部直至美国西海岸鱼罐头行业的核心材料。即使在今天，大多数沙丁鱼也都是罐装的，而非新鲜的，不过新鲜的沙丁鱼在地中海美食中也特别受欢迎，西班牙小吃烤沙丁鱼就是其中一例。

崩溃和复兴

太平洋沙丁鱼曾是加州渔业的支柱，美国作家约翰·斯坦贝克（John Steinbeck）在他的小说《罐头工厂街》（*Cannery Row*）中留下对此的记载，让这一事实隽永流传。20世纪50年代，加州渔业崩溃，不过之后也有复苏的迹象。如今，加州约85%的太平洋沙丁鱼都会在加工后出口到中国、日本和韩国。

▷**储存在油里**

沙丁鱼和所有油性鱼类一样，富含欧米伽-3脂肪酸。20世纪20年代，美国人捕获沙丁鱼后，会将其放在棉籽油中保存，并以罐头的形式出售。

◁**装载捕获的收成**

欧洲沙丁鱼数量丰富，因此商业捕鱼船队也会捕获很多沙丁鱼，每年捕获量约为100万吨。图中渔民正在达尔马提亚海岸（Dalmatian Coast）外将渔获物装入板条箱中。

"我的爱人有着凤尾鱼般的双眼。"

传统土耳其歌曲

凤尾鱼

银色小鱼

凤尾鱼作为食物的历史十分悠久，可以追溯到远古时期。如今有人吃新鲜的凤尾鱼，有人吃用盐腌制的凤尾鱼，还有人吃陶瓷罐装或者易拉罐装的油浸凤尾鱼。

△欧洲鱼类

土耳其人是世界上商业捕捞欧洲凤尾鱼最多的群体，他们捕捞的鱼大部分来自于冬天的黑海。

凤尾鱼看起来就像它的亲戚鲱鱼的缩小版，它们喜欢在大型鱼群中游泳，喜欢在离海岸不远的地方生活，因此它们也是最受欢迎的食用鱼类，还是人们用来钓大鱼的主要饵料之一。世界上144种凤尾鱼中只有6种是允许商业捕捞的。

发酵凤尾鱼是古典时期和中世纪早期最受欢迎的调味品——凤尾鱼酱（Garum）的关键材料，这种酱料就是如今意大利菜中的"Colatura di alici"。

凤尾鱼酱是经发酵制作而成的，在罗马帝国时期，意大利、西班牙、法国海岸以及黑海北部海岸都会生产大量的凤尾鱼酱。

凤尾鱼颂

根据食品历史学家多萝西·哈特利（Dorothy Hartley）的说法，在公元14世纪的英格兰，正是凤尾鱼酱让梅尔顿·莫布雷（Melton Mowbray）猪肉馅饼里的猪肉保持粉红色，并赋予它们独特的风味。这种鱼也是伍斯特郡酱（Worcestershire sauce）的主要成分。数百年来，以发酵或干燥的凤尾鱼为主要原料的凤尾鱼酱一直是东南亚美食的重要调味品。而最狂热的凤尾鱼爱好者要数土耳其人。土耳其人管凤尾鱼叫"Hamsi"，"Hamsi"是众多土耳其菜肴的特色，也是许多土耳其诗歌和歌曲的主题。

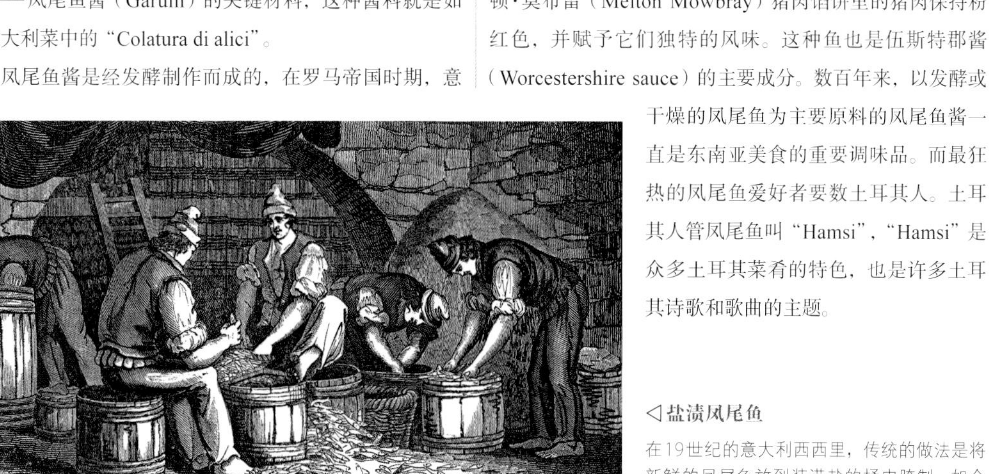

◁盐渍凤尾鱼

在19世纪的意大利西西里，传统的做法是将新鲜的凤尾鱼放到装满盐的桶中腌制，如今人们仍在沿用这一方法腌渍凤尾鱼。

秘鲁凤尾鱼

发源地
东太平洋

主要食物成分
21%蛋白质

营养成分
欧米伽-3脂肪酸，钙，铁

学名
Engraulis ringens

鲱鱼 海上珍宝

几个世纪以来，鲱鱼都是穷人的主食，因为鲱鱼数量丰富、价格便宜。在苏格兰，鲱鱼被称为“银宝贝”，而在挪威，它们有个更浪漫的名字——“海中金”。

大约3000年前，生活在大西洋海岸的原始人就开始捕捞并食用鲱鱼，但直到中世纪，它们营养丰富、价格合理的潜力才得以实现。率先大规模捕捞鲱鱼的可能是苏格兰人，因为早在公元836年，就有荷兰商人前往苏格兰购买盐渍鲱鱼的文字记载。

◁**罐装添味**

罐头技术的改进使得鲱鱼能够进入内陆地区更广阔的市场，通常制造商会在这些鲱鱼罐头中加入其他调味品。

不久后，其他国家就开始捕捞鲱鱼。在法国，首次记载捕捞鲱鱼的文本是1030年授予鲁昂附近的圣凯瑟琳-杜蒙修道院（Abbey of St Catherine-du-Mont）的一份特许协议，该协议规定迪埃普（Dieppe）附近的一家盐场可以用盐腌鲱鱼代替现金缴税。皇室的介入促进了鲱鱼贸易的增长。1155年，路易七世（Louis VII）禁止巴黎附近一个重要的皇家城镇埃坦佩斯（Étampes）的市场上买卖除鲭鱼和咸鲱鱼外的任何鱼。

争夺霸权

从11世纪早期开始，瑞典人率先在波罗的海发现鲱鱼群并捕捞鲱鱼。德国人紧随其后，不来梅（Bremen）和吕贝克（Lübeck）的精明商人很快便意识到他们可以借助这一利润丰厚的贸易牟利。

宗教是刺激鲱鱼捕捞的另一重要因素。在中世纪，欧洲天主教在大斋期和其他斋戒日对鲱鱼的需求催生了庞大的鲱鱼捕捞产业的进一步发展。荷兰的鲱鱼捕捞业尤其繁荣。1476年，鲱鱼捕捞业成为荷兰最重要的产业形式。该产业的发展很大程度上归功于威廉·贝克斯（Willem Beukels）的独到智慧，贝克斯在1338年发现了一种腌鱼的新方法，即在捞到鱼后，及时取出鱼的内脏，再将鱼肉浸泡在盐水中，最后撒上盐，这种方法优于老办法。他会将打捞到的鲱鱼储存在木桶里。荷兰人还设计了流网，大大增加了捕获量。17世纪，荷兰鲱鱼捕捞业受到英法战争的冲击，随之走向长期的衰落。

19世纪初，苏格兰人开始崛起。在政府补贴的帮助下，苏格兰渔业成为欧洲最大的渔业产业。

在苏格兰捕鱼业最鼎盛的时期是在1907年，该国共腌制和出口了250万桶鱼，这些鱼主要销往德国、俄罗斯和其他东欧国家。在1913年，约有1万多条船从事鲱鱼捕捞业。20世纪末，过度捕捞致使鲱鱼种群数量骤降。

◁**轻松捕捞**

如果奥拉斯·马格纳斯（Olaus Magnus）的木刻版画《1555年7月的历史》（*Historia de Gentibus Septentrionalibus*）上的记录可靠，就说明当时斯堪的纳维亚水域中的波罗的海鲱鱼数量充裕。

发源地
北大西洋

主要食物成分
18％蛋白质

营养成分
维生素B1，维生素D，铁

学名
Clupea harengus

腌鲱鱼与腌鲱鱼片

几个世纪以来，人们发现鲱鱼的用途非常广泛。到了公元19世纪，鲱鱼已经成了可以生吃，新鲜烹饪，也可以盐渍、熏制和发酵后食用的便捷食物，搭配上龙蒿、樱桃、雪利酒甚至咖喱粉，更是美味菜肴。19世纪40年代，诺森布里亚锡豪西斯（Seahouses in Northumbria）的约翰·伍杰（John Woodger）发明了一种新的腌制工艺，此后腌制鲱鱼成为英国人常见的早餐原料。伍杰制作腌制鲱鱼的方法是沿鱼腹将鱼切开，掏出内脏后把鱼挂起来晾干。德国人创造了浸泡的腌鲱鱼片，而瑞典人则发明了盐腌鲱鱼（Surströmming）。他们用的是波罗的海的一种鲱鱼，需要在鱼产卵前把它们捕捞起来，用适量盐腌制防腐，再装进罐头，让它发酵至少六个月。

△鲱鱼姑娘

在英国斯卡伯勒（Scarborough）的码头上，一群被称为“鲱鱼姑娘”的女人正在卸下捕获的鲱鱼，她们负责取出鱼内脏，并将处理好的鱼放入桶内。

“鲱鱼对我来说，是海神给予的最美好的礼物。”

亚历山大·内汉姆（Alexander Neckham），英国神学家（1157—1217年）

烧烤

原始人开始用火煮制肉食的时间尚不明确，但有确切证据表明如今我们在肉上涂满香料、腌料或酱料，用小火在烤架或火坑上烤制的方法源自于加勒比海地区。虽然“Barbecue”（烧烤）一词的起源仍然是个谜，但是人们通常认为这个词是西班牙人发明的，他们用“Barbacoa”一词来描述加勒比部落居民在木制平台上用小火烤肉的食用方法。其他人则认为，西班牙人是从安的列斯群岛的塔伊诺人（Taíno）那里学到这个词语的，该词最确切的含义是“熏肉装置”。西班牙人将他们新发现的烹饪知识带到了北美大陆，根据一些专业学者发现，当地的印第安人也会使用同样的方法烹饪肉食。

在美国，人们认为美国的烧烤始于弗吉尼亚殖民地。就连美国第一任总统乔治·华盛顿（George Washington）都是一位烧烤爱好者。他的日记中充斥着关于烧烤的记录，有一次他连续3天都在日记中提到了烧烤。现在，烧烤已经成为美国文化中重要的组成成分，以至于阵亡将士纪念日（Memorial Day）、独立日（Independence Day）和劳动节（Labour Day）三大美国法定节日都与烧烤息息相关。但是，美国绝不是烧烤文化风行的唯一国家。澳大利亚人的“Barbies”（烧烤）和南非人的“Braai”[南非语中的“Roast”（烤）或“Barbecue”（烧烤）]，都深深植根于他们的文化之中，以至于所有种族的人都青睐烧烤。同样，在阿根廷，烧烤（“Asado”）成为了一种需要全家人协作烹饪，并至少持续半天以上的家庭活动。

◁从烟熏到酱制

一些历史学家认为，加勒比土著部落使用的熏肉技术是烧烤的雏形。

鳕鱼 “挑起战争”的鱼

▽寒冷海域中的鱼

大西洋鳕鱼有三个背鳍，两个肛鳍，而且它的触须生长在下巴上，十分独特。

鳕鱼肉呈白色，肉质紧实，是历史上最重要的商业食品，其推动了整个欧洲贸易联系的建立和旧世界对新大陆的探索。

人们对鳕鱼的喜爱几乎从未间断过，鳕鱼数量也因此不断减少。鳕鱼体积大而且多肉，1000多年来一直是捕鱼狂潮的受害者，各国竞相从海里捕捞大量鳕鱼，导致了各国间的贸易竞争，贸易竞争首先出现在欧洲各国内部，随后蔓延至全球。所有这一切都是为了满足人们对各类鳕鱼肉制品的口腹之欲，不管是新鲜鳕鱼、风干鳕鱼还是腌制鳕鱼都是如此。

大西洋里的诱惑

鳕鱼属于体型庞大、历史古老的辐鳍鱼纲，出现于1.45亿年前的白垩纪时期。人类食用最多的鳕鱼是大西洋鳕鱼，大西洋鳕鱼最长可达180厘米，重达50千克，它们生活在北大西洋，活动区域临近格陵兰和冰岛海岸，向南延伸至比斯开湾。年幼的鳕鱼不会冒险远离海岸，长大后，它们会寻找更深、更冷的海域生活。另一种被过度捕捞的鳕鱼是体型较小和皮肤颜色较深的太平洋鳕鱼，这种鳕鱼栖息在太平洋的东北水域，即在阿拉斯加附近。斯堪的纳维亚北部的北极地区都能寻到踪影的鳕鱼是维京人重要的食物来源。

◁坚固的渔船

双桅荷兰帆船是中世纪晚期荷兰和英国渔民用来在北海捕捞鳕鱼的渔船。

他们保存鱼的方法是将鱼悬挂在户外晾干直至变成坚硬的干鱼，这也是挪威鳕鱼保存的传统方法，如今挪威人依旧保留这一传统。2017年，挪威科学家发表了一份关于公元800—1066年左右的鳕鱼骨骼DNA的研究报告，该鳕鱼骨骼是从日德兰半岛南部城镇海塔布（Haithabu，今德国也称“Hedeby”赫德比）的古代码头发现的，海塔布是中世纪早期波罗的海的贸易港口。他们发现，在1000多年前，鱼贩会将鱼类存货从挪威北部运到北欧的港口和市场，路程往往超过1600千米。这种贸易是最早的主要商业活动，这也促使欧洲港口开始相互连接，欧洲大陆的经济关联开始萌芽。

> “我一直很喜欢来自纽芬兰的绵密的鳕鱼肉。”
>
> 贾科莫·卡萨诺瓦（Giacomo Casanova，1725—1798年），《我的人生故事》（*The Story of My Life*，1828年）

盐和新大陆

古埃及人和罗马人用盐来保存鱼，而西班牙西北部的中世纪巴斯克人（Basques）则完善了鳕鱼腌制法，这种方法被称为咸鳕鱼腌制法（Bacalao），而且他们早就将这一方法用在鲸鱼肉上。作为捕鲸者，巴斯克人习惯远航到北大西洋捕食猎物，并因此在同样的水域中发现了大量的鳕鱼。14世纪早期，由于他们处于有利的地势，因此可以利用一系列歉收后鳕鱼需求激增的商业优势。盐鳕鱼在整个欧洲变得越来越受欢迎，尤其是在星期五，因为那天禁止吃肉。

葡萄牙、法国和英国的渔民很快便跟随巴斯克人的脚步，开始从附近沿海水域外向更远的地方寻找鳕鱼。早在欧洲人开始跨越大西洋探险之前，美洲原住民就已经开始捕捞鳕鱼了，在15世纪和16世纪，正是纽芬兰

(Newfoundland) 附近海域大量的鳕鱼，吸引着探险家们来到这个遥远的新世界。

1497年，米兰驻伦敦大使雷蒙多·迪·松奇诺(Raimondo di Soncino) 代表英国亨利七世报道了热那亚航海家和探险家乔瓦尼·卡波托(Giovanni Caboto，又名John Cabot) 的航行，他观察到加拿大东北部拉布拉多海岸(the Labrador coast) 附近的海面"布满了鱼，这些鱼不仅可以用网捕捉，甚至可以直接用篮子捕捉"。包括法国、西班牙和葡萄牙在内的其他帝国国家也因纽芬兰鳕鱼资源的丰富而被吸引至沿岸。到了1550年，欧洲食用的鱼中有60%是鳕鱼，其中大部分是纽芬兰盐鳕鱼。当时的英国人把捕鱼的重点放在靠近海岸的地方，并用小船在陆地

发源地
北大西洋、太平洋和北冰洋

主要食物成分
18%蛋白质

营养成分
维生素A、B3、B12、D

学名
Gadus morhua

▽新世界的鳕鱼

这是一幅19世纪30年代的版画，画的是一组渔民在北美大西洋沿岸的一个鳕鱼渔场里，将当天的捕获物捞上岸，取出内脏，然后把鱼切片并晒干。

当天的收获

图中的挪威渔民举起两条在北极水域捕捞而来的鳕鱼。挪威仍然是鳕鱼捕捞量最多的国家。

上进行些许腌制、清洗和烘干鳕鱼，而法国人、西班牙人和葡萄牙人则会在离海岸更远的地方捕鱼，把船上的鱼腌制后再运回欧洲晒干。这种方式腌渍的鳕鱼成为了许多马介休（Bacalao和Bacalhau）菜肴的基础，这些菜肴分别在西班牙和葡萄牙流行，随后也在南美殖民地流行。轻度盐渍的英国鳕鱼在地中海和挪威很受欢迎，在那里它被称为纽芬兰鱼（Terranova fisk），尽管后来这个名字被“岩石鱼”（Klipfisk）取代。

成与败的转变

西班牙无敌舰队在1588年惨败之后，西班牙帝国开始逐渐衰落，因此便停止在北大西洋深海的捕捞活动，这就为法国和英国的渔船扫清了道路。法国大西洋沿岸的拉罗谢尔市（La Rochelle）当时已经是欧洲最重要的纽芬兰渔船停靠港，16世纪上半叶，从拉罗谢尔出发的船队有一半是去往纽芬兰的。拉罗谢尔还有一个优势，即在附近的雷岛（Île de Ré）上有盐厂，人们可以在货舱里填满盐。当时法国豁免盐税，使得布列塔尼（Brittany）北部的渔港也蓬勃发展，原因之一也是因为这里离盖兰迪（Guérande）和诺伊莫蒂耶（Noirmoutier）沿海盐场很近。

在英国，到了16世纪末，每年大约有200艘新的渔船装备完毕，但是法国的渔船数量仍然是英国的2倍。英国的工业主要集中在西南部，尤其集中于康沃尔郡（Cornwall）、德文郡（Devon）和多塞特郡（Dorset），在1615—1640年之间，这些地区大约有70%的渔船都前往纽芬兰捕鱼。

17世纪，冰岛的温度开始下降，这段“小冰河时期”一直持续到19世纪中期，导致大西洋该地区的商业鳕鱼捕捞业崩溃。因此，渔民便将焦点转移到北大西洋和新的美洲殖民地，特别是东北海岸，这里靠近丰富的鳕鱼猎场。美洲印第安人教会来自欧洲的新移民如何捕捉鳕鱼，许多新英格兰城镇［例如马萨诸塞州的格洛斯特（Gloucester）、塞勒姆（Salem）和多切斯特（Dorchester）］也是如此，在接下来的200年里，这里凭借着渔业的发展，持续地繁荣着。在1861—1865年美国内战期间，鳕鱼成为了种植园奴隶和联盟士兵重要的食物来源。

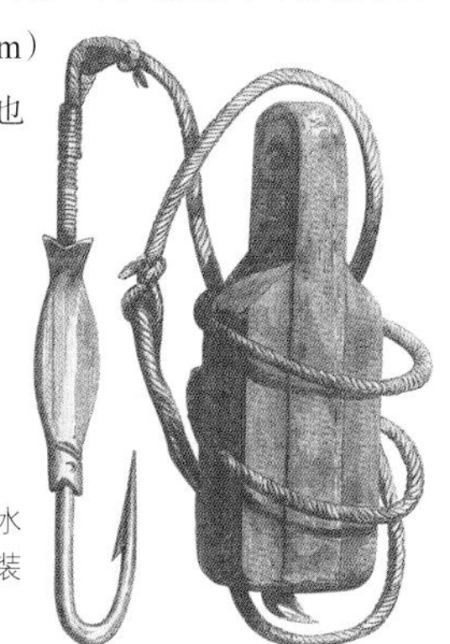

▷**鳕鱼捕捞器**

19世纪中叶，人们在法国沿海水域用简单的钓具（钩和铅配重装置）捕捞鳕鱼。

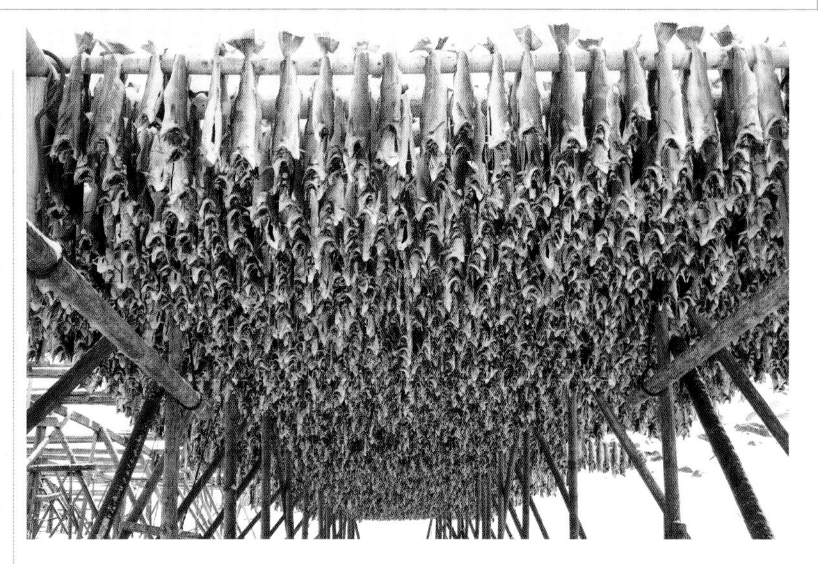

△**鳕鱼准备好了**

挪威罗弗敦群岛上有数百种鳕鱼在露天晾干，维京人也会使用这种方法。

> 1532年，英格兰与汉萨同盟（德国同业公会）之间的一次鳕鱼战争以英国人约翰·布罗德的死亡告终。

新的竞争

20世纪上半叶，冰岛再次成为鳕鱼捕捞大户，1958年，冰岛宣布将其仅在其沿海水域捕捞的捕鱼权从6.5千米扩展到19千米。英国军舰随即出动，名义是保护英国拖网渔船，后称此为鳕鱼战争。20世纪下半叶，鳕鱼捕捞走向工业化，发展出更大的船只，更大的渔网和声纳技术，导致过度捕捞，鳕鱼数量急剧下降，特别是在北大西洋。此后，一些种群恢复了，但是海洋中的许多地区仍然缺乏鳕鱼。

▽**鳕鱼副产品**

鳕鱼肝油补剂在19世纪开始流行，有如这幅1900年的广告画报。意在宣传鳕鱼富含欧米伽-3脂肪酸、维生素D和维生素A。

▽**明显区别**

黑线鳕鱼的侧面有明显的垂直黑色标记。记载中最大的黑线鳕鱼重达11千克。

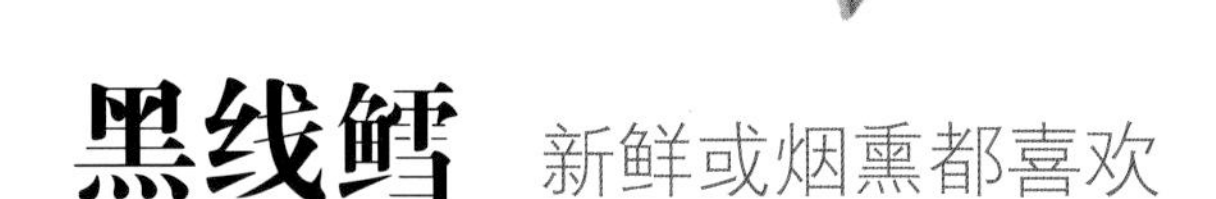

黑线鳕 新鲜或烟熏都喜欢

这种生活在北部冰凉水域的鱼著名的原因，大概就是因为它的烟熏菜式是许多苏格兰特色菜以及一道特色菜——Kedgeree（一种因英国与印度建立帝国关系而产生的菜）的重要食材。

尽管从公元1世纪开始，英国的罗马人就开始捕获并烹饪黑线鳕，但它最早是在中世纪的英语中被记录下来的，被称为黑线鳕（Hadduc），这也是渔民或鱼贩起的名字。一些最早关于黑线鳕特产的记录来自苏格兰。芬兰黑线鳕——在绿色木材和泥炭上冷熏后的黑线鳕，至少可以追溯到16世纪早期，常被用于制作传统苏格兰汤——卡伦石龙子汤。据说，当时的人们曾在苏格兰安格斯奥什米蒂村（Auchemithie，Angus）的农舍烧完的灰烬中找到装满黑线鳕的木桶，正是这些美味的黑线鳕将阿布罗斯（Arbroath）的烟雾升华。到了19世纪，当地妇女会用木棍穿插好黑线鳕，并将其放置在覆盖着粗黄麻袋的半个威士忌桶上熏制，类似的方法至今仍在沿用。这种熏鱼被称为“Le haddock”，在法国也很受欢迎。

◁**熏制黑线鳕**

在18世纪，一些苏格兰移民移居到美国缅因州的沿海城镇，并随身携带着制作芬兰黑线鳕的秘密。

一种由米饭、熏制黑线鳕和煮鸡蛋组成的英国早餐菜（即Kedgeree），于18世纪从英国殖民时期的印度进口，它是在印度人将鱼添加到一种南亚的米饭和蔬菜中时被创造出来的，这种菜肴在印度被称为Khichri。在挪威，黑线鳕被用来制作鱼饼和鱼丸。

一条大型的雌性黑线鳕每年可以产下多达300万个卵，并且会有多个产卵地。

△**阿布罗斯烟熏房**

一个人在苏格兰东海岸的阿布罗斯的一个烟熏房里，将多排黑线鳕的尾巴悬挂在木片上的火炉上，生产出传统的阿布罗斯烟熏香鱼。

无须鳕 甜美而温和

和它的亲戚鳕鱼和黑线鳕一样，无须鳕在一些国家是一种重要的食用鱼。由于其坚实的、中等薄片状的白色鱼肉及淡淡的甜味，欧洲无须鳕在西班牙特别受欢迎。

欧洲鳕鱼

原产地
东北大西洋，地中海

主要食物成分
17.5%蛋白质

营养成分
钙，铁

学名
Merluccius merluccius

在大西洋、太平洋和地中海生活着几种无须鳕。这个属的名字，Merluccius，取自拉丁文里的Mar或Maris，意思是"海"，而Lucius，意思是"梭子"，也许是指这种鱼又长又细的体型，就像它们的淡水同类一样。在英国，无须鳕过去被称为Whiting；在西班牙，它被称为Merluza；在法国南部，它被称为Merlu。无须鳕在法国也叫Colin。美洲的其中一个品种叫做白无须鳕。人们也经常捕捞和食用它，但是它属于长鳍鳕（Urophycis）属。

△**掠食性鱼类**
欧洲无须鳕具有流线型的身体和几个大而锋利的牙齿，因此可以迅速追捕并抓住较小的猎物。

解开谜团

成年无须鳕是深海鱼类，喜欢在大约200米的深度生活，最深可以达到水平面1000米以下。它们白天在海底度过，晚上靠近海面觅食。无须鳕是食肉动物，它们会捕捉更小的鱼，如凤尾鱼、沙丁鱼、鲱鱼、鲭鱼、沙鳗等，有些甚至会捕捉更小的无须鳕和鱿鱼。20世纪70年代，它们的生活方式是在对商业捕鱼技术进行分析后才被发现的，当时的分析显示，底拖网捕鱼在白天会产生大量鳕鱼，但在晚上不会，而中层拖网捕鱼则产生相反的结果。

▽**在岸上加工**
如今，巨大的工厂船在海上加工渔获物，但是在18世纪的北美洲，诸如无须鳕一类的鱼通常会被妇女带到岸上的其他地方加工。

现做现吃

无须鳕是一种珍贵的食用鱼，在法国、葡萄牙和西班牙的湿鱼柜台上随处可见。Merluza a la Gallega是一种以加利西亚方式烹调的无须鳕菜肴，厨师用橄榄油、大蒜和辣椒粉将其烘烤后，再搭配上煮马铃薯。在葡萄牙，用蛋黄酱烤制的无须鳕鱼片和炒马铃薯片是阿尔加维地区一道美味特的色菜。但是它在英国不太受欢迎，在英国捕捞到的大部分无须鳕鱼会被出口到西班牙。在英国和爱尔兰，无须鳕鱼通常被作为冷冻鱼片食用，或者被加工成"鱼手指"（裹有面包屑的鱼块）或炸鱼饼。

原产地
北大西洋和邻近的北极水域

主要食物成分
16％蛋白质

营养成分
维生素B2，维生素B6，维生素B12

学名
Melanogrammus aeglefinus

尖吻鲈

对趾神话中的雌雄同体鱼

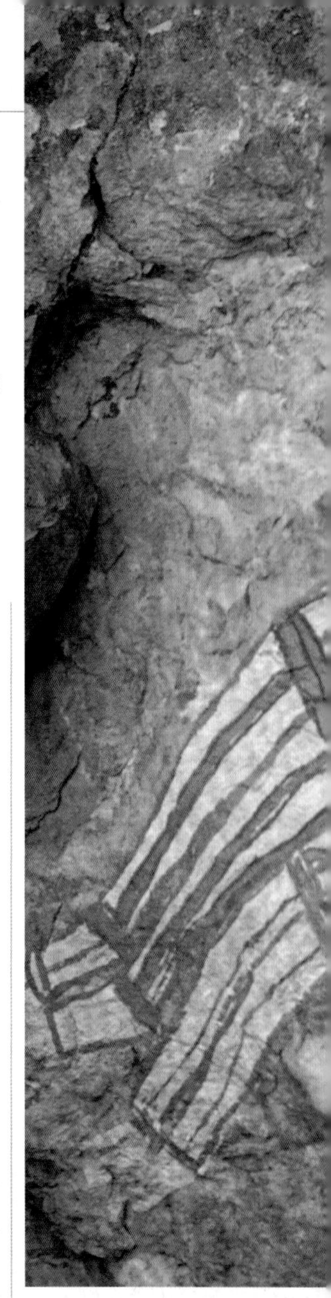

千百年来，土著人一直在捕捞这种美味的鱼，直到过去的60年，这种味道甜美的尖吻鲈才成为澳大利亚乃至其他地区主流美食的一部分。

△诱饵

数百年来，波利尼西亚渔民使用贝壳和骨头制成的鱼钩在南太平洋诸岛周围的热带水域中捕捞尖吻鲈和其他鱼类。

尖吻鲈是土著传说中鱼类的化身，根据这个传说所述，两个错爱的恋人Boodi和Yalima，为了逃避Yalima与部族中一位长老的包办婚姻而离家出走。在部落的长老们的追捕下，这对恋人从悬崖上跳入大海，变成了尖吻鲈，据说他们的刺状鳍是逃跑时部落长老们向他们投掷的长矛。因为这个传说，尖吻鲈有时被称为“激情鱼”，并被认为具有催情的作用。

神奇的生物

尖吻鲈生活在从波斯湾东部边缘到中国、日本南部、向南到巴布亚新几内亚和澳大利亚北部的沿海水域、河口和潟湖中。幼年的尖吻鲈是灰褐色的，它的头上有三条白色条纹，侧面有白色斑点。成年后，它们会变成银色、橄榄灰色或灰蓝色，其金棕色眼睛将变成鲜红色，且闪烁着反射光。大多数尖吻鲈的长度约为80厘米，有的也可以长到180厘米。尖吻鲈体型长，并带有巨大的梳状鳞片，头部尖，嘴巴宽广，且非常奇特。它还会表现出一些不寻常的行为。与鲑鱼或鳟鱼等一些洄游鱼类不同，它有一个潜流的生命周期，意思就是说尖吻鲈出生于海上，当它们还是幼鱼时会迁移到淡水中生存，成年后尖吻鲈会迁移回咸水中并在河口和沿海浅滩进行产卵。它几乎可以吃掉任何东西，包括其他尖吻鲈，它还可以改变自己的性别，以雄性的身份开始生活，经过3—4年的性成熟后变成雌性。这样一来，它们就可以以雌性的身份在一季中产下超过3200万个卵。

◁大收获

1983年，一名澳大利亚男孩自豪地站在一条重约11.8千克的尖吻鲈旁边，这条鱼在达尔文附近水域被捕捞上岸。

难以被人们广泛接受

在昆士兰州的一种土著语言中，尖吻鲈的意思是“大型银鱼”，而澳大利亚的土著人长期以来一直以这种名字很讨巧的生物为食。澳大利亚北部的卡卡杜国家公园的岩画可以追溯到5万多年前，这里的岩画展示了尖吻鲈及其他土著家庭狩猎的鱼类和动物。

200年前，在澳大利亚的欧洲殖民者对该国的土著食物几乎不感兴趣，因此，除了传统的土著美食，尖吻鲈几乎不为人所知，直到20世纪中叶，哈里托斯兄弟将这种鱼类介绍给了更广泛的人群。他们是希腊人，在第一次世界大战期间移居到澳大利亚北部地区，在那里他们对狩猎当地动物和捕捞土著物种感兴趣，并向澳大利亚土著居民学习跟踪和捕鱼技术。1956年，兄弟俩带着尖吻鲈参加了墨尔本奥运会，并把它提供给了奥运会的参赛者，这标志着这种鱼首次成功地进入非本地人的视野中。

当时，这种鱼被普遍称作亚洲鲈鱼，从20世纪80年代开始，出于市场营销的目的，澳大利亚人一直把这种鱼称作尖吻鲈。

发源地
印度洋，南部太平洋

主要食物成分
20％蛋白质

营养成分
钙，钠，钾，维生素A，维生素D，欧米伽-3脂肪酸

学名
Lates calcarifer

不同的名称与用途

尖吻鲈在印度洋和太平洋沿岸的各种沿海水域中生存着，这为它赢得了70多个当地名称，包括泰国的Pla kapong、马来西亚的Ikan siakap和孟加拉国的Bhetki，其中倍受欢迎的当属孟加拉国的Bhetki macher paturi，厨师用芥末酱腌制Bhetki，并用香蕉叶包裹，然后慢慢将其煮熟。在澳大利亚，尖吻鲈被誉为野味鱼，人们可以蒸、煎、炖或烤。这种鱼本身具有淡淡的香味，鱼肉白且又多又瘦，还富含蛋白质。它的健康欧米伽-3脂肪酸的含量在所有白色鱼类中是最高的。从越南到美国，尖吻鲈在世界范围内的养鱼者心中已经越来越受欢迎，美国内陆的爱荷华州和内布拉斯加州的养鱼场能够在距海岸1600千米的范围饲养尖吻鲈。

△银质战舰

尖吻鲈因其自身强大的力量和战斗能力而受到渔民的钦佩和尊重。

△传说中的鱼

在澳大利亚的一幅古老岩画上，一条尖吻鲈在两个来自原住民幻想世界的人物的头顶上方游动，这个场景被称为“梦幻时代”。

鲻鱼 红与灰的碰撞

古罗马人痴迷于玫瑰色的鲻鱼，这种鱼一直是地中海人们菜单上最爱的食物，然而比玫瑰色鲻鱼味道更浓的灰色鲻鱼出现在更多的菜肴中，因其珍贵的鱼子而备受人们喜爱。

鲻鱼

发源地
全球温暖的沿海水域

主要食物成分
19%蛋白质

营养成分
铁，维生素B1，维生素B2

学名
Mugil cephalus

许多鱼都会被叫做鲻鱼，但不代表这些鱼都是“真正的”鲻鱼，换句话说，这些鱼和灰色鲻鱼来自同一科。尤其是红鲻鱼，与灰鲻鱼只是远亲关系。英国人习惯称这种鱼为红鲻鱼，而在美国则会被称作山羊鱼——这种鱼头下有一对突出的胡须状的触须。

◁珍贵的标本

这就是罗马人对鱼的热爱，在1世纪，提比略皇帝（Emperor Tiberius）以5000塞斯特提（Sestertii，相当于今天的4000英镑）的价格拍卖了一条重达2千克的鲻鱼。

古罗马人的热情

古希腊人相信红鲻鱼是魔法和黑夜女神赫凯特的神圣之物，因此对罗马人来说，这种鱼成了一种令人痴迷之物，他们既把它当做食物，也将其视为珍贵的宠物。大约在公元前60年，罗马的律师和政治家西塞罗（Cicero）曾提到，“我们的首领认为，如果他们的鱼塘里有养着能从他们手里夺食的红鲻鱼，那么他们一定会高兴到极点”。罗马的美食家会这样“款待”他们的客人，即先将一条鲜活的红鲻鱼放在一个水晶器皿中，并让他们亲眼目睹这条不幸的鱼如何在死亡时颜色变成强烈的红色和蓝色。红鲻鱼富含瘦肉蛋白，口感细腻，几乎是甜的，且在包括希腊在内的整个地中海地区一直很受欢迎。在希腊，红鲻鱼以烧烤或油炸的形式出现在菜单上，并简单地配以油和柠檬酱。

> 目前，全球养殖产量超过了传统的鲻鱼捕捞量。

不同的颜色，共同的多样性

平头鲻鱼，在美国也被称为条纹或黑色鲻鱼，其分布于热带、亚热带和温带沿海水域。它更像海鲈鱼或鲷鱼，而不是红鲻鱼，其味道更浓，有时还有点浑浊。这种鲻鱼被广泛养殖，并被用于世界上许多菜肴中。在日本它作为生鱼片被人们享用；在埃及人们将其腌制、干燥和腌制。盐腌的干鲻鱼子在韩国很受欢迎，被称作Myeongran-jeot，就好比日本的Karasumi、土耳其的Haviar和意大利的Bottarga。

◁非洲美食

博科鱼（Bokkom）用盐腌制后经过风干与日晒后方可使用，这是南非西海岸地区的热门美食。在吃之前人们会把鱼皮剥掉。

团结保平安

在白天，灰鲻鱼成群结队地游动，以抵御水蛇、海龟和大型鱼类等掠食者的侵袭。

鲽鱼和鳎鱼

富人和穷人的食物

尽管鲽鱼和鳎鱼关系密切，且具有相似的烹饪属性，但由于它们尺寸和风味的微妙差别，鲽鱼和鳎鱼命运完全不同。

▷待售鱼类

在《卖鱼人》中，荷兰画家威廉·范·米耶里斯（Willem van Mieris，1662—1747年）布置了比目鱼来吸引顾客。

这些比目鱼有着畸形的外表，看起来不太可能成为餐桌上的宠儿。然而，它们鲜美的白色鱼肉使鲽鱼和鳎鱼在世界许多地方的不同社会群体的菜肴中都扮演着重要角色。像所有比目鱼一样，鲽鱼和鳎鱼的两只眼睛都在头的一侧。这是为了适应环境进化而成的，以便它们能够在平躺和隐藏在海底时向上看。这两个物种白天不活动，晚上出来觅食，主要以蠕虫和软体动物为食。

在穷人中很受欢迎

这种鲽鱼生活在地中海西部，远离欧洲海岸，向北延伸到格陵兰岛和冰岛。它很容易通过棕色或绿棕色这一面的鲜红色或橙色斑点来识别。斑点越亮，鱼就越新鲜。在中世纪的北欧，尤其是在英国和斯堪的纳维亚半岛，鲽鱼是一种便宜且数量庞大的食物，并一直被称作大众食物。和鲱鱼一样，鲽鱼也是伦敦居民饮食的重要组成部分，每年在比林斯盖特市场（Billingsgate）出售的鲽鱼多达3000万条。这种鱼在德国、瑞典和丹麦同样非常受欢迎，在那里它仍然是最常见的油炸鱼的原料，与雷莫拉酱（一种类似蛋黄酱的酱）和油炸马铃薯一起食用。由于20世纪的过度捕捞，特别是20世纪70年代和80年代，鲽鱼的巨大需求导致鲽鱼数量严重减少。从那以后，人们开始限制捕捞鲽鱼的行为，使其数量开始慢慢回升，如今它仍然是最受欢迎的比目鱼。

◁鳎鱼买卖者

19世纪的法国渔民捕获大量鳎鱼供时尚的巴黎人享用。

法国人最喜欢的

棕褐色“真”鳎鱼（Solea solea）通常被称为多佛鳎鱼，源于英国肯特郡的沿海地区，并于19世纪被大量捕捞。它的故乡是东大西洋，即从挪威到地中海、西非国家塞内加尔和佛得角的海岸。人们在大西洋西部水域发现一种相关的物种——美洲鳎（Achirus lineatus），也被称为太平洋鳎鱼，是一种产于太平洋西北部的比目鱼。

多佛鳎以其温和、甜美的味道、相对较少的骨头及稀有性，成为主要为富人提供的美味佳肴，并具有悠久的历史。古罗马人很喜欢这种鱼，因为鱼的形状扁平所以人们将其称作“Solea Jovi”（Jupiter's sandal，爱神履）。在17世纪法国国王路易十四的宫廷里，鳎鱼是一种很受欢迎的鱼，它作为经典的法国菜肴，可以做成多种不同的美食，如Sole Véronique（配香槟、奶油和葡萄）、Sole Mornay（配奶酪沙司）、Sole meunière（覆盖上面粉，再用柠檬汁和欧芹点缀并在黄油中油炸）和Sole á la Dugléré（用鱼汤和白葡萄酒并铺上满满一层西红柿煮制而成），这是由19世纪巴黎顶级餐馆中英式咖啡馆的主厨阿道夫·杜格莱烈（Adolphe Dugléré）发明的。

> “鲽鱼是一种价格低廉的鱼，通常由平民购买。”
>
> 比顿夫人，1861年《家庭管理》

▷日本渔获量

来自日本北岸和歌沙省的渔民在拖网时，渔网中满是“鳎鱼”，然而这可能是一种比目鱼，且原产于该水域。

欧鲽

发源地
大西洋东北部、北海、地中海等

主要食物成分
18%蛋白质

营养成分
维生素B3、维生素D、硒、磷

学名
Pleuronectes platessa

鮟鱇鱼 丑陋的生物

鮟鱇鱼无疑是最不吸引人的海洋生物，但它结实、美味的鱼尾肉让它在世界各地的厨师和食鱼者中享有很高的评价。

△大头鱼

这是鮟鱇鱼的巨大头部，它的嘴里布满了可怕的牙齿，使它身体的其他部分相形见绌。

多年来，许多人不赞成吃鮟鱇鱼，因为它的外表不讨人喜欢。英国美食作家伊丽莎白·大卫（Elizabeth David）将其形容为“畜生”，而《加州海鲜烹饪书》（*California Seafood Cookbook*）的作者伊萨克·克罗宁（Isaac Cronin）则称其“极其丑陋”。鮟鱇鱼看起来确实凶猛。它们可以长到超过1.2米，体重可达23千克。它们那扁平的大脑袋和两排针状的牙齿构成的大嘴巴会让人瞬间感到厌恶。在以前的法国，鮟鱇鱼被认为是非常不雅观的存在，以至于鱼贩子不会在出售鮟鱇鱼的时候把鱼头立起来，因为他们担心这样会吓到顾客。

鮟鱇鱼大部分时间都会把自己半埋在海底的沙子里，通过伸出头上的诱饵来吸引猎物。有三种主要的鮟鱇鱼：生活在美国东海岸的美洲鮟鱇，生活在东太平洋的茎鼻拟鮟鱇，以及生活在东北大西洋和北海的鮟鱇。这三种鱼的共同之处：在于它们的贪婪——鮟鱇鱼有巨大的胃口。

从2月至10月，每个雌性鮟鱇鱼能产100万个卵。

▷友好的外表

与本图的印象相反，鮟鱇鱼并不“友好”，它会把人咬得很痛。

名字里有什么？

几个世纪以来，这种鱼被赋予了各种各样的俗名。在英国，僧鱼这个名字可以追溯到中世纪，当时人们认为鮟鱇鱼的头部形状类似于僧侣的头巾。后来，在美国，新英格兰人将它命名为“律师”，因为它非常贪婪。在法国，它叫Lotte或Baudroie（都是鮟鱇鱼之意），而意大利人叫它Rane（青蛙）或Coda di rospo（蟾蜍的尾巴）。在德国，它被称为Seeteufel，译为“海妖”。

美味佳肴

如今，鮟鱇鱼被认为是一种美味佳肴，虽然人们只食用它们的尾巴，中央身体部位和脸上的肉。鮟鱇鱼的肉质紧实且呈白色，与龙虾相似，实际上，因为其质地和风味与贝类相似，所以有时被称为“穷人龙虾”。

欧洲鮟鱇鱼

发源地

东北大西洋，北海

主要食物成分

16%蛋白质

营养成分

磷，钾，维生素B3，B6，B12

学名

Lophius piscatorius

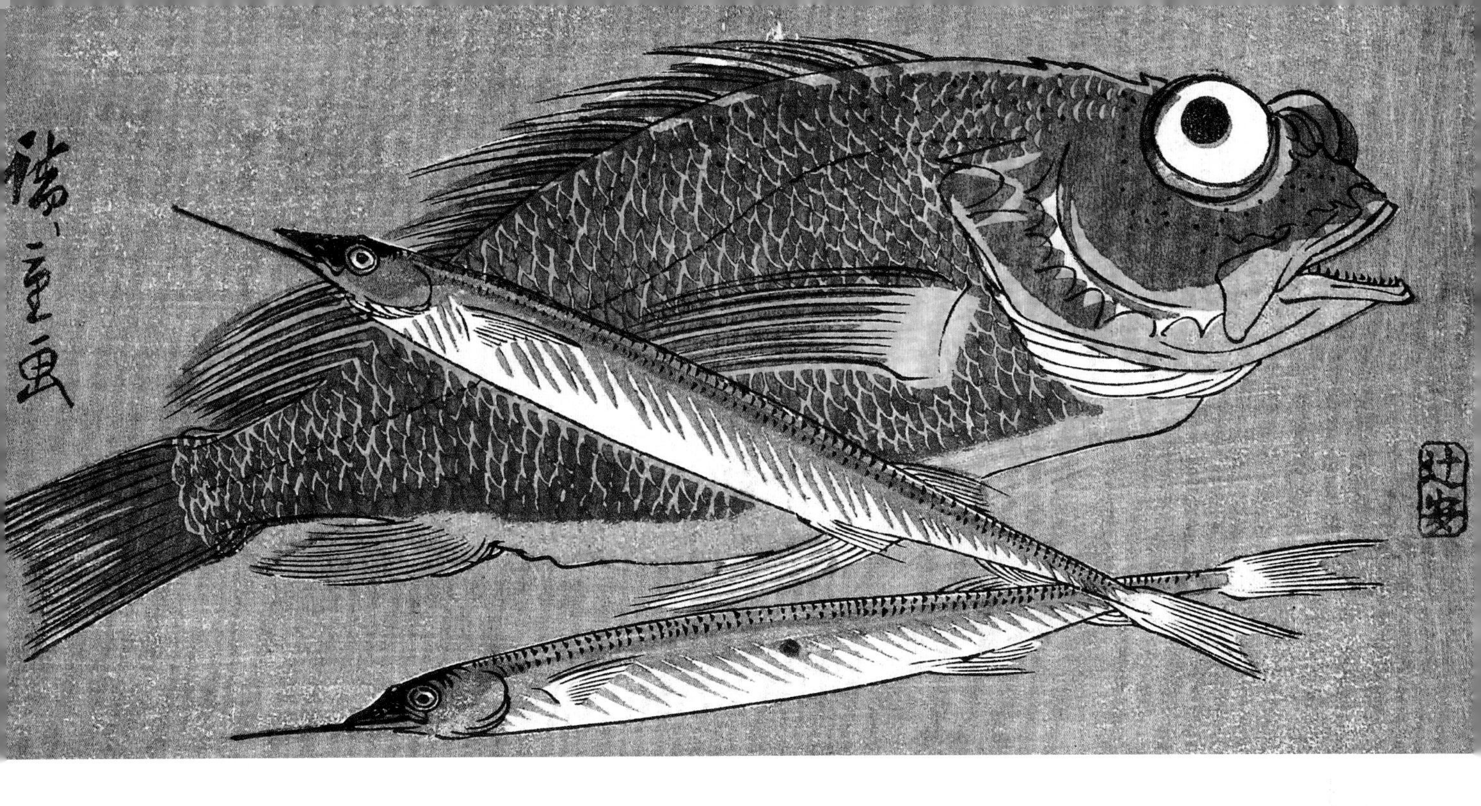

△东方鲷鱼

日本鲷鱼（*Paracaesio caerulea*，青若梅鲷）原产于西太平洋，是日本最受欢迎的食用鱼。

鲷鱼 享誉全球

鲷鱼肉质紧实，味淡且多汁，尤其是红色鲷鱼，它是在世界范围内广受欢迎的美食。

在世界各地的热带水域中发现了超过100种鲷鱼。它们大部分都很好吃，特别是北方红鲷鱼。鲷鱼是美国最受欢迎的鱼类食品，尤其是在南部，19世纪40年代在墨西哥湾人们开始捕捞鲷鱼。佛罗里达州的彭萨科拉（Pensacola）由于鲷鱼捕捞数量的增长，而成为随之繁荣的港口之一。到了19世纪末，这座繁荣发展的城市就成为了世界红鲷鱼之都。慢慢地，装载着鲷鱼的货车将鱼运得越来越远。法国发明家费迪南德·嘉莉（Ferdinand Carrie）开发出了一种有效的制冷系统，这意味着鲷鱼可以以新鲜的状态送达目的地。

鲷鱼品种

北红鲷的近亲是黄尾鲷。它的名字源于其从鼻子到尾巴那突出的黄色条纹。从马萨诸塞到加勒比海，沿着南美洲东北海岸都可以找到这种鱼。大西洋西部还有许多其他的鲷鱼。

印度-太平洋鲷鱼的种类也不尽相同。大多数都有一个主要的活动范围，包括东南亚，向西延伸至红海和东非。然而，澳大利亚人所说的粉红鲷鱼并不是真正的鲷鱼，而是属于海鲷科。尽管鲷鱼没有被列为濒危物种，但多年来的过度捕捞，尤其是在墨西哥湾对红鲷鱼的过度捕捞，导致了红鲷鱼捕捞配额的强制执行。

▷传统工艺

在西大西洋水域发现了几种鲷鱼。右图中，一名巴哈马渔民编织了一个捕捉鲷鱼的传统陷阱。

红鲷鱼

发源地
北大西洋西部

主要食物成
21％蛋白质

营养成分
钾，镁，维生素A，维生素B12

学名
Lutjanus campechanus

金枪鱼 深海之鱼

这种快速游动的鱼被古代世界的文明视为食物来源，但在后来的几个世纪中被轻视。然而，近几十年来，它在日本和西方的餐桌上又重新流行起来。

△古代方法

马坦扎（Mattanza）是西西里岛传统的金枪鱼捕捞方法，在18世纪的铺路石上被描绘出来。

在澳大利亚北端东帝汶杰里玛莱（Jerimalai）的一个洞穴里，考古学家发现了42 000年前东南亚岛民曾经捕捞和食用过的金枪鱼残骸。这个捕鱼社区显然已经掌握了能够进入金枪鱼生存的深水区所需的技能。

公海的鱼

金枪鱼生活在世界各地海洋的开阔水域，经常迁徙到很远的地方。大西洋蓝鳍金枪鱼属于最珍贵的金枪鱼品种，其次是南部蓝鳍金枪鱼。大眼金枪鱼可以长到2.5米，是金枪鱼家族中稀有的品种之一。生活在热带和亚热带水域的黄鳍金枪鱼，多年来一直是濒危蓝鳍金枪鱼的热门替代品，但它们现在也处于非常危险的状态。长鳍金枪鱼，也称作白金枪鱼，广泛分布于世界各地的温带和热带水域。在距今至少2000年前，蓝鳍金枪鱼在地中海被人们捕获，那里的水域相比于开阔的海洋更加隐蔽，因此成为了便于渔民捕鱼的狩猎场。来自大西洋的蓝鳍金枪鱼游过直布罗陀海峡进行产卵，这使得它们更容易被渔船发现并被渔民利用早期简单的捕鱼方法捕获。腓尼基人是地中海东部的一个

▽金枪鱼大丰收

法国南部沿海渔民在地中海的金枪鱼产卵地捕捞蓝鳍金枪鱼。

▷**咬一口**

墨西哥沿海渔民用鱼竿捕捞金枪鱼。这种捕鱼方法避免了无意中捕获其他物种（如海龟和海洋哺乳动物）的风险。

航海民族，他们用手绳和渔网来捕鱼。金枪鱼也是古罗马人的最爱，他们更喜欢金枪鱼，而不是地中海常见的较油腻的鱼，如鲭鱼和沙丁鱼。

如今，地中海蓝鳍金枪鱼是最具商业价值的鱼类，全球约80%的捕捞量流向日本。东京餐馆老板可以花超过100万美元购买最大的标本，这些标本的重量可能超过200千克。

现代现象

历史上金枪鱼被认为是低级鱼类。这种态度的转变始于20世纪初美国推出的罐装金枪鱼，从此打开了新市场。它很快被当成一种方便食品，特别是在北美和澳大利亚。在第一次世界大战期间，它是军队的主要口粮。后来，冷藏技术的出现使金枪鱼的受欢迎程度进一步提高，特别是第二次世界大战后，日本人对金枪鱼刺身（新鲜生金枪鱼）产生了兴趣。现在，金枪鱼刺身在全世界的高档餐厅被广泛食用。然而，这种菜的流行已经威胁到这些物种的生存。

大西洋蓝鳍金枪鱼

发源地
大西洋、地中海，

主要食物成分
23%蛋白质

营养成分
硒、维生素B3、维生素B12

学名
Thunnus thynnus

> “做凤尾鱼的头总比做金枪鱼的尾巴好。”
>
> 意大利谚语

HAQUETTE

捕鱼的危险

远洋捕鱼一直是一个特别危险的行业，尤其是在寒冷、偏僻的北方海域，在那里，人们可能会与猛烈的风暴、暴风雪和致命的海冰作战。渔民可能会经常遇到巨浪，海浪会把渔民冲到船外，或者让他们的船完全倾覆。

历史上，这个行业的死亡人数一直居高不下。例如，在1866年至1890年之间，来自美国马萨诸塞州格洛斯特港的380多艘渔船和2450名渔民冒着生命危险在科德角以东约160千米的乔治河岸和1609千米以外的格兰德河岸附近捕捞鳕鱼。这项工作十分危险，这些人丧生了。1873年8月，仅一场风暴就摧毁了来自格洛斯特的九艘船只，并在这一过程中造成了128名渔民死亡。毫不意外的是，在3年后，一位匿名记者撰文称，“格洛斯特渔业的历史是用眼泪书写的”。英国的渔民也遭遇了类似的遭遇。1881年10月，189名渔民丧生，被认为是英国历史上最大的一次捕鱼悲剧。从这个苏格兰小港口出发出海的45艘船中，只有26艘安全返航；其余的人都成为了一场猛烈风暴的受害者，要么是在埃耶茅斯港（Egemoatr Harboar）入口处的赫尔卡岩石上翻船，要么被撞成碎片。

尽管这个行业存在着这些危险，但捕鱼仍然是一项大生意，成千上万的人以此为生。格洛斯特是美国最古老的渔港，至今依然活跃。仅在2013年，该港口就加工了超过28 000多吨（6200多万磅）鱼，总价值约为4200万美元。

◁危险传统

在20世纪之交，世界各地的渔民乘着小木船冒着最大的危险把捕获的鱼带回家。

章鱼、鱿鱼和乌贼

多触手的海上美食

章鱼的栖息地遍布了除黑海外的全球所有海域，它和它的头足类亲属被许多古代文明所知，它们既是食物的来源，也是令人着迷的对象。

章鱼有一个突出的头部，一双球根状的眼睛和八条挥舞的触须，它的独特造型引发了古代文明的丰富想象。它的神秘之处还在于它的墨囊，当它受到惊吓时，会从中喷出黑色液体，这是它和它的亲戚鱿鱼和乌贼共有的特征。

软体奇迹

章鱼、鱿鱼和乌贼没有骨头或壳，这意味着它们身体的大部分是可食用的。它们的学名，头足类动物，意思是“头部武装”，这是一个恰当的术语，因为在结构上它们只由头和触手组成。章鱼有八条触须，而鱿鱼和乌贼则各有十条。由于它们柔软的身体结构，所以很少有这些海洋生物进化的线索的化石留下。然而，科学家已经将他们的DNA追溯到一亿年前的一个共同祖先。关于章鱼科的一些最早的人类记录来自古希腊的艺术和文学。希腊人给章鱼起名叫okt ō pous，意思是八只脚，它经常作为图案出现在陶器上，其中一个例子可以追溯到公元前1500年。希腊剧作家阿里斯托芬在公元前5世纪提到吃油炸鱿鱼。在古希腊，鱿鱼的希腊语单词“Kalamos”，而在古罗马变成了“Calamaros”。

△即食食品

鱿鱼是韩国和日本流行的街头小吃，且制作方法非常多样。上图中，晒干的鱿鱼被陈列在韩国街头摊位上。

骇人听闻的传说

章鱼和鱿鱼都有关于它们的神话。在希腊神话中，九头蛇是一种长触须末端有七八个头的怪物——当头部被切断时，它们会再生，就像章鱼的触须受损后就会重新长出一模一样的。在秘鲁和墨西哥的阿兹特克文化中，章鱼和其他海洋生物一样受到人们的尊敬。追溯到公元1000年在日本古老的阿伊努人文化中，章鱼状的阿卡罗梅受到崇拜。它被认为有能力给予人们健康和知识，但也可能造成严重破坏。

关于如何嫩化章鱼、鱿鱼和乌贼的知识在所有食用它们的各地文化中都大同小异。在古罗马，章鱼经常在酒、醋或其他酸性液体中烹调，目的是分解坚硬的结缔组织。希腊人的传统做法是用石头敲打章鱼以使其变嫩，而日本人的方法是用盐来摩擦它。和韩国一样，日本是当今章鱼和鱿鱼的最大消费国。

△装饰图案

公元前2000年，米诺斯人是热衷于捕鱼的人，他们对章鱼非常熟悉，无论是作为食物还是作为陶器的装饰灵感。

▷触须和吸盘

在20世纪早期的德国出版物中描述了头足类家族的成员。

常见章鱼

发源地
世界热带和亚热带水域

主要食物成分
15%蛋白质

营养成分
铁、磷、维生素B3、维生素B12

学名
Octopus vulgaris

> “[我]希望看到他对鱿鱼的贪婪……然后让它………到他的盘子里……”
>
> 阿里斯托芬，希腊剧作家，公元前425年左右

Gamochonia. — Trichterkraken.

虾、对虾和龙虾

开胃菜还是主菜？

这些行走的美食有五对腿，对于早期文明来说是很容易获得的食物来源，从可以用网捕捉的丰富的大虾到用罐子捕捉的龙虾都非常受人们喜爱。

龙虾、小龙虾、对虾和虾是人类食用的古老的动物食物之一。这四种生物都被归类为十足目动物，因为它们都有十条腿。它们的前肢通常用来觅食和防御；其他的用来行走——这些动物都生活在海边或河床上，走路是它们主要的交通方式。龙虾是最大的，有强壮的腿，其次是小龙虾，然后是对虾和虾。

晒干，剁碎，然后油炸

虽然大虾（Prawns）和小虾（Shrimp）这两个词经常互换使用，但它们的腮有着不同的结构，而且虾（Shrimp）通常更小。对虾和虾是十足目动物中数量最多的，大约有2000种物种分布在世界上的海洋和水道中。它们也是最容易烹饪的，因为它们的壳很软。

地中海虾和对虾在古希腊和罗马很受欢迎，在那里，它们经常被放在蜜汁里烤炸，或者切碎，做成肉饼然后油炸。至少从公元7世纪开始，虾就是中国菜的特色之一。13世纪，威尼斯探险家马可·波罗在亚洲旅行后曾报告说，“甲壳类动物是中国人饮食的主要组成部分，可以新鲜食用，也可以晒干食用，还可以用来制作酱汁”。在珠江沿岸，人们使用鱼篓捕捞淡水虾，并在河岸上出售，有些还是活蹦乱跳的。自从马可·波罗来过之后，像菠菜炒虾米、川菜中的虾仁青豆之类的菜肴几乎没有什么变化。

瞬间的经典

在美国，虾是在17世纪从路易斯安那州的河口用巨大的拖网捕捞的，并被纳入当地的克里奥尔（Creole）和卡津（Cajun）美食。在1917年，它们引进了机械捕虾，并为全国其他地区提供了大量的新鲜虾。20世纪20年代初，对虾鸡尾酒问世了。这是禁酒令时期流行的聚会食品，而鸡尾酒杯通常是用来盛酒的。对虾鸡尾酒后来成为20世纪60年代美国和英国晚宴上的经典前菜。

△宴会的亮点

17世纪，龙虾在欧洲是一种奢侈的食物。1644年，佛兰德艺术家阿德里安·范·乌得勒支（Adriaen van Utrecht）创作的这幅静物画中，一只煮熟的大龙虾是整个餐桌上最吸引人的食物。

△知识渊博

这位渔夫是南太平洋新喀里多尼亚（New Caledonia）的卡纳克（Kanak）人，他带着罐子到龙虾聚集的群岛潮汐泻湖中捕捞龙虾。

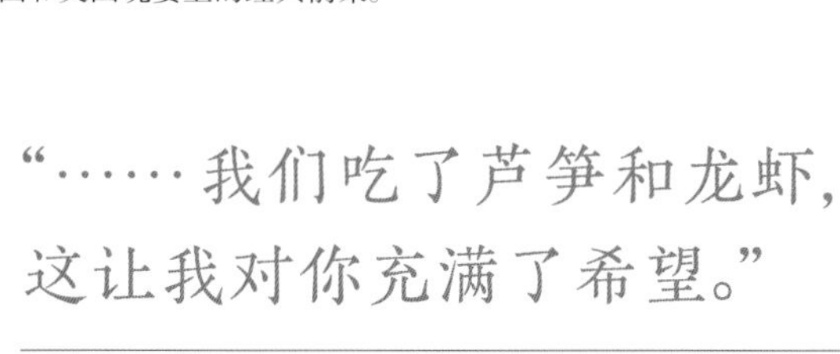

“……我们吃了芦笋和龙虾，这让我对你充满了希望。”

简·奥斯汀（Jane Austen），英国作家，致她的姊妹书（1799年）

豪华龙虾

尽管虾和对虾在20世纪后期广为流行，而且价格相对便宜，但龙虾却以稀有和昂贵而著称。但是情况并非总是如此。在过去的几个世纪中，生活在沿海地区的人们捕获并食用龙虾，作为它们饮食中的主要组成部分，但是到了17世纪，龙虾已成为一种时尚。英国日记作家、社交名流塞缪尔·佩皮斯记录说，他在1663年的一次优雅晚宴上品尝了龙虾，然而18世纪英国烹饪作家汉娜·格拉斯（Hannah Glasse）的《烹饪艺术》中则列举了几种适合精致食用龙虾的食谱。在美国新英格兰殖民地，龙虾种类繁多，人们已经对食用龙虾习以为常。龙虾甚至被用作诱饵和肥料，或是被作为廉价的蛋白质来源喂给囚犯和奴隶。19世纪中期，引入罐装龙虾和铁路运输，帮助龙虾进入了更广阔的市场。不仅是城市居民对罐头中出售的精致龙虾肉的浓厚口味产生了兴趣，而且新兴的新英格兰旅游业也使得当地新鲜龙虾成为一个特色，这种新鲜龙虾在精致的餐馆里供应。由于需求量非常大，新鲜龙虾的价格从19世纪80年代开始上涨，到20世纪前几十年，龙虾已经成为只有富人才能负担得起的美味佳肴。

◁**意外收获**

一位新英格兰的渔夫惊叹于他传统捕猎工具里捕到的美国龙虾的大小。

美国龙虾

发源地
北美大西洋沿岸

主要食物成分
16.5％蛋白质

营养成分
维生素B12，维生素E

学名
Homarus americanus

螃蟹 带壳的食物

螃蟹因其肉质细嫩而受到美食家的青睐，由于其坚硬的外壳、爪子和细长的腿，常常给食客带来挑战。

△鲜蟹

一只中等大小的蓝蟹能为一个坚持不懈的采摘者产出60克熟肉。上图中，这只螃蟹还是活着的状态。

螃蟹被认为是现代食品市场中一种昂贵的食物，是世界各地史前沿海居民狩猎采集到的食物中的一部分。螃蟹生活在世界上所有的海洋中，也生活在全球热带和亚热带地区的淡水中。它们是甲壳类动物（有硬壳和多条腿的动物）中最多样化的一类，多达数千种。然而，尽管古代文献中提到了许多其他种类的海鲜，但是关于螃蟹的记载却很少。公元4—5世纪的文字记录道，“公元1世纪的罗马美食家阿皮基乌斯提出了一个关于制作螃蟹的食谱，是一种炸丸子，类似于现代的蟹饼”。

保存在夜空中

尽管螃蟹在古代饮食中所占的比例不大，但它仍然不可或缺，因为它的拉丁名字“巨蟹”是黄道十二宫中的一个星座，在南北半球都可以看到。这个星座是12个星座中最模糊的一个，它的知识可以追溯到3000年前巴比伦人把它命名为“小龙虾”。根据古希腊神话所述，大力神赫拉克勒斯（Hercules）被继母赫拉送来的螃蟹咬伤，以分散他杀九头蛇的注意力。尽管赫拉克勒斯把螃蟹踩在脚下碾碎了，但赫拉因为感伤它的离去便把它放在了天上，以示敬意。

“把肉从大爪子里取出来，然后裹上面粉并油炸了。”

罗伯特·梅，《成就大厨》（*The Accomplish Cook*，685年）

▷古代神灵

公元100—700年，莫切文化统治着秘鲁北部的沿海地区。他们留下了大量的陶瓷制品，包括这个刻有蟹神形象的瓶子。

钻到壳下

作为一种食物来源，螃蟹坚硬的外壳、锋利的钳子，以及相对少的肉，对人类来说一直是个问题。有证据表明，在史前时期，人们将螃蟹收集在苏格兰周围水域的篮子里，它们似乎在被罗马占领时期的英国很受欢迎。

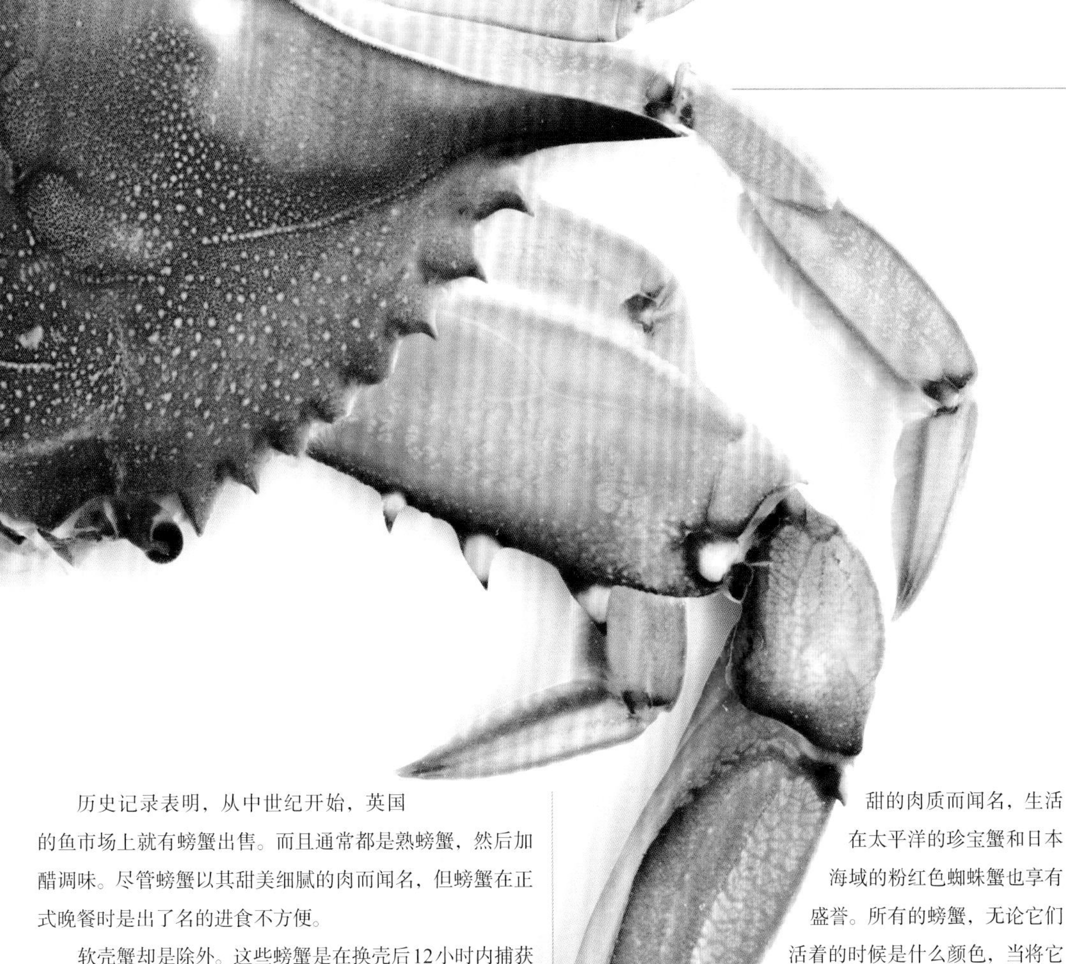

历史记录表明，从中世纪开始，英国的鱼市场上就有螃蟹出售。而且通常都是熟螃蟹，然后加醋调味。尽管螃蟹以其甜美细腻的肉而闻名，但螃蟹在正式晚餐时是出了名的进食不方便。

软壳蟹却是除外。这些螃蟹是在换壳后12小时内捕获的。几乎所有的螃蟹都可以在没有额外加工的情况下被食用。在美国，最有名的软壳蟹是蓝蟹，它盛产于大西洋沿岸。在夏季，食用煮熟或蒸熟的蓝蟹已成为居住在马里兰州、特拉华州、哥伦比亚特区和弗吉尼亚州接壤的切萨皮克湾（Chesapeake Bay）河口附近的人的习惯了。

在日本，日本蓝蟹（又称滨蟹）是另一种因其软壳而受到重视的物种。它可以用来制作寿司或天妇罗。地中海蓝蟹是意大利威尼斯潟湖的本地物种，它是该地区特色菜的灵感来源，这是一种称为Molecchie fritte（或者Moleche fritte）的菜，就是将螃蟹浸泡在打好的鸡蛋中然后一起油炸。

变红的肉

螃蟹中最大、最昂贵的是帝王蟹，其以肉质细腻，边缘略带红色而闻名。在白令海中，红蟹或阿拉斯加帝王蟹的腿长可以达到1.8米，尽管如此，帝王蟹却只有大约四分之一的肉是可以食用的。北太平洋的雪蟹也以其特别鲜甜的肉质而闻名，生活在太平洋的珍宝蟹和日本海域的粉红色蜘蛛蟹也享有盛誉。所有的螃蟹，无论它们活着的时候是什么颜色，当将它们被放入沸水中时都会变成红色。这种现象的出现是因为一种被叫做虾青素的红色色素，该色素是螃蟹壳的一部分，但在蟹还活着时会被隐藏在蛋白质涂层下。当螃蟹壳被加热后，蛋白质涂层溶解，露出虾青素，虾青素在高温下会保持稳定，使煮熟的螃蟹呈红色。

蓝色螃蟹

发源地
墨西哥湾西大西洋

主要食物成分
18%蛋白质

营养成分
钙

学名
Callinectes sapidus

▽老式捕蟹
捕蟹的渔民使用传统方法将装有诱饵的篮子留在海底，然后回来将其拉上船，看看里面是否有螃蟹。

蛤蜊、贻贝和牡蛎

能一口吃的美食

无论是用锋利的工具撬开，还是加热把它打开，这些独立包装的贝类包含了不少的蛋白质，其中一些既便宜，数量又庞大；而另一些则被视为奢侈品。

△铰接壳体

像所有的双壳类动物一样，牡蛎有一个由两部分组成的铰链壳，可以紧紧地关闭。需要一把特殊的刀撬开才能取肉。

蓝贻贝

发源地
北大西洋海岸

主要食物成分
12%蛋白质

营养成分
铁，磷，维生素B1，B3，B12

学名
Mytilis edulis

自古以来，牡蛎被认为是最负盛名的软体动物。它们的巨大体积使它们成为人们采摘的最佳选择，并且在里面找到一颗珍珠的可能性也增加了对人们的吸引力。

最重要的是，牡蛎生吃的味道让它们非常受欢迎，早期的鉴赏家就非常喜欢不同产地的牡蛎之间味道的微妙差异。从公元前1世纪开始，罗马人就在地中海养殖它们。牡蛎一直被养殖到帝国灭亡。扇贝（蛤蜊的一种）也被认为是古典世界中值得享用的美食，其独特的形扇贝壳被反复用作艺术品中的装饰图案。

从富足到匮乏

在盛产扇贝的地区，如英国和法国的海岸，扇贝和牡蛎为穷人提供食物。在查尔斯·狄更斯1837年写的关于伦敦生活的小说《匹克威克报》中，山姆·韦勒（Sam weller）说，“贫穷和牡蛎似乎总是相伴相随”。在大西洋的另一边，沿海的美洲印第安人经常食用牡蛎，早期的欧洲探险家报告说他们看到了长达30厘米的牡蛎标本。直到19世纪末，牡蛎才成为一种奢侈品。该转折点是工业革命时期，大西洋沿岸的许多天然牡蛎养殖场所养殖的牡蛎因为污染而死亡。加上前几个世纪的过度捕捞，这导致牡蛎严重稀缺，从而导致价格上涨。相比之下，贻贝和蛤蜊比较便宜，尽管它们在一些地区也受到过度捕捞和污染的影响。贻贝供应稳定的一个原因是，自13世纪开始，欧洲养殖户已经普遍开始养殖贻贝。第一个贻贝养殖场于1235年在法国大西洋海岸的滨海伊吉隆建立，养殖户用木杆上拉下来的绳子将贻贝打入海底。贻贝的成熟速度比牡蛎更快，而这种养殖方式很快就在北大西洋和地中海传播开来。用贻贝做出来的美味佳肴包括法式小酒馆的经典海鲜贻贝（用奶油白葡萄酒酱烹制的贻贝）和油炸贻贝（与炸薯条一起食用的贻贝）。

蛤蜊菜肴

到了19世纪，贝类在北美变得越来越受欢迎。蛤蜊的肉量很少，很难有大量的收成，但在美国东海岸，人们不太介意这一点，在那里，蛤蜊成为了当地菜肴的一部分，尤其是蛤蜊杂烩，也成为了当地文化的一部分，当地还有烘烤蛤蜊的传统。蛤蜊还出现在意大利的意大利通心粉、印度南部喀拉拉邦的咖喱及日本的火锅和汤类中。所有这些食物都有悠久的传统，而且都是基于当地对这些双壳贝类的捕获。

△关上的壳

健康的贻贝，在离开水的时候壳会保持闭合，比如图中这些活体蓝贻贝（blue mussels），所以如果遇到贻贝的壳已经打开，就必须在烹饪前将其丢弃。当烹饪时本来紧闭的活贻贝会被杀死，它们的壳此时就会打开。

> “牡蛎比任何宗教都美好，它们对我们的不善包容至极。”
>
> 英国作家萨基（Saki，1870—1916年）

◁潜入水中

在日本的沿海小村庄里，数百年来人们都能随意潜入水中寻找牡蛎，女人们屏住呼吸在海底搜寻，找到牡蛎时就会返回海面，并将手里的战利品高高举起，让人收集起来。

▽挖蛤

蛤蜊生活在潮间带的砂质、淤泥质或泥泞的深处。退潮时，就可以像这些韩国妇女一样在泥土中挖到它们。

谷物、豆类

介绍

我们现在生存的世界在一定程度上是依靠谷物建立起来的。它们一直是古代人类和现代人类重要的食物，没有它们，全球大部分人都无法生存。虽然这些细小的草本种子看起来没什么了不起的，就连那些像玉米一类的较大植株的谷物都不是十分起眼，但是它们富含碳水化合物：卡路里和能量，称得上是人类文明的基石。

农业的种子

人类在世界的各个角落都成功培育了玉米、大米、小麦、大麦、高粱、小米、燕麦及许多其他不同种类的谷物。人工培植谷物的历史已经有上千年，起初，原始人类只是在找得到这些植株的地方随意采集它们的种子，他们会先吃掉一部分，并在坑里或是陶土容器中留下另一部分以备过冬。我们的祖先逐渐开始抛弃他们原有的游牧生活方式，他们定居下来后，发现把一个区域内的所有野生谷物都收集起来的话，会导致明年的收成变差。因此，他们开始播撒谷物种子，以求明年获得较好的收成。这些种子都是从最好的植株中遴选出来的，而这些植株也慢慢进化成我们熟悉的样子。在这长时段的转变过程中，人类从采猎者慢慢变成了农夫，并开始在耕耘好的农田里种植珍贵的种子，以此取代之前随意播撒种子的习惯。

烤以取之

经常被称为五谷之首的小麦，是最早被人工培育出来的草本品种。早期的小麦很难从它的外壳或是苞中剥离，所以需要先烤制麦苗，才能剥开。这样轻微的烤制能够使小麦轻松从它的谷壳中脱离开来，这时只能获得12.7千克左右的麦子，人们可用其做成粥或是薄面片（未发酵的面包）。慢慢地，人类开始人工选育种子脱壳率较高的小麦植株，这也让获取和储存小麦变得更加轻松。

到了公元前2700年左右，早期的中国农民开始集中精力种

△早期记载

人类最早的一些文字记载就是关于谷物的配给问题。公元前3100—前2900年，这一类记载出现在美索不达米亚的楔形文字石板上。

◁大丰收

芒麦（Emmer，一种小麦），和大麦都曾在古埃及盛行，人们使用锯齿状的镰刀收割这些谷物。因为谷物意味着富裕，所以它常常是墓穴绘画的主题。

△生命的支柱

面包对罗马人来说极其重要，人们在穹顶状的烤炉中烤制面包。公元前2世纪，罗马帝国的第一份烘焙师指南《烘焙大典》（*Collegium Pistorium*）出版。

植神圣五谷作为主食，其中就包括了大麦、大豆、大米、小麦和小米。这些谷物都被认为是对生命极其重要的。人们很容易将大米和中国联系起来，但是实际上，上千年以来，中国北方都以小米作为主要的农作物。大米作为中国南方的主要作物，一般会被种植在稻田里，农民用双手将其种植在潺潺细水之中。许多新型品种的培育让它能够在上百个国家里的各种环境下生长，现在我们拥有从棕色到野生，再到白色等成千上万种大米品种。

相比之下，玉米则给现在的墨西哥和中南美洲的伟大的阿兹特克和印卡帝国提供了稳健的粮食基础。16世纪，当西班牙探险家赫南·科特斯（Hernan Cortes）和他的手下想要骑马穿越阿兹特克的玉米地时，他们发现这些玉米长得太过密集，以至于它们就像一堵堵高墙，无法穿越。考古学家甚至曾在秘鲁发现过公元前6700年的玉米粒。

从面包到粥

大麦，曾经是制作啤酒和面包的主要原料，但是因为它的低麸特性，导致它很难被制成面包，因而退出了人们的视线，被更常见的小麦取代。燕麦虽然很有营养，但是却被古希腊人视为野蛮人的食物，还在18世纪英国词典编撰者强森博士（Dr Johnson）的字典中被形容成“一种英国人用来喂马的谷物”。

谷物经常会被磨制成粉，或者被做成粥类食品，人们也会用相同的处理方式来处理其他豆类。后者包括豌豆、大豆和不同种类的菜豆。它们都是十分古老的食物；豆子的英文单词Pulse是由拉丁文中的Puls衍生而来的，意思是浑厚的豆子或是菜豆粥。豆子对早期人类来说非常有用，因为它们可以生吃，或是晒干存储备用，以便在其他的食物都被吃完或是歉收的情况下食用。豆子和菜豆经常出现在许多埃及的陵墓中，鹰嘴豆曾出现在传说中的巴比伦空中花园内。

> 古埃及人在大麦面粉里加入酵母来烘烤面包，然后将其碾碎后加入水，制作成啤酒。

古希腊人会在寺庙内供奉豆神吉亚奈特斯（Kyanites），而罗马人则举办叫做Fabaria的庆典活动以纪念死亡女神查尔纳（Carna）。罗马的祭司认为豆类是不洁之物，因此他们会拒食豆类。在许多国家的考古地点都曾发现过豌豆和各种豆类。

△进步的代价

19世纪，蒸汽脱粒机的发明意味着人们能够收割大量的谷物，但同时这种机器也让许多人失去了工作。

▷不只是鸟食

被人类种植了上千年的小麦一直是众多发展中国家的重要作物，在尼日尔，它在人们日常食用的谷物中的占比达65%之多，还会被磨制成粉，做成面包。

△拉磨的驴

在中国，人们用不同的方法研磨大米。其中最常见的一种方式就是把驴、牛或马等家畜，绑在可以磨制谷物的滚轮上，来制作精细的面粉。

簸扬谷物

在亚洲，传统的簸扬方式仍旧十分实用，人们用簸将大米和它的外壳分离。

大米 千万人的食物

人工培育大米已经有1万年左右的历史了，现在，它是亚洲最重要的农作物。这种带着微微米香的谷物是世界上一半人口的主食。

△大米种类

每种大米的营养价值都是由它们的精细程度和品种决定的。白米十分精细，因此营养没有黑米和粽米高。

大米作为一种食物和作物早就融汇到亚洲国家的文化之中了。它是日本神道教的宗教食物，在印度教中也有重要意义，未煮制的大米加上姜黄（Akshata）在印度代表着繁荣、丰收和仁爱。在婚礼上祈祷（Pujas）的时候，人们经常将姜黄抛到祈祷者的头上，这种传统也被西方人接受并改进。在泰国，大米被人们尊崇为“大米母亲”。

大辩论

对于与小麦、玉米同属的草本植物——大米是在何处最先被人工培育出来的这个问题，考古学家们已经热烈地讨论了好多年了。考古学家在长江流域发现过公元前12 000年至11 000年亚洲大米的化石残余。他们还发现过公元前5000—前4000年人类用动物肩骨制成的工具，他们相信这些工具是新石器时期（公元前5500—前3300年）居住在中国南部的河姆渡人用来培植大米的。在印度工作的考古学家则认为大米的培植初始于恒河流域，他们曾在北方邦的拉哈德瓦（Lahuradewa）发现过公元前6500年左右的早期瓷器和大米粒。

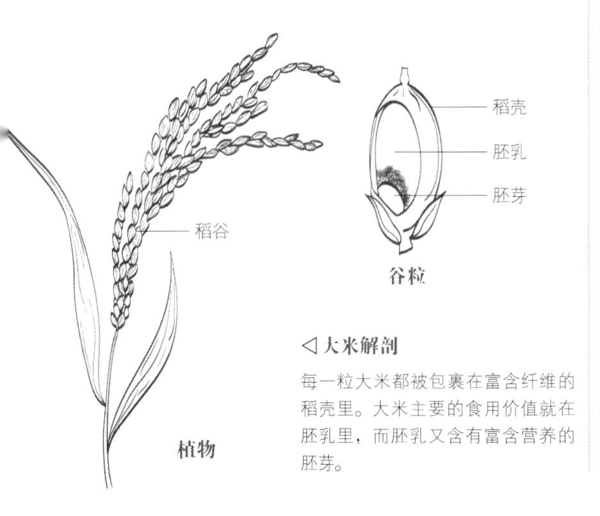

◁大米解剖

每一粒大米都被包裹在富含纤维的稻壳里。大米主要的食用价值就在胚乳里，而胚乳又含有富含营养的胚芽。

△以大米为中心

和许多亚洲国家一样，在日本，餐宴都是围绕着大米制作的。

非洲的证据

尼日利亚东北部的甘吉加纳（Ganjigana）曾出土过公元前1800—前800年的陶器，上面印有非洲大米的印记，而附近的科萨卡塔（Kursakata）也曾出土过一颗3000年前被烤焦的大米粒。虽然考古学家不知道这些残余到底是源于野生大米还是培植大米，但在20世纪90年代，他们在尼日尔三角洲的非洲杰内-杰诺（Jenne-Jeno）古城遗迹中发现了公元前300—前200年间人工培植非洲大米的证据。

慢慢扩散

大米的培育传到世界各地的速度比较缓慢，造成这种结果的原因大概是由于种植大米需要很多劳动力，而且还需要这些劳动力都生活在固定的居所，这样他们才能随时建造和维护稻田。传说中，是亚历山大大帝的士兵在公元前327—前326年打完印度战役后将这种谷物带到希腊的，并从那里将大米传播到欧洲南部和北非的部分区域。

在意大利，烩饭（Risotto）是一道传统菜，而对意大利人种植大米的记载最早可以追溯到1475年，米兰爵士加莱佐·玛丽亚·斯福扎（Galeazzo Maria Sforza）给费拉拉

亚洲大米

发源地
亚洲

主要产地
中国、印度、印度尼西亚

主要食物成分
76%碳水化合物

营养成分
铁、维生素B3、维生素B9

非食品用途
燃料、纤维、绝缘材料（稻壳）

学名
Oryza sativa

△碾碎米粒

在日本和许多其他亚洲国家，大米都是通过手工敲击的方式使其与稻壳分离并获取米粒的。

▽中国的培育

在中国和其他地方的大米种植情况，就像这幅18世纪的图展示的一样，是需要很多劳动力的，往往整个村子的人都要参与水稻的种植。

（Ferrara）的埃斯特（d'Este）爵士送去一袋大米，并附上信件说这袋大米能够让他收获12袋大米。

大米很快成为波河平原（Po Valley）的重要作物，它那丰饶沼泽般的平原给水稻提供了绝佳的生存条件，以至于到现在人们还在此地种植大米。

大米大概是在15世纪晚期或是16世纪早期才传到加勒比海域的，史学家认为它们是在16世纪20年代，由西班牙人引进到墨西哥的，在同一时期，葡萄牙的殖民者和他们的非洲奴隶也把大米带到了巴西。大米是在1685年左右抵达南卡罗莱纳州的，当时一艘从马达加斯加来的船停靠在查尔斯顿港口（Charlston Harbour），并在港口修理风暴后的损伤。据说，这艘船的船长，约翰·瑟伯尔（John Thurber）与这个区域最早的英国定居者亨利·伍德沃德（Henry Woodward）相遇，并给了他一袋大米，这一奇遇为这个区域日后成为大米主要生产地奠定了基础。原来卡罗莱纳州大米的品种叫做Oryza glaberrima。当时为了培育这种需要很多劳动力的品种，地主需要很多会种植水稻的奴隶，但是在南北战争结束后，奴隶经济崩溃，这里的大米品种也被O. sativa取代，因为这个品种的种植不需要那么多劳动力。

在印度，大米以前叫做"dhanya"，意思是人类的维持者。

长、短和中等大小的米

如今，大米已经是一种主要的农作物了，每年精细大米的产量都超过4亿吨。我们拥有40 000多种不同的大米品种，主要的三种有短米，例如意大利烩饭，意大利汤和意大利布丁中用到的艾保利奥米（Arborio）就是短米的一种；以及经常被加到鲜甜菜式中的中米；还有长米，例如很让人喜欢的印度香米（Basmati），它包含的一种淀粉，能够使煮好的米粒颗颗分离。

全世界出产的大米中90%都是被亚洲消耗掉的。它是低收入国家中贫困人群最重要的主食，这些贫困人群可能

需要在大米上花去自己一半的积蓄，大米在各个社会阶层都很受欢迎。

印度各地的人都食用大米，特别是在印度的南部，这里不论是工人还是富翁，每个人的日常食谱里都会有豆泥糊（Dhal）配大米这道菜。印度南部的饮食中，还会用研磨后煮制半熟的大米，加上马豆（Split peas），做成一种面糊，然后再做成棉柔的米糕（Idlis）或是煎成爽脆的煎饼（Dosa）。同样，中国南方的饮食也很注重大米的搭配，一般人们都是吃蒸熟的大米，但是有时候也会炒制大米。在老挝和泰国东北部，糯米是当地人的最爱。大米也出现在许多甜品中，从日本的麻薯（Mochi）到英国传统的小吃米布丁，前者是用一种日本短粒糯米打碎搓成圆球，再用甜的黄豆馅填充制成的米糕，这种麻薯在很多日本餐馆的菜单上都能找到。在非洲西部，米面包、米蛋糕和粥会出现在婚礼和丧礼上，乔洛夫（Jollof）大米则是当地较受欢迎的一道大锅菜。

◁**梯田地貌**

在中国和其他种植水稻的国家，修建梯田来建造稻田是很常见的。这其中，中国云南元阳县的梯田就十分典型。

"巧妇难为无米之炊。"

中国谚语

大麦 道路崎岖的幸存者

作为中东新月沃土最先被人类培植出来的谷物，大麦上万年来一直都是主食。对于现在的西方人来说，它在麦芽威士忌一类的酒精饮料中的作用比较深入人心。

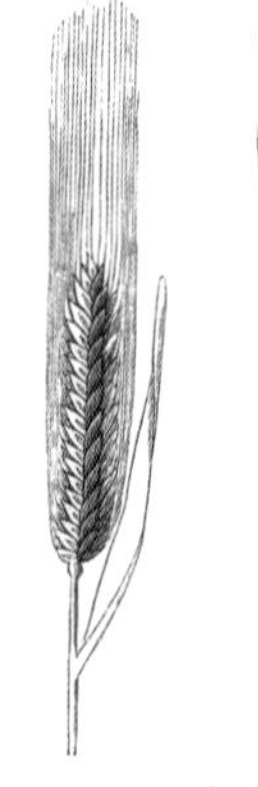

△大麦的种类

大麦种类的选择主要取决于它的用途，用于食用的品种往往会有较高的米粒收成，而制作啤酒的品种则较注重它的淀粉含量。

大麦对于新月沃土的农业发展来说至关重要，这个区域就是8000—10000年前，中东人最先开始从四处游牧的采猎者，慢慢转变成较为稳定的农业文明的地区。作为草本家族的成员之一，大麦能够生存在其他比较挑剔的同属小麦不能生存的较冷地区或者碱性强的土地，这种特性也让它在接下来的几千年里能够快速地传到世界其他气温较为温和的角落。大麦在公元前5000—前4000年抵达西班牙，并传入北欧，在公元前500年左右到达英国。大麦的培育也随着埃及传到了北非其他地区，往东传向了亚洲，在公元前3000—前2000年传到了中国、印度和日本。

古代谷物的古代用途

几千年前，大麦是用来制作粥和大饼的，还有人用它来做啤酒，这个方法至今在世界有些地区仍被沿用。在古埃及，大麦被当作是食物和饮品，其中一种最受欢迎的饮品就叫做Haq，那是一种低酒精含量的啤酒。除了这几种用途，古希腊人会用大麦制作Paximadi，一种需要二次烤制的脆饼干。至今在克里克岛，人们还能找到Paximadi（又名Dakos），在上面加上一点清水，抹上切好的西红柿，再倒上一点橄榄油就可以食用了。直到罗马帝国没落，大麦一直是一些罗马人的主食。角斗士被称作Hordierii，意思是“大麦人”，因为他们每天都会吃富含碳水化合物的大麦和大豆，喝梣木制成的饮品。

直到16世纪，全欧洲的人几乎都会用大麦制作面包。除了被用来做成粥，大麦还会被加到汤品和炖品里，或是被做成大麦水，一种强健身体的饮料。1493年，哥伦布第二次航行时，将大麦引进到北美洲。

食物和饮料

如今，大麦是重要谷物作物中的第四名（排名在小麦、大米和玉米之后）。这种作物有一半生长在发展中国家，例如埃塞俄比亚，在那里，大麦是制作Ingera的重要食材，这是一种薄煎饼。在世界的其他地区，包括美国，大麦主要是用作动物饲料，但是它在中东是饮食中的重要成分，人们会在沙拉里加入大麦。而在西藏高原，烤制的大麦面粉则是当地的主食。几个世纪里，亚洲饮食中的大麦茶仍有许多人在享用，特别是在印度、日本和韩国。大麦还为威士忌做出了自己的贡献——它是著名的麦芽威士忌中除了水以外的唯一成分，这些威士忌的产地包括苏格兰、爱尔兰、美国，还有最近大力发展这一产品的日本。大麦还被广泛地应用在精酿啤酒的酿制过程中。

△女人的工作

在古埃及，啤酒是由女人酿制的。烤好的大麦面包会被碾碎，加入水，然后等待其发酵。

发源地
中东

主要产地
俄罗斯、法国、德国

主要食物成分
78%碳水化合物

营养成分
铁、维生素B3

非食物用途
动物饲料

学名
Hordeum vulgare

▷播撒大麦

到了19世纪，小麦取代了大麦成为欧洲人制作面包最爱用的谷物，但是大麦还有很多其他用途。

> “只有早期在大麦田里辛苦劳作的收割者，才能听到美妙的歌声。”

阿尔弗雷德·丁尼生（Alfred Tennyson）爵士，《夏洛特夫人》（*The Lady of Shalott*，1842年）

传统收成

100年前，在靠近耶路撒冷的一片农田里，人们手持短手镰刀收割大麦，这是个艰巨的任务，但对人们来说至关重要。

燕麦 北方的主食

作为从古代开始就已经是重要谷类作物和动物饲料的燕麦，今天还十分流行，它是早餐谷物、粥、饼干和面包的重要基础食材。

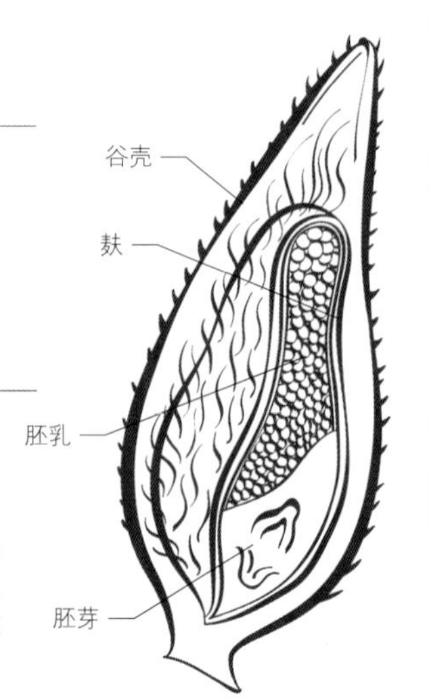

发源地
西亚

主要产地
俄罗斯、中国、波兰

主要食物成分
66%碳水化合物

营养成分
锰、钾、磷、维生素B9

非食物用途
动物饲料

学名
Avena sativa

人工培育的燕麦源自野生燕麦，一种和杂草类似的草本植物，考古学家曾在希腊、以色列、苏丹、叙利亚、土耳其和伊朗一带找到过12 000年前的燕麦残余。

古罗马人虽然种植燕麦，但却认为它们只适合动物食用，尽管根据公元1世纪的罗马作家老普林尼的说法，“德意志族群……完全以燕麦粥为生”。在中世纪欧洲，燕麦3年一丰收，种植期间人们还会种植小麦和大麦。在相同的时段，燕麦还会被用来做Pottage，一种蔬菜炖品，或是被加到黑布丁里，这是一种用动物血液做成的香肠。

早餐的突破

到了17世纪，燕麦已经成为北欧重要的农作物和苏格兰人重要的主食。燕麦是由欧洲殖民者引进到北美洲的，关于燕麦种植的最早纪录出现在1602年，当时人们在马萨诸塞州海岸的卡蒂亨克岛（Cuttyhunk）上种植燕麦。1877年，成立于俄亥俄州的桂格磨厂公司第一次尝试将燕麦包装成早餐谷物，这家公司被收购后，桂格燕麦在1882年成为了第一个能够在美国国家杂志做广告的早餐谷物。

▷**燕麦剖析**
燕麦的谷粒最外层有谷壳，里面还有另一层富满纤维的麸，最里面是有着营养价值极高的胚乳和胚芽。

现在，燕麦是世界谷物产量第5的经济作物（在小麦、大米、玉米和大麦之后）。燕麦不仅是粥的基础，还是许多人早餐的最爱，也是什锦早餐木斯里和格兰诺拉（Granola）的基本原料，燕麦还会出现在一些烘焙食品中，比如燕麦蛋糕、燕麦饼干和燕麦面包里。燕麦还是苏格兰著名的传统特色菜肉馅羊肚（Haggis）的主要食材。

> “在英格兰燕麦被用来喂马，但是在苏格兰，它却用来养人。”
>
> 萨谬·约翰逊（Samuel Johnson）博士，英国作家，1755年

◁**包装燕麦**
当美国的桂格磨厂公司开始把燕麦包装成早餐食品时，燕麦开始了现代工业化。这张19世纪90年代的图中展示了在这家公司工厂里工作的女员工。

▽**黑麦登场**
早在20世纪的德国，黑麦脱粒就已经开始被机械化了，但是这仍是个耗费体力的农活。

黑麦 坚韧的谷物

这种可1年收的坚韧谷物原产于西亚，现在世界各地都有其身影，且主要用来制作面包和酿造威士忌。

◁黑麦谷粒

如图所示，黑麦谷粒有着长满绒毛的稻壳，其中包括扁长的灰绿色种子。

罗马史学家老普林尼应该是第一个记载黑麦的人，公元1世纪他在阿尔卑斯参军时曾经仔细观察过这种谷物的生长。现代培育的黑麦是一种多年生的草本植物，即山顶黑麦的后代，其被认为起源于公元前3000年左右的西亚荒凉高地。山顶黑麦是一种可1年收的草本植物，而且可以忍耐严寒，并在公元前2000年左右传到欧洲，随后再西传至喜马拉雅，并在公元前1700—前500年，被传到斯堪的纳维亚半岛。

包括盎格鲁撒克逊（Anglo-Saxon）在内的德意志部落将黑麦带到了英国的各个岛上，而弗朗克司人（Franks）则把它带到了法国，他们都把黑麦当成一种不可或缺的食物来源。在20世纪早期的法国，厚实的、灰色的黑麦面包仍是农村地区的主食。维京人用黑麦做成面饼和没有发酵过的圆形面包。他们还会制作酸面团黑麦面包。今天黑麦制成的面包在斯堪的纳维亚半岛、德国和波罗的海地区仍然很受欢迎。

由法国人引进

黑麦随着早期的移民者到达北美洲。1606年，法国的探险家马克·莱斯卡博特（Marc L'Escarbot）在新斯科舍（Nova Scotia）开始种植黑麦，现在还有人在美国北部的地区和加拿大种植黑麦。如今，黑麦一般作为一种饼干、不同种类的面包、薄脆饼干以及早餐谷物的重要食材出现。

黑麦也是许多酒精饮料的基本成分，比如在许多国家都有的黑麦威士忌和黑麦伏特加。

发源地
西亚

主要产地
德国、波兰、俄罗斯

主要食物成分
76%碳水化合物

营养成分
锰、钾、磷、维生素B9

非食物用途
动物饲料、造茅屋、造纸

学名
Secale cereale

小麦 我们日常面包的来源

自从1万多年前中东农业诞生以来，小麦就已经在世界各地传播开来，并成为许多主食的主要食材。

成簇麦穗

去壳谷粒

麦穗　小麦颗粒

△小麦剖析

小麦的“麦穗”很紧凑地生长在一起，每一个麦穗都由包裹在富含纤维的稻壳内的谷粒组成。

小麦，是一种和大麦同属于禾本科（Triticum）的草本植物，是最早被人工培育的谷物。如今，小麦占据了世界16%的农田。小麦如此成功的主要原因是由于它能够适应各种不同的环境。而且它在大部分气候下都能生长，不论是海平面，还是海拔超过1220米的高原。这种谷物还可以储存很长时间，而且可以很容易被磨成粉末，这些小麦面粉可以被做成面包、意大利面和面条。小麦是世界上大部分国家人重要的碳水化合物来源，也是重要的蛋白质来源。

养育世界的谷物

小麦的野生祖先主要生长在土耳其东南部一座叫做卡拉贾达（Karacadag）的火山山脉，和其他新月沃土地区，例如叙利亚、伊拉克和尼罗河流域，小麦的培育发生在大约公元前9500年左右。

种植小麦跟野生小麦的不同之处在于它有更大的种子，更长的根茎，这样的根茎只有在人们收割时才会断，与此同时，农夫会将种子撒向农田。小麦的培育在农业革命中有着至关重要的作用，它见证了人类从采集者到务农者的转变。早在公元前9000年，它就已经传到了赛普勒斯（Cyprus），在接下来的3000年的时间里，更是传到了希腊、埃及和印度，并在公元前2500—前800年传到中国、韩国和日本。

小麦，古代和现代

在欧洲西部，考古学家在瑞士阿尔卑斯山脉找到一个保存完好的4000多年前的木制“午餐盒”，里面有不少小麦残余，并有两种不同的小麦种类，分别是斯佩尔特小麦（Spelt，Triticum spelta）和二粒小麦（Emmer，Triticum dicoccon）。东方国家比较了解二粒小麦的另一个名字——法罗小麦（Farro），它是古代世界十分流行的小麦品种，而且还是杜兰小麦（Durum，Triticum durum）的先祖。古埃及人不仅种植小麦，还是很厉害的烘焙师，是他们把磨制好的小麦面粉制作成世界上第一份发酵面包，同时期的古

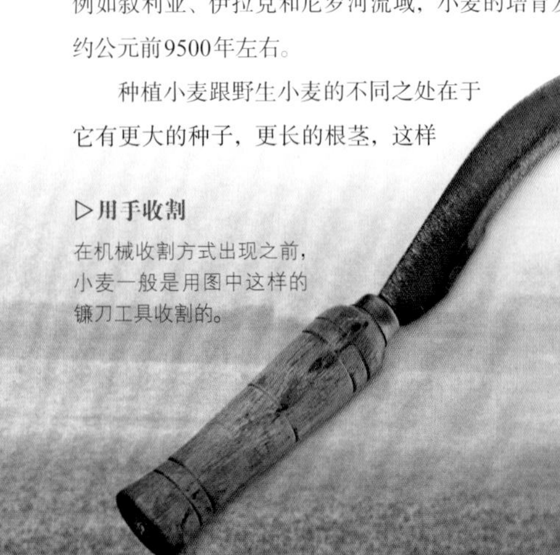

▷用手收割

在机械收割方式出现之前，小麦一般是用图中这样的镰刀工具收割的。

▽巨大的机器

19世纪50年代，在美国的内布拉斯加州，一整“营”的收割机正在帮助农主收割小麦。内布拉斯加是美国中西部小麦的主要生产州之一。

▷在田地里工作

这幅15世纪的意大利画作描绘了当时所有欧洲人民都很熟悉的丰收场景。

希腊人也会培育小麦，特别是二粒小麦和杜兰小麦。

罗马帝国的快速扩张是由小麦支撑起来的，这些小麦来自撒丁岛、西西里和非洲，随后帝国又从被征服的地区获取更多的小麦，例如公元360年的英国，当时那里种植的小麦就作为在德意志莱茵（Rhine）驻扎的军队的军粮。罗马人还会将硬而结实的小麦和软的小麦区分开来，前者富含麸质适合制作面包，后者麸质含量较少，适合做成蛋糕、饼干、派和油酥糕点等。

16世纪，西班牙探险者把小麦带到了美洲。如今，黄金小麦带整整有2400千米，北至加拿大埃尔伯托中部，南至美国德克萨斯州中部。这是世界上种植小麦最广的区域，是美国18.6万平方千米小麦种植地的一部分。近90%的小麦是硬小麦（Triticum aestivum）品种，这一品种适应了大多数的地理和气候条件，而且十分高产。

到了21世纪，有一些较为古老的品种也被重新重视了起来，因为它们具有独特的味道，而且有些还有潜在的健康效益。斯佩尔特小麦（Spelt）就因为它能够用来制作出绵密的且带有果仁香味的面包以及它的低麸质含量而受到重视。单粒小麦（Einkorn）则是因为工业农产的发展而渐渐退出历史舞台，但是在一些较干旱的地区，例如摩洛哥和土耳其，它还是会被用来制作燕谷麦（Bulgar）。它就像斯佩尔特小麦一样富含纤维，而且用它做出来的面包也有一股果仁味。

发源地
西亚、埃及

主要产地
中国、印度、俄罗斯

主要食物成分
72%碳水化合物

营养成分
锰、磷、叶酸

非食物用途
动物饲料

学名
Triticum aestivum
T. Dicoccon
T. Spelta
T. Durum

▷捆紧

传统上的小麦都在收成后被捆成小麦捆。这些小麦捆会被堆起来送回农场脱粒。

每一年，世界范围内的小麦产量都会超过7亿吨。

意大利面 意大利著名的食物

虽然它的源头已经迷失在历史的长河中，但是如今的意大利面还是作为一种方便食品广受欢迎，这都要归功于它价格便宜、方便储存等特性，以及搭配它的酱料和馅料的多样性。

现在，意大利面基本上是意大利饮食的代名词了，但它却很可能是来源于亚洲。在亚洲，面条（见本书234—235页）一直都是一种日常的主食。两者的区别之一就是意大利面是用杜兰小麦做成的，而面条则使用“软”小麦或是其他例如荞麦或是大米等谷物做成的。意大利面面团都是揉捏过后用一个机器压制而成的（通过强力将其穿过带孔的末端以制作出不同的形状），而面条则是先用擀面杖擀平，然后再切成条状。

▽**行业工具**

这个古老的意大利面机就是用来压制面团的。

难以确定的源头

意大利面的英文单词pasta的意思就是团或是面团的意思。它的源头其实不是很明确，这主要是因为它的食材十分简单，基本上只有面团和水，这也使得追溯它的由来变得困难，而且也很难将其与其他用相似食材制作出来的食物区分开来，例如面饼。

意大利面是一种穷人用来滋养身体的食物，贵族不是很喜欢它，自然地，对于它的历史记载也就比其他奢华的食品要少得多。

一些食物史学家、古希腊人和古罗马人很熟悉其中一种意大利面，但是他们所熟悉的可能更像是薄面饼，而非我们今天所了解的意大利面。罗马诗人贺拉斯（Horace）在公元1世纪时就曾提及Laganum，这个词和意大利语中的千层面Lasagna十分相似，还有一些古罗马的菜谱中也有提到千层的Lagana菜式。而古希腊食物作家阿忒那奥斯（Athenaeus）提及的Lagana是用好几层的面团加上生菜汁和其他香料炸制而成的，显然和我们现在所了解的用肉、意面和酱料做成的千层面不同。

△**晾在外面晒**

1900年，一个年轻人在杆子上挂着新鲜的意大利面。这种自然晾干的那不勒斯制法给他们的意大利面带来了一种别具风味的特质。

> “意大利最好的通心面就在那不勒斯。”
>
> 托马斯·杰斐逊（Thomas Jefferson），美国第三任总统

有两件事是众所周知的：中世纪时，意大利人就已经把意面作为主食，而不是威尼斯探险家马可·波罗将意大利面从中国引进到意大利的。但是我们无法明确知道意大利面到底是如何传到欧洲的，阿拉伯商人可能在其中扮演了重要的角色。1295年，马可·波罗从他的东方之旅回来之前，干的意大利面（obra de pasta）就已经出现在地中海地区了。

中世纪时期，干意大利面的主要产区是西西里，随后是撒丁（Sardinia）和热那亚地区。在肉汤里煮制意大利方形饺（Ravioli）这一菜谱就曾出现在1450年罗马阿奎莱亚

发源地
亚洲

主要产地
意大利、美国、土耳其

主要食物成分
75%碳水化合物

营养成分
钙、锰、磷、维生素B3

（Aquileia）主教马蒂诺大师（Maestro Martimo）所著的《烹饪艺术》（*Libro de Arte Coquinaria*）一书中。而英文版的意大利方饺（Rauioles）也曾出现在14世纪的英国菜谱集《食物准备法》（*Forme of cury*）中。

穿越大西洋

在接下来的几个世纪里，意面继续作为意大利人最喜欢的食物出现在他们的餐桌上，并不断地出现在其他欧洲国家人的菜谱里。美国第三任总统托马斯·杰斐逊就十分热爱他在访问意大利期间所吃到的意大利面，特别是用粗面粉做成的通心粉，以至于他在1793年特地把制作意大利面的机器带回去。

意大利面盛行的主要原因之一就是19世纪和20世纪初，其生产机器的机械化，这种机器首先出现在那不勒斯，随后又出现在意大利的其他地区，以及意大利以外的地区。另一个原因就是大量横跨大西洋的意大利移民，将它们喜爱的意大利面带到了美国，这也让这种富含淀粉的主食成为随处可见的食品。

如今，意面有各种形状和大小。仅在意大利，就有超过300种，从厚实的，像虫子一样的Bigoli，从意大利北部的弯曲的Strozzapreti，到羽毛状的Penne和意大利南部像花瓣一样的Orechiette。其他品种还包括德国的Spaetzle，波兰的Pierogi和乌克兰很像饺子的Vareniki以及希腊像大米一样的Orzo。得益于意大利人的影响，美国意面的制作和菜式基本和欧洲的一样，但是著名的肉丸意大利面可能就是美国的独创了。

▷不同形状

意大利面有许多不同的形状、大小和颜色。如今，仅在意大利就有几百种不同形状的意大利面食品。

△品尝通心面

饥饿的食客在那不勒斯的小摊前试吃意大利面（1903年）。

42
30
31
8
AHMED

街头小吃

街头小吃从什么时候开始，从哪里开始盛行的，我们无从得知，但是早在公元前6世纪的古希腊，人们就能在街头找到炸鱼和菜豆汤。在罗马帝国，这样的吃法早就是日常生活的一部分了，不论是在现代快餐餐厅的前身——餐吧（Thermopolia）里快速地吃上一顿，还是去底层人民经常光顾的酒馆（Popinae），亦或是去罗马炎热而又漫长的夏日里最受欢迎的公开酒吧（Camponae）里畅饮，都十分常见。烤制的鹰嘴豆加上点莳萝和盐，还有用胡椒和松子调味的香肠是当时人们的最爱。拜占庭人也很喜欢街头小吃，在奥托曼帝国的统治下，烤羊肉串、瓤蚌、用煎羊肠子做成的三文治（Kokova）以及Macuri（一种来自小亚细亚中部的颜色鲜艳的软太妃糖糕）都是当时饕餮美食家的最爱。

穿过大西洋，阿兹特克的街头小贩会售卖一种叫做Atote的玉米粥，但是最流行的街头小吃当属加了一点研磨好的辣椒、水和玉米片（Tortillas）的玉米粽子（Tamales）。16世纪早期，西班牙传教神父贝尔纳迪诺·德·萨阿贡曾在墨西哥街头看到过人们出售加入了肉、鱼、蘑菇、兔子甚至是青蛙的玉米粽子。

到了19世纪，街头小吃真正成为一种全球现象。德国的移居者将汉堡和热狗带到了美国，维多利亚时期的英国菜单上也开始出现了炸鱼薯条这道菜。中国的街头小吃也开始传遍世界，人们慢慢见识到了猪血或鸡血汤、鱼丸、面食，还有各种馅料的包子、各种形状大小的饺子。印度的街头小吃也变得更加多样化；在印度街头小吃的首都孟买，大概就有25万个在街头售卖小吃的商贩。

◁带到街上去

世界各地的广场是街头小吃商贩最好的去处。在马拉喀什（Marrakech），甚至还有一些商户会提供座位。

小麦鸡蛋面

豆丝面

大米做的面条

△窄和宽

用不同食材做成的面条会有不同的厚度，而且能用不同的方式来制作，例如汤面或是炒面。

面条

源自亚洲的多变食材

意大利面的东方亲戚——面条，2000年来一直是亚洲各地的主食，现在它仍旧是中国、日本、东南亚国家和菲律宾餐厅里重要的食材。

米粉

发源地
中国

主要产地
中国、日本、印度尼西亚

主要食物成分
80%碳水化合物

营养成分
碘、磷

2005年，中国的考古学家宣布，他们在中国西北部喇家遗址的新石器时代晚期的考古点内发现了陶碗内封存的面条残留物。这证明了这个区域食用面条汤的历史至少有4000多年了。不论这是否准确，在中国，公元前2世纪就有关于面条的记载了。

1世纪时，唐代诗人杜甫在他的诗作《槐叶冷淘》中，称赞夏日小食槐叶面条是“经齿冷于雪”。公元6世纪的《齐民要术》中记载了一种叫做“水引”的面条，此类面条仅有筷子粗细。

中国现代饮食中的必需品

到了19世纪，面条的生产开始向机械化发展，第一份机械生产的面条出现在19世纪50年代。如今，中国成为世界面食消耗量最大的国家。面条可以用不同的淀粉类食品来制作，例如小麦、大米、绿豆和木薯。而真正制作面食的时候，人们往往会往里加其他食材，例如鸡蛋、鲜虾和菠菜。

面条具有不同的形状和大小，可以用不同的方式烹饪，比如加上时蔬、肉或是海鲜的汤面和用葱花、油和酱油炒制的炒面。它们也经常出现在中国的节庆时刻，例如生日的时候要吃长寿面，乔迁新居要吃炸酱面等。

日本和其他国家

日本的面条有着悠久的历史，以及许多不同的种类（Menrui），这些面条的历史可以追溯到公元8世纪左右，这时他们刚从中国引进这种食材。像绳索一样扭曲的酱油

面出现在平安时代（Heian，公元794—1185年），是人们在特殊场合最喜欢的面条种类。而小麦面条（Somon）则出现在镰仓时代（Kamakura，公元1185—1333年）。

这两种在日本最常见的面条是又粗又软的乌冬面（小麦）和有嚼劲、色浅、略带苦味的荞麦面（Soba）。在日本，面条的制作被看作是一种技艺，人们经常会在面店的橱窗内看到这家店特色面食的制作过程，因而被吸引进店用餐。

◁**团队合作**

一般来说，面条需要晾晒在杆子上才会比较好吃。这幅日本图画展示了一位日本年轻姑娘和一位仆人在花园里晾晒新出炉的面条的场景。

一鸣惊人

不提及日本华人安藤百福（Ando Momofuku）的面食历史永远是不完整的，1958年，他开创了速食面并就此革新了全球的饮食习惯。面条（又被称作Pancit或是Pansit）在菲律宾也是主食，也是从中国引进的，在菲律宾的超市里，能找到很多不一样的面条，甚至还有叫做Panciterias的专门售卖面食的店铺。

> “面条越长，寿命越长。”
>
> 中国俗语

▽**友好的表现**

在中国，日常的面食都是用筷子吃的，这是个和家人朋友谈天说地的好时机。

细致准备

北非厨师的一项重要技能就是精确计算古斯米（Couscous）的煮制时间以确保它的口感。

古斯米 小颗粒营养物

几千年来，北非的女人都要花上很多时间来将谷物转变成细软的小颗粒古斯米。这种简单食物在世界的各个角落都有追随者。

△精美碗碟

在北非，古斯米一般都是用装饰精致的陶碟装盛的。

作为北非人民心中的一种能够替代意大利面的食品，古斯米的来源难以确认。但是考古学家曾在北非的陵墓中找到可能是先人用来制作古斯米的器皿，这些器皿的历史可以追溯到公元前2世纪，即柏柏尔（Berber）马萨尼撒（Massinissa）国王的统治时期。

现代的古斯米是由杜兰（硬）小麦碾碎的小颗粒做成的。但是在撒哈拉以南的非洲地区，人们还是像古人一样用小米制作古斯米。古斯米的名字“Couscous”源自于柏柏尔语中的Seksu或是Kesksu，取其准备完成后圆滚滚的形状之意。

世界上第一个古斯米工厂出现在1907年的阿尔及利亚。

制作古斯米的过程包括：在研磨好的谷粒中加入水，随后用手擀成小颗粒状。在卷制过程中还要不断加入干面粉，这样才能保证它们在过筛过程中颗粒分明，最终它们就会形成一小堆大小相同的小颗粒谷物。根据传统，这些准备好的小颗粒要用一种法语名叫做“Couscoussier”的双层蒸锅蒸制，它的最下层就是一个用来煮汤的平底锅，上面还有一个可以锁住的平锅。上面这层锅就是放古斯米的地方，锅底部是镂空的，底下的水蒸气能够透过孔洞进入上层，从而煮熟古斯米。煮熟后，人们会佐以蔬菜、辛辣或是清淡的汤水，以及像鸡肉、羊羔肉或是绵羊肉等肉食。

出处的争论

除了考古学家挖掘出的马萨尼撒时期的容器，还有阿尔及利亚的提亚雷特地区（Tiaret）出土于公元9世纪的类似现代古斯米蒸锅的容器被发掘出来。有一些权威专家认为古斯米始于中世纪的苏丹王国（现在的尼日尔、马里、加纳和布基纳法索等地区），并从那里传遍北非和撒哈拉沙漠以南的地区。从16世纪开始，土耳其人也开始享用这种直到现在还十分流行的食物。

古斯米出自现在一本13世纪无署名的西班牙摩尔人的菜谱上，上面有一道叫做炒古斯米（Alcuzcuz fitīyānī）的菜式。13世纪来自阿勒波（Aleppo）的叙利亚史学家也提到过古斯米。意大利人也同样知道这种谷物，巴特鲁姆·史卡皮（Bartolomeo Scappi）1570年谱写的菜谱中就有一道叫做古斯（Succussu）的摩尔菜肴。17世纪时，法国作家拉伯雷（Rabelais）提及了摩尔古斯米（Coscoton á la Moresque）。如今，古斯米是整个北非和许多中东国家的主食。它在法国、西班牙、葡萄牙、意大利和希腊也有一定的热度。

发源地

北非

主要食物成分

23%碳水化合物

营养成分

硒

多种搭配

20世纪，小麦取代小米成为制作古斯米最流行的谷物。在北非，人们还是以传统的方式将其搭配着蔬菜和肉类一同食用，但是有时候它也会被制作成甜食。阿尔及利亚和摩洛哥都有用古斯米、杏仁、莳萝和糖做成的甜点。在突尼斯，人们用甜牛奶、干果和果仁制作类似的甜点。

消耗人力的传统制作方式已经被方便快捷、提前蒸制晾干的古斯米所取代。特别是在西方国家，这里的古斯米都是用鹰嘴豆和蔬菜提前调味好，然后再整包出售的。

▷碾磨谷物

在撒哈拉沙漠以南的西非地区，用传统的工具研磨谷物会消耗大量时间和精力。

◁**研磨小米**

一群非洲女人在马里（Mali）的村庄里用传统的工具研磨小米。

发源地
亚洲、非洲

主要产地
印度、尼日利亚、尼日尔

主要食物成分
73%碳水化合物

营养成分
铁、锰、锌、B族维生素

非食物用途
禽类和动物饲料、燃油

学名
Panicum miliaceum

小米 干旱地区的谷物

作为我们祖先的主食，小米主要生长在著名的巴比伦空中花园。现在这种古代的谷物仍被人们广泛食用，特别是在干旱炎热地区。

小米生长周期较短，一般播种45天后即可丰收，这也是为什么这种谷物对我们史前祖先有着如此重要意义的原因之一，它可以在临时或季节性定居点种植，为我们的采猎者补充所需的营养。

小米是含有超过6000种草本植物家庭中的其中一员。糜子（Proso，Panicum miliaceum）和粟（Setaria sp.）算得上是古代最重要的农作物。小米是中国古代神圣五谷之一，其他四种分别是小麦、大麦、大米和大豆。烤焦的小米残余表明早在公元前6000年的中国黄河流域就有人在培育这种谷物了。还有证据表明公元前2500—前2000年之间，马里北部就有人在种植紫粟（Pennisetum glaucum）了。公元前1500年，紫粟从马里传到了印度。

面包和粥

古希腊人把小米称为Kenkhros，而古罗马人则称之为Milium，当时的人们会用小米制作小米粥或是粗糙的未发酵面包。它还是欧洲中世纪重要的农作物之一，例如，在波兰，它就被用来制作小米粥和薄面饼。如今，小米仍旧是重要的谷物之一，并经常出现在早餐谷物或是面包中。

▷**狐尾小米**

小米最常见的品种，粟米的这个别名源自于它那如刷子般紧凑的花朵。

荞麦

不起眼的重要谷物

这种谷物起源于中国，是日本荞麦面的重要食材。几个世纪以来，它以早餐谷物、煎饼、饺子等形式稳固了它在欧洲和美洲饮食传统中的地位。

△早期机械化

荞麦的丰收因为机械的发展而变得不那么辛苦。

虽然它们的英文名类似，但是荞麦跟小麦没有太大的关系，荞麦甚至不能算是谷物。它是一种"准谷物"，是一种没有淀粉的食物谷物。实际上，它与酸模和大黄有更近的血缘关系。荞麦的英文名Buckwheat可能来自于荷兰语中Boechweit一词，意思是山毛榉小麦，大概是因为这种三角形的谷物看起来像是比它大一点的三角形山毛榉树仁吧。

荞麦的发源地一直是个谜团。考古学家在中国找到过公元前2600年左右的荞麦残余，也在日本找到过公元前3500—前500年左右的荞麦花粉。最近，植物遗传学家已经将常见荞麦的族谱追溯到中国的三江地区了。

解救饥荒

最早关于荞麦的记录出现在公元5—6世纪的中文文本中。在日本，荞麦曾作为公元722年重要的法令被记录在著名的历史文本《续日本纪》(*Shoku-Nihongi*)中，以敦促当时因为水稻收成匮乏造成饥荒的日本农民赶紧种植荞麦，以抵御饥荒。因此，它在日本成为了一种非常重要的庄稼，但是当时的人们只会食用煮熟的种子。然而在接下来的几个世纪里，荞麦开始被人们研磨成粉，并被做成粥、荞麦蛋糕和荞麦饺子。如今，荞麦面成为了日本最流行、最著名的食品。

荞麦粥和薄煎饼

14世纪和15世纪，荞麦通过土耳其和俄罗斯抵达欧洲，在欧洲，荞麦强大的适应性和抗寒耐暑的特性让它得以在其他作物无法生长的区域正常生长，从而成为欧洲流行的农民作物。荷兰人在17世纪将荞麦带到了北美洲。

在欧洲，荞麦的产量于19世纪达到高峰，而且至今它仍然是许多菜式中的重要食材，不论是东欧的荞麦粥(Kasha)和波兰的饺子(Pierogi)，还是法国布列塔尼传统的薄煎饼(Crêpes)和格雷派饼(Galettes)。

> "荞麦粥是我们的母亲。"
>
> 俄罗斯俗语

发源地
中国

主要产地
俄罗斯、中国、乌克兰

主要食物成分
72%碳水化合物

营养成分
铁、钾、B族维生素

学名
Fogopyrum esculentum

▷带来丰收

整个社区居民经常会一起收割田地。这幅法国画家让-弗朗索瓦·米勒(Jean-François Millet)绘制的图画中，女人们收集着麦捆，而男人们则在做着脱粒的工作。

白面面包

发源地
中亚

主要食物成分
44%碳水化合物

营养成分
铁、钙、维生素B3、维生素B9

面包 全球的维系物

面包作为最常见的主食，不论是白的还是棕的，发酵的还是不发酵的，都对许多文明和文化有着重要的意义，以至于每当人们谈到“食物”这个词就会想到面包这个种类。

从人类发现植物可以被扯碎、研磨、混合，并用热量转变成另一种食物开始，面包就诞生了。在意大利、捷克共和国和俄罗斯发现的距今30 000多年前的磨损后肮脏不堪的磨石，和上面残留的类似香蒲和蕨的淀粉谷物等证物表明，石器时期的采猎者就已经开始磨制面粉了，而且在12 000年前，农业开始发展之前，人类就开始制作面包了。

古代薄饼

这些早期的面包更像是薄饼，人们直接将其放在扁平的石具上，并摆放在明火上烤制，这是苏格兰人一直在使用的制作面包的方法，直到19世纪，还有当地人用这种方法制作未发酵的燕麦薄饼（Bannock cake），直到现在，在包括墨西哥（薄馅饼Tortillas）、印度（印度薄饼Chapatis、馕Naan）和中东（烤饼Taboon、无酵饼Matzo）等地区，这种方法仍旧是当地烹饪薄饼的方式。最早的面粉都是用粗糙的全谷类谷物制成的，一般都是和用来制作黑麦粗面包的谷物类似的品种，这种黑麦粗面包至今在德国和欧洲中部仍旧十分流行。随着可以令根茎更加强壮，产量更高的小麦等农业技巧慢慢从新月沃土开始向外传播，制作面包的方法也慢慢开始被人们所熟知。

▽**永恒的任务**
这位在印度斋浦尔（Jaipur）的街头商贩正通过使用当地人传承了上千年的制作方式来准备扁平面包（Chapatti）。

◁古代烘焙

在古埃及，面包和啤酒的制作很有可能是相关联的，我们从这个古埃及（公元前2010—前1961年）的木制烘焙师和酿酒师模型中就能看得出来。

到了公元前3000年，薄面包开始出现在印度的泥炉（Tandoor）里，甚至有人曾在1999年，遥远北方的英国，找到两片5500多年前的面包疙瘩。

考古学家在美索不达米亚的乌鲁克（Uruk）古城（现在的伊拉克）找到的早期陶瓷面包罐表明，制作面包这项技术应该是在公元前4000—前3100年出现的。面包也曾重复地出现在公元前2000年前的《吉尔伽美什史诗》（*Epic of Gilgamesh*）里，例如，吉尔伽美什就曾为给伊什塔尔（Ishtar）女神供奉“面包和其他适合供奉的食物”。

共享知识

面包的制作从埃及传到了欧洲，古希腊的各城邦中，烘焙师们非常喜欢攀比各自的制作成果，看看谁能做出最好的面包。公元前4世纪，雅典的烘焙师希里昂（Thearion）就十分受人爱戴，连作者安提芬尼斯

“看着别人没面包吃时，要及时伸出援手。”

埃及新王国谚语

和埃及共繁华

面包对古埃及人来说至关重要。上百条面包（有些有5000多年的历史了）被留在坟头和墓穴里。

早期的埃及人很擅长烤制各种没有发酵过和发酵过的面包，前者是用大麦、斯佩尔特小麦和一种叫做杜拉（Durah）的粟做成的，后者则是用一种名叫二粒小麦的古代品种制成，这种品种现在在意大利还常有人使用，又名法老（Farro）小麦。埃及的富人喜欢白面面包，这些面包是用精细的过筛面粉制成的，而普通人则较常吃粗糙的黑面面包。埃及的面包不仅是食物，还是货币。当时建造金字塔的工人，例如那些在公元前2600年前建造胡夫金字塔的工人，收到的工资就是面包和啤酒。公元前300年，埃及的烘焙师把酵母粉单独提取出来，这也是使面包制作广泛传播开来的一个契机。

▽喂养军队

持续性的面包供应对于军营本身来说十分重要，图中展现了第一次世界大战时，英国的后勤军队为前线的军人们烘烤面包的场景。

（Antiphanes）在他的喜剧《翁法勒》（*Omphale*）里都曾提及希里昂，说他的的烘焙技术就像是一场“雅典的魔法秀”。希腊人还发明了前装烤箱，这让面包的制作更加快捷，也让面包走出家门，走进市场。

古罗马人也都是非常热爱烘焙的，他们经常从埃及进口小麦。根据罗马的编年史学家老普林尼所述，罗马专业的烘焙师在公元前2世纪左右就已经出现了，当时甚至还出现了烘焙手工业者协会。

在马鸠雷门（Porta Maggiore）外围，有一座公元前50—20年间的烘焙师马库斯·维吉利乌·尤里塞斯（Marcus Vergilius Eurysaces）的墓碑，墓碑上的浅浮雕记载着这座城市的面包制作工艺。在庞贝古城的遗迹里，有超过30位烘焙师被挖掘出来，他们手上还握着公元79年维苏威（Vesuvius）火山喷发时被碳化的面包。

△**把面包带回家**

在过去，很多家庭都没有烤箱，这也就意味着他们没办法自己做面包，只能从烘焙师处购买，例如这幅图所示，图中是17世纪的意大利。

磨磨和烘焙革命

到了中世纪，面包成为全欧洲大部分人的主食，人们经常用坏掉的面包切成厚片并当作可食的盘子装盛菜品。

这种盛菜方式一直持续到16世纪，直到锡镴盘子普及后才慢慢停止。白面包和棕面包的“对战”从古至今从未结束。例如在伦敦，白面包和棕面包的两个不同的烘焙师手工艺业者协会直到1645年才联合成一个协会。18世纪晚期，英格兰成为工业革命的中心，这要归功于蒸汽机的发明，当时英国第一座大工厂阿尔比恩（Albion）磨厂就安装了蒸汽机来带动20对生产面粉的磨盘。这个工厂建于1786年，每小时能够处理约363千克（10蒲式耳）小麦，这也让工厂主完全掌控了面粉的定价，并让许多传统小磨坊没了生意。但是好景不长，这个磨厂在1791年被神奇般地被烧毁了，这也让面粉小贩们十分开心，甚至在伦敦的黑修士桥（Blackfriars Bridge）上跳舞庆祝。

△**做更多面团**

几个世纪以来，人们一直在想方设法地减少制作面包的劳动量。这种古老的面团机给一些人提供了便利。

当时，阿尔比恩磨厂的工艺十分超前，但是这种用风力和水力发电的工厂到了19世纪就慢慢地在欧洲消失了，被瑞士人发明的钢铁磨粉机所取代，这种磨粉机能够更加便捷地磨出白色面粉，这也让面包的产量翻了好几倍。

在巴黎，一位奥地利军官奥古斯特·藏（August Zang）引进了一种新的烤炉。法国早餐的常客——法棍，直到1920年才出现，当时有一条法令，明令禁止烘烤师在晚上10点到早上4点之间工作，这也就导致了传统的长条面包不可能出现在早餐的餐桌上。这时，较短的版本，法棍面包替代了长条面包。面包制作的工业化一直持续到20世纪，燃气烤炉也逐渐开始取代用木头煤炭烧起来的砖块烤炉了。

现代面包

面包销量最重要的转折点之一出现在1928年7月，当时美国工程师奥托·罗维德尔（Otto Rohwedder）在美国密苏里州的奇力科西（Chillicothe）面包厂里切下并包装好第一片面包片。到了20世纪30年代，美国大约80%的面包都是切好并包装好的产品。美国人完全地接受了面包切片这一产品，以至于当时还出现了“比切片面包还好”的俗语以示赞许。

20世纪60年代，小规模烘焙坊的消逝是因为英国乔利伍德（Chorleywood）生产模式的发展进一步加速了，这种生产模式可以大大缩减面包发酵所需的时长。虽然这种生产模式减少了面包生产所需的时长，但也降低了面包的品质。

美国1943年1月禁止切片面包出售，以促进战时物资生产，但是这个禁令在3月就被废除了。

面包大批量生产虽然成为世界潮流，但是还是有很多区域性品种幸存了下来。例如从中世纪开始出现的黑麦和棕麦面包，这些种类的面包至今还在斯堪的纳维亚和中东欧盛行。

在中东，薄面饼仍旧十分流行，例如伊朗的薄饼（Sanguake）和亚美尼亚的亚美尼亚大饼（Lavash），特别是在印度，当地有各式各样的薄面饼（Roti），包括烤面包（Puris）、夹馍饼（Parathas）和甜薄饼（Puran poli）等。

中国和日本对于面包的吃法适应比较慢，也因此没有把它当作主食，甚至连烘焙面包的传统都还没有发展出来。在中国制作面包的传统一般仅限于北方，在那里蒸制的面包（馒头）十分流行，这种食品出现在13世纪。日本人则是在第二次世界大战后才开始接受面包产品。

复活古老技艺

在西方，21世纪见证了面包制作古老技艺的复活，特别是在小作坊，经常能看到店员运用特殊的面粉和传统的发酵技巧来制作面包。某些这样生产出来的面包，例如酸面团面包，甚至可以和古埃及的烘焙师做出的面包相媲美。

◁**面包宣传**

在很多国家，很长一段时间里，面包都被看作是繁荣的代名词，这张1947年的俄罗斯海报就用面包来代表喜乐安康。

▽**大众食品**

早在18世纪，法国的面包制作就算得上是一种大规模的生产活动了，当时需要许多人力来制作和擀压面团。

玉米 全球最多用途的草本植物

自从被墨西哥的古文明培育出来后，玉米已经渐渐进化成一种超级作物了，在多达160多个国家的农田里都能找到它的身影，上千种品种更是给数以亿计的人们提供着重要的食材。

玉米对于古代中美洲人民来说十分重要，当地甚至还有受人们尊崇的玉米神。它是来自一个庞大的草本植物家族中的一员，其中包括了小麦、大麦和大米。人工培育玉米的具体起源地一直是19世纪和20世纪学者们争辩的对象。但是植物基因学家现在已经将它的发源始祖追溯到了类玉米（Teosinte）身上，这是一种来自墨西哥和中美洲，且与玉米有许多相同的遗传材料的野草。让专家们一直想不通的是这种外壳坚硬，内部仅含有6—12颗劣质谷粒的野草，与我们熟悉的颗粒饱满靓丽的绿色巨人竟然如此天差地别。

玉米最早是在公元前9000年，现在的墨西哥中南部被当地人培育出来的。农民根据玉米颗粒大小、味道以及剥粒的难易程度来选择种植的植株。经过几千年的筛选，玉米棒越变越大，而玉米粒也越变越多，最终也就变成我们现在所熟悉的玉米的样子。

◁玉米神话

这个来自墨西哥的玛雅护身符上，顶端满是玉米棒的头饰。根据玛雅的创世传说，人类是从玉米中蹦出来的。

三姐妹

玉米、豆子和南瓜一同被称为“三姐妹”，这是墨西哥和中美洲本地人的主食。在这种始于公元前5000年的种植方法中，人们会先种植玉米，这样才能让豆苗有枝干可以攀爬。玉米收割后易于储存，人们会直接将玉米煮熟并整个吃掉，或是将其磨制成面粉。这种植物还能给篮子的制作和燃料提供原材料。

发源地
墨西哥

主要产地
美国、中国、巴西

主要食物成分
19%碳水化合物

营养成分
维生素B1、维生素B3、维生素C

非食物用途
动物饲料、乙醇（燃油酒精）、可生物降解的杯子、纸面涂布、布料、地毯

学名
Zea mays

△色彩丰富的玉米

除了常见的金色玉米，人们为了自己食用和作动物饲料，培育出了很多不同颜色的玉米品种。

△罐头玉米

这是一张19世纪90年代美国品牌罐头的玉米标签。19世纪的装罐技术让都市人有机会品尝到玉米的味道。

1492年，欧洲人抵达美洲后，西班牙移民者开始培育玉米，而商人也开始将成熟的玉米送回西班牙，并从西班牙传播到了意大利。到了18世纪，玉米到达中国、韩国和日本。第二次世界大战后，科学家用传统品种培育出混种玉米，让玉米能够适应欧洲更冷、更潮的气候条件。

耐寒又有适应性

今天，玉米是南美洲、中美洲、墨西哥、加勒比和非洲撒哈拉沙漠南部等地区的主要作物，也是这些区域一半人口的主食。

> “有什么比一根煮熟的甜玉米棒……更诱人的吗？”
>
> 亨利·戴维·梭罗（Henry David Thoreau），《瓦尔登湖》（1854年）

玉米是最有适应性的谷物作物，它们能够在不同的环境下生长。玉米的多用性不仅体现在它的适应性上，在食用方式上也有所体现。人们可以直接食用整个玉米棒，或者将玉米粒剥下并加到炖杂菜里面，例如阿加克炖菜（Ajiaco），还可以被磨成玉米粉，用来制做不同种类的面包，包括从美国南部传统的玉米面包到墨西哥的薄馅饼（Tortilla）和委内瑞拉的阿雷帕肉烧饼（Arepas）。意大利的玉米糊（Polenta）也是以玉米作原料的。玉米还经常出现在食品产业里，用来制作玉米油、玉米片、玉米面粉或甜味剂玉米糖浆。

▽爆米花小贩

这个20世纪初的爆米花小商贩站在他特制的运送车边。在这一时期，爆米花是美国人非常喜欢的小吃之一。

食物和宗教

宗教和食物在人类历史的长河中，在世界各地的不同文化里，都被紧密地联系在一起。对于许多人来说，食物是宗教不可分割的一部分，例如犹太新年的庆典活动犹太新年礼（Rosh Hashanah）中，人们会准备具有象征意义的Simanim，其中最重要的就是用蜜糖蘸过的一片苹果，来预兆来年的甜蜜。

许多人会因为宗教而选择或者拒食某种食物。在伊斯兰教中，食物会被划分成可被食用的，和必须避免食用的。犹太人也会将食物分成被允诺的和被禁止的。

共同享用食物是锡克教中重要的仪式。每个谒师所里（Gurdwara，取其字面意思，意为通向古鲁大师的大门，这是锡克教徒礼拜的地方）都包含着厨房（Langar），在这里，来自不同的阶层、性别、肤色的人们可以齐聚一堂，一起享用免费的食物。这个想法出自于纳纳克·德夫·吉（Nanak Dev Ji）大师，锡克教中第一个古鲁大师。这位大师拒绝信奉印度教中让人们根据不同的种姓分坐而食的理念，他相信人生而平等。每个人都要参与食物的准备、制作、上桌和享用后的清理等工作。这是对社区（Sadhsangat）无私奉献的体现。

◁没有种姓的社区

锡克教朝圣的地方，例如19世纪圣人巴巴·博尔·辛格（Baba Bir Singh）的社区，每天都会提供食物给来自各个阶层的上千号人。

扁豆 许多文化的脉搏

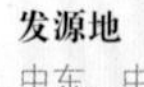

作为最早被培育的作物，扁豆原来是穷人的食物，现在它作为富含蛋白质的代表摇身一变，成为了全球人类饮食中重要的元素，还成为西方国家素食主义者的主食。

发源地
中东、中亚

主要产地
加拿大、印度、土耳其

主要食物成分
63%碳水化合物

营养成分
维生素B1、维生素B3、维生素C

学名
Lens culinaris

扁豆出自9000年前的中东和中亚。它们可以长到45厘米高，还会开出淡蓝色的花朵。这种豆类扁长的豆荚有大约15毫米长，里面有1—2颗圆形或是椭圆形的小种子。一般都是绿色或是棕色的，但是也有一些是黑色的、红色的、黄色的或是橘色的。

这种植物和它种子的英文名字Lentils源自拉丁语中的Lens。这个词后来被用于形容眼科学中的双倍凸目镜（Lens）。

远古起源

最早的扁豆残余出现在希腊的弗朗切蒂（Franchethi）山洞里，可追溯到公元前11 000年。公元前9000—前8000年间类似的扁豆残余还能在提尔莫瑞比特（Tell Mureybit）一处古代叙利亚遗址内找到。跟其他很多谷物一样，科学家认为扁豆的培育始于公元前7000年新石器时期的新月沃土地区。还有考古学家在属于铜器时期的瑞士比尔湖（Biel）湖畔村庄遗址发现过扁豆的残余。

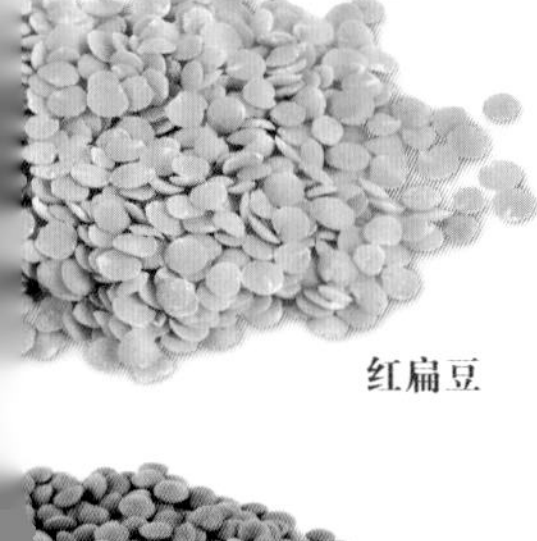

红扁豆

褐扁豆

绿扁豆

穷人食物

在古希腊，扁豆一直被看做是低等阶层的食物。它们会被做成汤、面包、粥和Phake，这是希腊语中扁豆Phokos的衍生词。

◁**从橘色到绿色**
扁豆有很多不同的种类、颜色和烹饪特点。扁豆不能生吃，必须要煮熟了吃。

扁豆可能在古希腊流行过，但是在中世纪的欧洲，情况却完全相反。虽然当时也有人售卖扁豆，但是关于扁豆的菜谱到公元16世纪才开始慢慢出现。在英格兰，扁豆被人们嫌弃，大部分富人甚至觉得这种食物只适合动物吃。

虽然欧洲人鄙视扁豆，但是它在非洲和亚洲的许多地方都是重要的食物来源。在印度，扁豆的种子会被用来制作印度人每餐都要吃的Dhal（印度扁豆汤），它也是素食主义者们重要的蛋白质来源。

△**急匆匆地**
在《圣经》故事中，以扫（Esau）因为在农田里工作后饥饿难耐，将长子的名分拱手让给了弟弟雅各（Jacob），以换取一碗扁豆汤。

现代世界的食物

随着西方人对健康和饮食观念的慢慢转变，人们开始提倡减少肉类摄入量，这让扁豆这类食物开始大受欢迎，并成为了一种时尚的食品。例如，在法国，普伊扁豆（Puy lentils）的地位已经和一些昂贵的法国酒并驾齐驱了，而小颗粒的黑扁豆（Beluga lentils）的味道与质感也被用来和鱼子酱作对比了。

▷**大缸**
在印度阿姆利则（Amritsar）的金色圣殿里，住持正在准备一大锅的扁豆汤，然后跟整个社区的人们一起共享，这是卡·兰加尔（Ka Langar）古鲁的传统习俗。

巨大成功

20世纪，西方人见证了菜豆销量的爆发式增长，究其原因，是由于它是罐头烤豆子的原材料。

菜豆和腰豆

小粒好物

从15世纪开始，这种豆子从它的发源地美洲出发，传遍了世界许多国家，并成为当地流行的能量与蛋白质来源。

△**腰状的豆子**

腰豆这个名字是16世纪英国人根据它的形状而命名的。腰豆的外皮一般都呈暗红色。

这一对有血缘关系豆子的故事始于中南美洲，这也是普通豆类祖先的起源。考古学证据表明这两种豆都是在秘鲁和墨西哥的安第斯山脉人工培育而成的，时间大约是距今9600—7000年前。

因为这些豆子十分容易培育与储存，所以很快就成为了当地的重要作物。到了16世纪初，整个美洲都有人种植这两种豆子。印卡人会烤制菜豆，玛雅人会用辣椒煮豆，而阿兹特克人则会用菜豆混上煮熟的玉米碎和酸橙做成一道叫做Atolli的菜式。

△**丰盛的豆荚**

普通大豆的所有品种都能在长豆荚中产生可食用的种子，豆荚也常被食用。

菜豆，在美国叫海军豆，因为19世纪时期，它是水手粮食配给的一部分。

穿越大西洋

虽然不能确定，但是哥伦布应该是16世纪早期第一个把菜豆带回西班牙的人。

我们所能确定的是在1528年，教皇克莱门特七世给意大利作者皮耶罗·瓦莱里亚诺（Pierio Valeriano）展示过一些巨大的腰果状的豆子。瓦莱里亚诺把这些豆子种在花盆里，并开始食用长出来的豆子，据说，他命人用这些豆子做出来的菜式都很美味。这些被意大利人叫做法焦利（Fagioli）的豆子很快就长满了意大利北部的农田。它们很受重视，传说当克莱门特的侄女卡瑟琳·德·梅第奇于1533年嫁给未来法国国王亨利二世的时候，就随身带着这些豆子。而且她还从意大利带了一些懂得料理这些豆子的厨师。这些白豆很快就在法国流行了起来，特别是在佛罗伦萨，这里的人们把它称作Fayoun。在法国西南部，它们成为丰盛味浓的炖菜，豆焖肉（Cassoulet）中的重要食材。这些豆子具体是什么时候被改名为菜豆的，我们不得而知。最早关于这个名字的记载曾在1640年的字典上出现过。

18世纪末，西班牙的定居者把腰豆带到了美国的路易斯安那州。在同一时期，因为家乡的奴隶革命而逃亡新奥尔良的海地人也将他们家乡加勒比海地区辛辣豆子和大米的菜谱带在身上。在新奥尔良当地，红豆和大米渐渐转变成人们最喜欢的克里奥尔（Creole）菜式。这座城市对腰豆的热爱一直持续到了20世纪。根据1936年联邦写作小组记者的描述：“红豆对于新奥尔良来说就有如白豆对于波士顿或者牛豆对于南卡罗来纳州的意义一样。”大多数德州特色菜，以及辣椒炒肉的变式中都包含红腰豆。

全世界人都享用

如今，腰豆已经享誉全球。在印度北部，它们是一种浓厚的辣味咖喱（Rajma）的主要食材。在西班牙的拉里奥哈（La Rioja），一种用红腰豆和辣味腊肠（Chorizo）制作出来的炖菜Caparrones，是当地的传统菜式。

菜豆（干）

发源地
中美洲和南美洲

主要产地
巴西、印度

主要食物成分
33%碳水化合物

学名
Phaseolus vulgaris

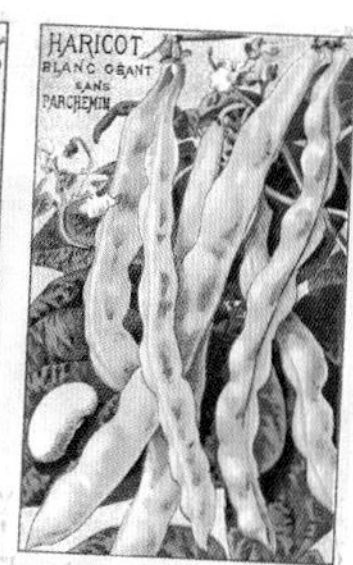

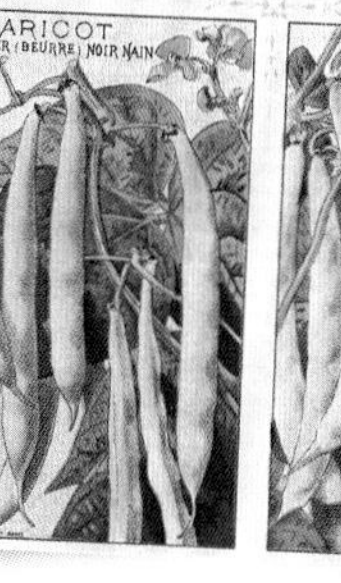

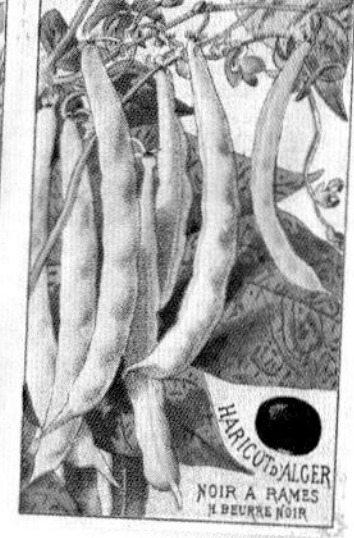

△**大豆宴**

在法国，有很多常见的大豆品种都叫做菜豆。但是这些菜豆一般颜色都各不相同。

红豆和绿豆

健康小豆

这些豆子同宗同族，在培育它们的亚洲国家里，能够给人们提供重要的营养来源。

红豆和绿豆都起源于亚洲，这些豇豆属（Vigna genus）的成员有着几个世纪的悠久的培育历史。红豆可能起源于中国和韩国，并且在公元3—8世纪被引进到日本。绿豆则出现在较远的西方。考古学家曾在印度的遗址内发现过碳化的绿豆，这些绿豆距今有至少4000年的历史了。绿豆的培育也随后传到了中国、东南亚和非洲。

▷豆田

在日本的北海道，红豆秋收后，农民会将它们堆在一起晒干。

幸运红豆

红豆可以像玉米一样做成爆米花，或是晒干并研磨制成红豆面粉。因为它比其他豆类含有更高的糖量，并且还有一股淡淡的果仁味，所以它成为了甜食和点心的流行食材。事实上，大多数种植在日本的红豆都会被用来制作一种叫做“An”或者“Anko”的红豆沙。红豆那喜人的红色也让其成为日本人举办家庭庆典时最爱的一道菜肴。

在中国，红色是幸运的颜色，也是欢庆的颜色，所以人们自然会选择甜味的红豆沙作为月饼的馅料，并且会在中秋节这一天食用红豆沙馅的月饼，这也是人们祈求好运的一种方式。

绿豆曾经出现在梵文文本《夜柔吠陀》（*Yajur Veda*，公元前1000年）中，书中它们被称为麻修罗（Masura）。佛祖曾经提过绿豆，说它“满是灵气且无邪”。现在，绿豆已经成为亚洲饮食中重要的组成成分，并且在西方备受追捧，特别是西方的素食主义者们。人们会把它们煮熟后加到沙拉、汤、烤制品甚至是雪糕里，或是把它磨制成面粉。它们还被用来制作透明的粉丝，又名中国细面条（Chinese vermicelli）。

在印度和巴基斯坦，绿豆经常像扁豆一样被用来制作印度辣豆汤（Dhal），绿豆苗也是东西方人都爱吃的沙拉食材和小炒食材。

> 在日本，人们会将炒制后的红豆和大米送给青春期的女孩作为一种祝福。

绿豆

发源地
印度

主要产地
印度

主要食物成分
63%碳水化合物

营养成分
钙

学名
Vigna radiata

◁绿色的苗

绿豆本身的吃法有很多种，而且它的豆苗也经常会出现在沙拉里。

▽发芽

在一定的环境下，红豆会像绿豆一样发芽，它会首先发育出细小的根部，随后长出枝叶。

大豆

世界上最有营养的蔬菜植物

作为一种用途多样，且富含蛋白质的食物来源，大豆是世界各地人们都食用的主食之一。一开始被西方人看作是难以消化，且只适合作牛饲料的它们，现在转变成为一种肉类的健康替代品。

关于大豆的早期历史，人们一直都有争议。《苏联百科全书》（*The Great Soviet Encyclopedia*，1926—1990年）中记载它们起源于5000年前的中国。但是最古老的大豆遗留物却出现在韩国的考古遗址里，其历史可以追溯到公元前1万年。于是考古学家推测大豆的野外品种有更悠久的历史。直到现在我们所能确认的就是人工培植大豆的历史，它们最早出现在距今3000年前的中国东北部地区。

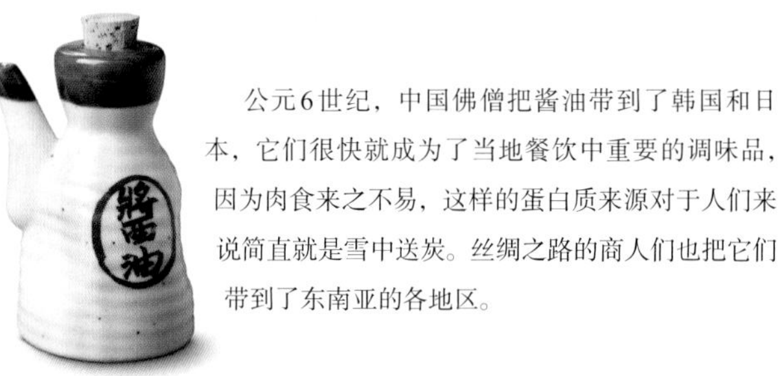

△日本调味瓶

这个朴素的罐子里装的就是酱油，它的味道十分鲜甜。

现代的大豆植株能够成长到1米高。而且它会长出红色、紫色或是白色的花朵，随后这些花朵会长成5厘米长的毛豆荚，每个豆荚里都会有2—3个大豆种子。这都取决于大豆的种类，这些大豆有可能是球形或是椭圆状的，颜色则有可能是黄色、绿色、棕色或黑色。

公元6世纪，中国佛僧把酱油带到了韩国和日本，它们很快就成为了当地餐饮中重要的调味品，因为肉食来之不易，这样的蛋白质来源对于人们来说简直就是雪中送炭。丝绸之路的商人们也把它们带到了东南亚的各地区。

接受过程艰难

德国植物学家恩格尔伯特·肯普费（Engelbert Kaempfer）于17世纪末把大豆带到了欧洲，但是早期对于大豆的种植尝试都以失败告终。欧洲的人们认为它们很难下咽，味道太重，还难消化。在北美做的培植尝试也因为相同的原因而宣告失败。直到第二次世界大战时期，大豆油开始取代愈发稀缺的进口脂肪和油脂，农民也开始把大豆当作饲料喂养牛群。1945年，在大豆成为欧洲战争幸存者的维继食品后，它们在西方的销售量才开始慢慢呈现上涨的趋势。当人们开始把玉米和大豆轮流种植时，美国人也开始认识到这种作物在土壤中的再生潜力。直到现在，大豆还继续为人们提供源源不断的动物饲料，并被用于石油制造业。

◁驱魔

在日本，撒豆节（Mamemaki）的传统是把烤熟的大豆扔到门外，或是扔在人们的身上，他们利用这一行为驱赶家中的恶灵。

△大规模种植

现代大豆的培植已经在巴西等主要的大豆生产地区发展成了规模庞大的产业。

发源地
中国或者韩国

主要产地
美国、巴西、阿根廷

主要食物成分
18%碳水化合物

营养成分
钙、铁

非食品用途
动物饲料、纤维

学名
Glycine max

与此同时，福特汽车工厂也开始用大豆榨油后的残余物来制作汽车配件。

美洲的怀抱

一夜之间，大豆成了人们关注的热点。大豆的培育方法传遍了美洲中西部，20个州都开垦了大豆田，特别是在密西西比河沿岸，大豆也很快从那里出口到墨西哥湾。

▷新鲜又绿色

"Edamame"是一个日语词，意思是枝头上的豆子。大豆在没成熟的时候就已经被摘下来了，并直接在豆荚中被煮熟。

> "大豆本味甜而温润。"
>
> 黎有卓（Le Huu Trac），越南作家（1720—1791年）

美国很快就成了世界最大的大豆出口商，直至今天依旧占有全世界大豆出口的三分之二的分量。剩下的三分之一来自巴西、阿根廷和中国。

作为一种较为便宜但却富含蛋白质的食物，大豆现在已经是世界各地人群的主要食品了。它可以被制作成豆浆和豆腐，而豆芽也可以用来做沙拉或是小炒。毛豆（刚刚长出的大豆）一般都会被蒸熟，或是被煮熟，做成一种健康的零食。其他关于大豆的传统亚洲菜式包括印尼的丹贝（Tempeh）和日本的味噌豆酱（Miso），发酵后的大豆馅料在西方也十分常见。

青豆

既是毒物又是救命豆

这些营养丰富的豆子救活了非洲、东南亚和南美洲成千上万的穷苦人民。

发源地
秘鲁

主要食物成分
63%碳水化合物

营养成分
磷、钾、锰、维生素B3、维生素K

学名
Phaseolus lunatus

这一豆类成员既是拯救生命的“圣人”，又是威胁人们健康的毒药。因为这种豆富含氰化物毒素，因此生吃很容易中毒，只有利用高温煮熟杀掉其中的毒素后，方可食用。青豆（又名黄油豆）生长在一种扁平的大约7.5厘米长的椭圆形豆荚里。

▷**装饰品**
青豆是秘鲁的莫契文明的重要食物。这个公元3—5世纪的莫契马镫壶上就有这种豆子的装饰图案。

这种豆的另一个名字莱马（Lima），意指秘鲁的首都，是这种豆子的起源地。而黄油豆这个名字则是指它入口即化的口感。虽然人们对青豆和黄油豆是否属于同种豆子有所争论，但是它们都是同属于菜豆属（Phaseolus lunatus）的物种。黄油豆和青豆很有可能源自于同一种植物，但是因为它们分别在南美洲和中美洲被两个不同区域的人们培植出来，因此长成了两种不同的外形。

秘鲁移民

考古学证据表明，青豆起源于公元前7000年的秘鲁，它们对于当时秘鲁北部的莫契人民的重要性可以在当地的陶器上清楚地看到。渐渐地，青豆的培育开始往墨西哥和加勒比地区北移。到了15世纪末，西班牙探险家把这些豆子带到了欧洲和亚洲，而葡萄牙商人则把他们带到了非洲，青豆从此在这些地方生根发芽。在接下来的几个世纪里，青豆凭借其高碳水、高蛋白（21%）的组成成分，在很多地区都成为了主食。

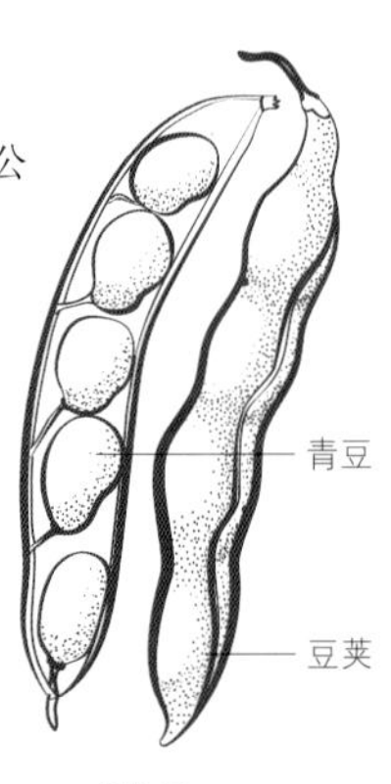

△**豆荚里**
每个青豆豆荚里都有2—4颗豆子。它们一般口感绵密，颜色鲜绿，但是有些品种是带有斑点的棕色或紫色的。

青豆的学名Lunatus
（拉丁语中月亮形的意思）
源于它们月牙般的形状。

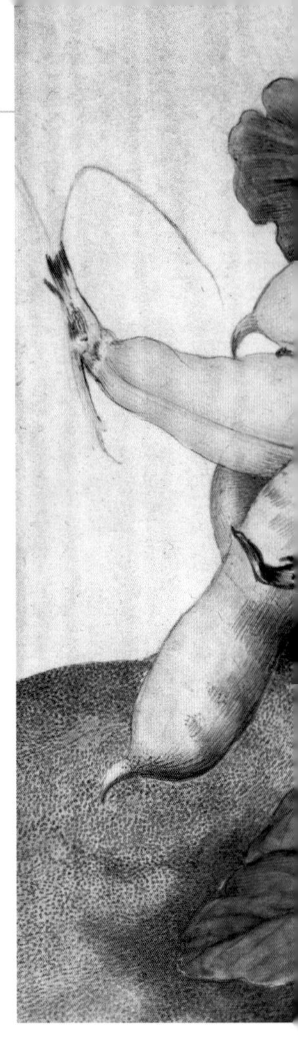

△**满满一碗**
在蚕豆静物画中，17世纪的艺术家乔瓦娜·加尔佐尼（Giovanna Garzoni）很好地捕捉到当时意大利厨房里经常出现的场景。

发源地
北非、中东

主要产地
中国、澳大利亚、法国

主要食物成分
58%碳水化合物

营养成分
维生素B1、维生素B2

学名
Vicia faba

蚕豆 古代营养来源

关于蚕豆的历史，总是有一层神秘的面纱。古代埃及人把它们看作是危险而又不洁的东西，因此祭司是不允许直视蚕豆的，更不用说食用了。

尽管蚕豆富含营养，但是古埃及人和古希腊人都会尽量避免食用蚕豆，因为据说蚕豆上可能会依附死者的灵魂。甚至还有这样的一个故事，公元前1世纪，古希腊数学家毕达哥拉斯（Pythagoras）因为强盗的追捕死于蚕豆田中，他的主要死因是因为他害怕踩到蚕豆上依附的亡灵，所以他在蚕豆田中小心翼翼地逃跑，而这个行为严重影响了他的逃亡速度，使他无法脱逃，最终死于强盗的刀下。

据说蚕豆是培植史最长的作物，其他类似的作物还包括鹰嘴豆、扁豆和菜豆。最早的蚕豆踪迹出现在以色列，可追溯到公元前6800—前6500年。考古学证据也指出其曾出现在公元前3000年的地中海地区和中欧。蚕豆在许多地中海文明和近东文明的日常饮食中有着举足轻重的意义。

如今，蚕豆在全世界都十分流行。它容易培植，还十分耐寒，这也让它大步走出了它的出生地——中东和亚洲，并走进了欧洲北部、美洲、非洲和亚洲的其他地区，成为了很多炖菜菜式的重要食材和配菜。

△豆荚

现在，蚕豆的品种一般有3厘米厚，最长的有25厘米长。每个豆荚里都能有八个左右的椭圆形蚕豆种子。

鹰嘴豆 穷人的食物

作为西方人所熟知的中东菜式胡姆斯酱（Hummus）的主要食材，上千年来，鹰嘴豆给古代文明带来了丰富的蛋白质来源。

△豆荚和叶子

鹰嘴豆植株长着椭圆形的小叶片和有蓝色纹路的白花。每个豆荚里都有三颗左右的豆子。

鹰嘴豆的故事要追溯到11 000年前，那时候的野生鹰嘴豆才刚刚被现在的土耳其和叙利亚东南部的人们培育出来。最老的鹰嘴豆品种德西豆（Desi）在公元前2000年左右抵达印度。那里就是现在最常见的鹰嘴豆品种卡布里（Kabuli）的发源地。德西豆是一种较小、带有黄色表皮的黑色豆子。而卡布里则较大，有着米白色的豆子以及较薄的表皮。

鹰嘴豆在古埃及、古希腊和古罗马都是十分受欢迎的食物。古希腊人会把它们煮熟，压成泥来吃。古希腊哲学家苏格拉底和柏拉图都曾提及鹰嘴豆的营养价值。

△中世纪的养生食品

公元13世纪的养生书籍《健康全书》（*Tacuinum Sanitatis*）中，鹰嘴豆被看成是一种养生食物，而不是一种美食。

在18世纪的欧洲，烤熟的鹰嘴豆会被磨成粉，做成咖啡粉的替代品。

公元前1世纪受人景仰的罗马西塞罗（Cicero）家族就在家中种植了鹰嘴豆，而老普林尼也在1世纪时强烈推荐鹰嘴豆，并把它们当作一种养生食品。公元4—5世纪的食谱书中就有关于鹰嘴豆菜谱的记载，这都要归功于公元1世纪的罗马美食家阿皮基乌斯。公元2世纪的帝王马库斯·奥里利厄斯（Marcus Aurelius）身边的御医盖伦认为鹰嘴豆比其他罗马人食用的豆类营养更加丰富，但容易引起胃胀等不适症状。他还说，它们是吃不起鱼肉的穷人们最好的食物来源。

向西扩张

在公元第一个千年里，关于鹰嘴豆的知识传遍了欧洲，公元8世纪的神圣罗马帝国国王查理曼大帝（Emperor Charlemagne）就曾命人把鹰嘴豆种植在他欧洲北部的花园里。阿拉伯人则把这种豆子带到了西班牙和西西里。中世纪，西班牙和葡萄牙的塞法迪犹太人（Sephardic Jews）会习惯性地准备好鹰嘴豆炖菜，以便在禁止烹饪的安息日时食用。在中世纪的埃及，干的生鹰嘴豆会被研磨成粉，加上水和香料，制成一种面糊，揉搓成球后炸制成炸豆丸子（Falafel）。鹰嘴豆泥这种蘸酱也发源于中东。

16世纪，西班牙和葡萄牙的探险者把鹰嘴豆带到了美洲。现在，美国种植并出口大量的鹰嘴豆，这些豆子主要出口到欧洲。在印度，鹰嘴豆是最受当地人欢迎的豆类，会经常被用在咖喱里，还可以研磨成面粉，做成烤饼（Rotis）和薄饼（Chapatis）。

▷流行程度

一位20世纪早期的土耳其鹰嘴豆小贩正在称量他的货品。虽然今天的土耳其不再是主要生产国了，但是几个世纪以来，土耳其都是鹰嘴豆的主要消费国。

发源地
西亚

主要产地
印度、澳大利亚、巴基斯坦

主要食物成分
63%碳水化合物

营养成分
铁、锰、锌、维生素B2、维生素B3

学名
Cicer arietinum

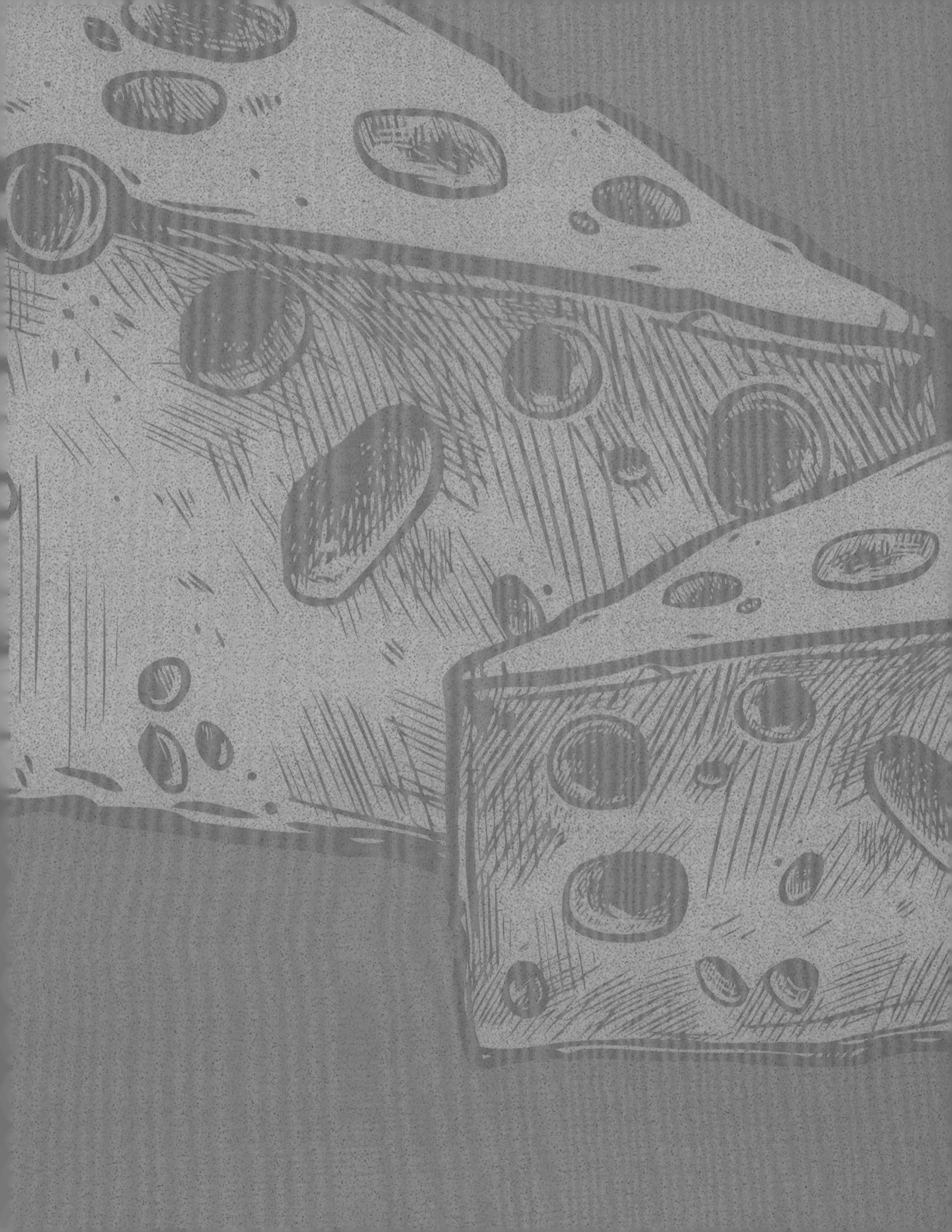

乳制品和蛋类

介绍

史前人类大多都无法消化牛奶中的乳糖，因此如今乳制品能成为世界多地饮食文化的重要食材是十分令人惊叹的。无疑，还有许多例如远东、南亚，南北美洲等地区的人们还无法完全接纳牛奶及乳制品。但是在欧洲，中亚及中东地区，奶制品是饮食中必不可少的环节之一。

难以下咽

在距今9000年左右，中东地区的人们开始牧养绵羊、山羊以及牛。人们也从那时开始，为这些动物挤奶。但是当时乳制品还算不上是一种可以直接食用的食品。几乎所有的成人都无法消化牛奶，因为他们身上缺乏一种能够分解牛奶中乳糖的乳糖酶。新石器时期的人类自身有能力生产乳糖酶以消化母亲的乳汁。但是在成长到幼年期时，这些乳糖酶会消失，于是成年人又会回到乳糖不耐受的状态，无法正常吸收牛奶。随着时间的推移，两件重要的事情催化了乳制品的改变。第一件是发酵类乳制品的发明，例如酸奶，开菲尔酸奶（Kefir）、酸奶油、发酵奶酪等。乳酸产生于产奶类哺乳类动物的胃中，可以有效分解牛奶中的乳糖，使其更容易被消化吸收。发酵类乳制品还比一般鲜奶有更长的保质期，使其成为适宜长期储存食物补给之一，尤其可以弥补牲畜无法产奶时乳制品缺乏所留下的营养空缺。发酵类乳制品也成为了当时制乳业的救命稻草。

第二件是随着制乳业的出现，人类开始自己产生了乳糖耐受性，这可能源自于异族交配中出现的乳糖耐受性基因变异，使得更多人类能够消化乳糖。而带有这一基因的人恰巧又是生育率较高的人群。科学家估算这个过程可能持续了7000年。在同一时期，富含乳制品的饮食已经悄然改变了人类的机体机能。（奶制品中）充足的钙可以帮助人类骨骼成长，氨基酸则帮助肌肉的生长。

△古代制乳业

奶牛在远古时已经十分普遍，正如这幅公元前2400年埃及萨卡拉的一处坟墓中的壁画所示。

▷搅制时代

中世纪的人们用牛羊奶制作乳制品和黄油。到了12世纪，搅制（牛/羊奶）已成为日常家务中重要的一个环节。

▽骑兵连的饮食

1916年，意大利第二集团军长官派人驻扎奶酪工厂。因为富有营养且便于携带，奶酪成为了意大利士兵配给的一部分。

乳制品还是食物中另一种人体成长必须的微量元素——碘的重要来源之一。

蛋类是碘的另一种重要来源，也是原始文明时代维持人类正常生存的必要资源之一。与乳制品不同，蛋类不受地域限制，因为它几乎是全球最普遍的食物，且可以在世界的各个文明中找到它。蛋类为人类提供了充足且方便的卡路里以及脂肪，还免去了制乳业所需的挤奶、滤奶、搅拌的过程。

> 黄油和“优质奶酪”是出现在五月花号朝圣先辈供给清单上的两种食物。

喝奶个更高

许多研究表明，一个群体营养摄入量的高低与该人群身高相关。一些研究进一步指出，乳制品摄入与身高有着直接关联，这似乎也可以解释为什么乳制品摄入量高的荷兰人有着世界第一的人口平均身高。因此，在以乳制品为日常饮食的地区，如北欧，人们的身材会比少量摄入或者无乳制品摄入的地区更加高大。发酵类乳制品（在这里特指酸奶和开菲尔酸奶）内还含有对人体有益的益生菌菌落，可以帮助人体消化吸收，还可以抵抗胃内病菌，保持身体健康平衡。

最年长的奶酪

在所有乳制品中，黄油和奶酪的保质期最长，它们可以在盐水中保存数月，甚至数年之久，硬性奶酪是乳制品类中保质期最长的。在干燥阴冷的环境里，熟成干酪可以保存更久，因为它本身十分干燥，比如帕梅森奶酪（Parmesan）、戈达奶酪（Gouda）、切达奶酪（Cheddar）就是成熟干酪的代表。但是没有几种奶酪能够像尼泊尔耗牛干酪那样，有着长达20年的保质期。奶酪在欧洲、中东、中亚、巴基斯坦、印度各地都有属于当地的特色。它们在味道和质感上都有所不同，这体现了其所在地域的畜牧方式和环境条件的差异。

19世纪，巴氏消毒法的发明也彻底改变了人们对于乳制品的需求。巴氏消毒的鲜奶杀菌技术使得一系列奶制品，比如黄油、酸奶和奶酪，有望大规模商业生产。工厂生产后，将它们冷藏保存并迅速投放给需求量巨大的市场。

▽荷兰人的骄傲

乳制品是荷兰人一直以来的常见食品。这张照片里展现了1900年荷兰奶工们提着牛奶桶的场景。

△牛奶的大批量生产

19世纪30年代，自动消毒和自动脱脂分离机器的出现，进一步推进了牛奶的商业化生产及销售。

▷牛奶之外的奶

牦牛乳制品是中国西藏地区游牧民族不可缺少的食物。当地的妇女们依旧沿用传统的方式制作牦牛奶酪。

奶类 既是饮品 也是食品

对于早期人类来说，奶类是一种只有儿童才能消化吸收的毒性物质。而后它却成为人类营养来源的重要组成部分，帮助人类族群在饥荒中维持生命，它本身也转变成世界上用途最多的食品。

牛奶

发源地
中东地区

主要产地
美国、印度、中国

主要食物成分
5%碳水化合物

营养成分
钙、维生素D

非食用功效
酪酸涂料、酪酸凝胶、蛋白质补充

没有多少食物像奶类这样需要人类长时间适应才能够食用的。动物奶类在石器时期对于成年人来说是有毒的。虽然他们的孩子出生时带有乳糖酶，可以帮助孩子分解牛奶中重要的糖分、乳糖，也能帮助孩子消化母乳。但当他们成年后，乳糖酶会逐渐消失，导致他们摄入动物乳类时，引发疾病。

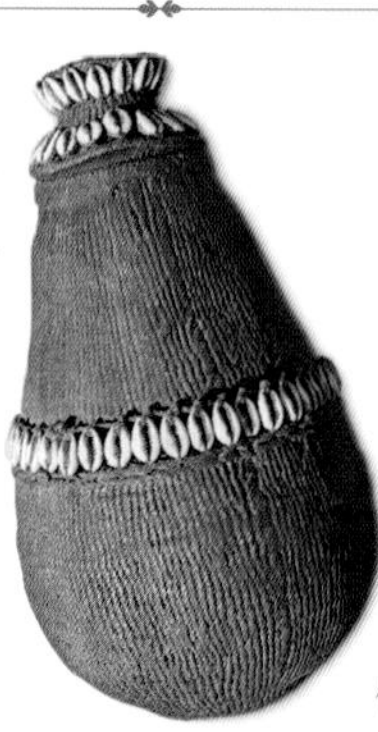

◁盛牛奶的传统容器

非洲东部的伦德尔人是传统的游牧民族。这个装饰过的牛奶葫芦是新娘婚前织的

适应环境

在距今10 500年前，中东地区的早期农夫开始驯养牛、羊、山羊等动物。这些原始的牧民找到了一种可以消化牛奶的方式，即让牛奶发酵。通过发酵过程让牛奶转化成可食的奶酪和酸奶，这些发酵乳类降低了需要消化的乳糖含量。人类学家发现关于奶类最早的证据可以在公元前7000年英国及东欧出土的陶器上找到，这里还出土了用于制乳过滤的器皿，方便制作凝乳及其他乳制品。

当时，畜牧业已经由中东传到了中欧。公元前5000年，欧洲出现了一种基因突变，一些人体内能够自己产生乳糖分解酶，这种基因突变开始在欧洲人中蔓延开来。同时在牛奶普及的中东也开始出现。在伊拉克乌贝德台形土堆（Tell al-‘Ubaid）上的宁胡尔萨格（Ninhursag）神庙

▽销售牛奶

一般来说，牛奶会存放在铁质奶桶中以便于冷藏。图中所示的正是18世纪90年代德国科隆准备去集市卖牛奶的一户家庭。

◁日常挤奶

家养奶牛必须每天产奶3次。这幅法国食谱卡来自肉萃公司李比希，描绘了一名古巴取奶工。

里、一块苏美尔雕刻向我们展现了在当时（公元前2500—前2000年）牛奶、奶酪、黄油的制作过程。公元前3000年，家养奶牛已经抵达了北非，在当时古埃及农业中起到举足轻重的地位。此后的1000多年里，奶牛也随着艾兰（Ayran）牧民传到了北印度。

现代世界

到了中世纪，奶类及乳制品成为了欧洲饮食中最基础的素材。16世纪前半叶，西班牙人把牛带到了新世界。1624年，第一头奶牛引进到新英格兰，到了16世纪末期，牛开始陆续出现在其他西部州。在18—19世纪，工业化开始驱使欧洲和北美人住进城市，他们因此开始逐渐远离新鲜安全的牛奶。19世纪末期，巴氏消毒法的发明让牛奶有了更久的保质期。短暂的加热以及制冷可以保持牛奶的健康新鲜，使牛奶可以大批量生产，从而走进城市的千家万户。同一时期，玻璃瓶装牛奶的发明，促使牛奶生产得以实现并不断供应着爆发式增长的城市人口。

众多牛奶制作者

奶牛是世界上主要的奶源，但是也有其他奶类占据着重要的位置。例如，绵羊、山羊、骆驼、水牛等，这些动物大多比奶牛更适宜生存在那些贫瘠的土地上，因此成为了千年来热带地区的主要奶源，经常在这些地区缺水时为人们提供水分以及营养。

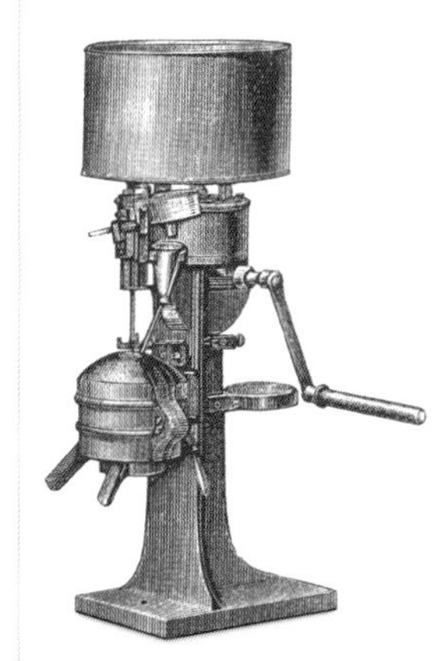

△手工分离器

离心力能够将牛奶分离成脱脂牛奶和奶油，其中奶油可以用来制作黄油。

在中国及南亚，90%的人们缺乏可以消化牛奶的消化酶。

发源地
中东地区

主要产地
德国、法国、希腊

主要食物成分
12%碳水化合物

营养成分
钙、钾、维生素D

酸奶和开菲尔酸奶

一种可口又易消化的奶制品

几千年前通过偶然的机会，人类在动物奶类的发酵过程中发现了更醇厚、更长久的奶制品，即酸奶以及开菲尔酸奶。

△**乳类过滤器**
像这个出土于现今土耳其西部利迪亚，用于制作酸奶的器皿就是酸奶历史悠久的最好证明。

酸奶一词源自于土耳其语中的优酪乳（Yoğurt），8000年前来自西亚的畜牧民族发现了发酵奶制品的秘密。据说，当时的牛奶都是存放在用动物胃部制成的布袋中，而这些袋子里，含有一定的自然消化酶。这些消化酶作为培养菌，当到达适宜培养的温度时，能够使牛奶变得醇厚并且让牛奶变酸，从而变成酸奶。酸奶不仅更加美味，保存时间也更长。它还具有比鲜奶更好消化的特质，因为酸奶中的活性菌落能够分解奶里面的乳糖。这对于早期文明来说是一个重大发现，因为他们大部分人都乳糖不耐受。

▽**酸奶店**
在印度古城瓦拉纳西（Varanasi），酸奶仍然以传统方式进行小规模生产。它被用于拉西饮品（Lassi）以及不同的咖喱酱中。

食用酸奶的文化后来向东传去，古印度的阿育吠陀（Ayurvedic）文本中就曾写到发酵奶制品有益健康。在印度，达希酸奶（Dahi）是一种牛奶制成的酸奶。在尼泊尔、不丹和西藏，人们从牦牛奶中制作出类似酸奶的发酵奶制品。在西方，古希腊人全面承认了发酵奶制品的健康效益，虽然他们曾一度认为酸奶是粗鄙之物。但之后他们发明了自己的酸奶种类——希腊酸奶（Oxygala），即“酸的牛奶”。希腊酸奶常与蜂蜜一同食用。

开菲尔的魔法谷粒

制作发酵牛奶的方法是由蒙古的半游牧民族鞑靼人带去俄罗斯的。在高加索山脉（如今俄罗斯南部边界），人们发现了一种神奇的发酵方式，并且创造了一种新的发酵奶类——开菲尔酸奶。开菲尔酸奶可以由牛奶、山羊奶或者绵羊奶组成，经由含有多种菌落和酵母菌的特殊开菲尔谷物发酵。这种技术在19世纪传到欧洲，并因其对于结核病和消化问题的医学价值而广受盛誉。

蒙古的马奶

在中亚的草原上，马是那里主要的动物。蒙古人、哈萨克斯坦人，还有其他当地的民族开创出了一种不一样的的酸奶Kumiss，这种酸奶由马奶制成。根据13世纪到过蒙古的威尼斯探险家马可·波罗以及卢布鲁克（Rubruck）的记载，蒙古可汗私人的马奶酸奶供给来自于他所养的1万匹白马。根据卢布鲁克记载，可汗帐下的300战士每日痛饮马奶酸奶。

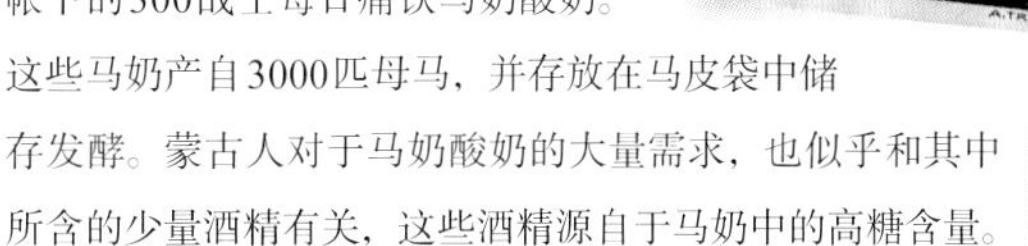

这些马奶产自3000匹母马，并存放在马皮袋中储存发酵。蒙古人对于马奶酸奶的大量需求，也似乎和其中所含的少量酒精有关，这些酒精源自于马奶中的高糖含量。

△硬核推销

“每天成千上万的人在喝”，这是瑞士一则广告的标题，广告中推广提倡每日都吃/喝酸奶。

> “如果你想要在冬天有酸奶喝，你要把一头奶牛装进你的口袋里。”
>
> 土耳其谚语

土耳其良药

在土耳其，中世纪的书籍中记载了牧民们是如何使用酸奶的，书中推荐将酸奶涂抹在晒伤的肌肤上，或是用于治疗腹泻。据宣称，1542年，当时的法兰西国王弗朗索瓦一世（Francis I）正遭受着腹泻的困扰，他的奥托曼同盟为他提供了酸奶作为药品治疗，这也因此触发了法国的酸奶热潮。

直到20世纪初期，医学家们才将酸奶中的乳酸菌分离，并全面了解酸奶健康效益背后的科学知识。对于世界各地的人来说，这也是大家食用酸奶的原因。但也有成千上万的酸奶爱好者只是单纯喜欢甜味酸奶，它还可以配上水果作为甜品或者是把它加到不同的咸味菜式或酱料中作为佐料。

△开始发酵

开菲尔谷物由乳酸菌、酵母菌、蛋白质、脂肪和糖构成。将开菲尔谷物加入牛奶中制成的饮品叫做开菲尔酸奶。

奶油与黄油

那些丰富增色的奶制品

从酥油到酪乳再到浇在水果和甜品上的奶油，这些从牛奶中拆分出的精华在许多国家的饮食文化中都占有一席之地，全因它们本身的味道和营养益处。

发源地
中东地区

主要产地
美国、印度、新西兰

主要食物成分
80%脂肪

营养成分
维生素A、维生素D、维生素E

当人类在约1万年前第一次开始牧养牲畜时，他们同时发现了如果把鲜奶静置一天，上面会出现一层脂肪鲜明的醇厚泡沫，这便是奶油。这时如果让奶油脱脂并且持续搅拌，便可以得到一块黄油。最早关于黄油的文字记载出现在一块距今大约4000年左右的石灰岩泥板上，它出土于苏美尔城市乌鲁克（Uruk），也就是如今的伊拉克的瓦尔卡（Warka）。这块泥板揭示了所有由牛、羊奶制成的乳制品，其中包括了奶油和黄油。

◁**巨型搅拌机**

在柬埔寨寺庙建筑群中，一件12世纪的吴哥窟雕像展示着这样的画面：恶魔正在摇动巨大的横梁，意图将牛奶的海洋变成黄油。

神圣的酥油

苏美尔人的黄油很有可能是被净化过的。净化是一种去除奶中蛋白质和水的过程。只留下纯粹的黄油油脂，这就是印度饮食中的酥油。净化后的酥油可以在炎热的气温下保存很久，而且也有较高的熔点。据说，在古印度的印度教神话中，生主（Prajápati）创造世界的方式便是用双手把酥油揉搓搅制后，倒进火里。将酥油倒进火里是吠陀宗教传统的重要仪式，这种宗教大约在公元前1500年就在印度站稳了脚跟。印度人对于酥油的尊重一直延续至今。在印度教食物的层级中，下等的食材用酥油烹制之后便会成为高等食物。神圣场所的灯也由酥油点燃。在印度教的婚礼中，甚至有男性客人比赛谁能吃下最多酥油的传统。

▽**黄油机器**

牛奶女工的职责就是转动黄油桶。这对于19世纪北欧大部分地区的畜牧业来说是重要的一环。

保存长久的黄油

在气候更加温和的地区，人们更推崇全脂未净化的黄油，因为这些黄油有更多的营养价值。喜马拉雅人将黄油与茶混在一起，并将它们带到中国唐代。这种耗牛黄油与茶的结合创造出了一种新的饮品，为人们提供了温暖和必要的油脂。对于古希腊人和古罗马人来说，黄油只适合北欧的野蛮部落食用。在那里，黄油早已成为一种重要且常年可见的营养来源。在爱尔兰，人们曾在泥炭沼泽中发现过距今5000多

▷**一起工作**

这些锡兰妇人在搅拌奶（牛奶或是水牛奶），用来制成酥油，她们仅需要陶碗和搅拌棒便可以工作。

年的黄油，这或许是一种早期的食物储存方式。

用搅拌的方式制作黄油早在公元6世纪就已经出现在苏格兰。在13世纪，这种方式流行开来，一般都是由制奶女工制作完成。这些女工一般是牧场主人的妻子或是农场主雇来的奶工。

改变命运

在19世纪法兰西国王拿破仑三世（Napolean III）时期，人们对黄油的需求达到了顶峰，以至于他不得不命人创造可行的替代品。1869年，化学家伊波利特（梅吉-穆里埃，Hippolyte Mège-Mouriès）发明了“油脂人造黄油”（Oleomargarine），即一种与黄油类似的用精制牛肉油脂和牛奶制成的代油脂。后来这种代油脂的名字简化为人造黄油（Margarine）。在第二次世界大战时，黄油供应量变得紧缺，因此人造黄油变得十分流行。到了19世纪80年代，人造黄油被奉为比黄油更健康的选择。然而在21世纪初，当人们发现人造黄油的油脂远不如黄油的天然脂肪健康时，局势发生了逆转，

奶油一直以来享有厨艺界的奢华地位。直到19世纪末，一位瑞典工程师古斯塔夫·德·拉伐（Gustaf de Laval）发明了离心式奶油分离器。这使得奶油得以大规模生产，制作甜点装饰或是打发奶油都变得十分简单。

> “希望你是牛场里的黄油，希望你是羊圈里的奶油。”
>
> 古苏美尔赞美尼萨巴（Nisaba）神的圣诗

△每人一桶冰激凌

这是一张1885年美国冰激凌厂商的商业广告卡片。1851年，美国大批量的冰激凌生产才刚刚开始。1874年，美国开始出现汽水柜台，销售冰激凌圣代和冰激凌苏打，这标志着冰激凌日渐风靡。

庆祝特殊时刻

不论身处何种文化和宗教，世界各地的人们都不约而同地将食物和庆典结合在一起。像中国的新年庆典，有着长达15天的节日。在节日期间，整个国家都会停下脚步，举国欢庆。

其中传统食物包括：面条、饺子、鱼、春卷、汤圆（甜的糯米圆子），还有黏米制成的年糕。面条代表着幸福长寿，饺子和春卷则代表着财富。汤圆的寓意是家人团聚。鱼总是团圆饭的最后一道菜，其中第一口必须要让长辈吃，象征年年有余。

金色的油酥糕点叫做月饼，里面填充着莲蓉、红豆或豆沙馅料。在中国，中秋节中具有重要地位，并代表着好的运气。中国的婚宴上会提供烤乳猪、鱼、鸽子、鸡、龙虾，还有莲蓉包。龙虾（代表了龙）和鸡（代表了凤）一起搭配，象征了新婚家族阴阳结合、龙凤呈祥。

巴菲饼（Besan ki burfi）是一种乳脂甜品饼干。由鹰嘴豆粉、酥油、白糖、豆蔻籽混合而成，上面一般会有一些坚果碎。这是印度教、锡克教和耆那教排灯节的节日食物。排灯节为期5天，点亮灯烛意为敬拜吉祥天女拉克什米（Lakshmi）。玫瑰蜜炸奶球（Gulab jamun），一种将炸好的面团浸在糖浆中的甜食。排灯节的节日食物还有米泰（Mithai），是一种甜食；蜜糖炸甜圈（Jalebi），是一种油炸的藏红花调味的甜食；酷菲（Kulfi），是一种印度冰激凌。

食物在犹太人的节日中也占据着重要位置。像是普珥节（Purim）。犹太三角糕（Hamantaschen）是一种用罂粟籽、果酱、梅子干、坚果、枣、杏、巧克力，还有其他令人惊喜的甜食填充而成的三角形糕点。经常煮在汤里面的三角馄饨（Kreplach）也是普珥节里常见的食物之一。

◁生日祝愿

无论是寻常人家的年岁纪念，还是受万人崇敬的宗教节日，特定的节日食品是节日文化密不可分的一部分。

奶酪 长久存放以及独具风味的奶制品

将牛奶分离成凝乳和乳清的化学过程，给古代食用奶制品的社群带来了可靠的蛋白质来源，也为不同的奶酪制作传统奠定下坚固的基础。

人类学家无法确认人类具体从何时开始制作奶酪的，不过已知的最早证据是距今大约7500年前的一组34个陶制奶酪滤器。其发现于波兰库亚维亚（Kuyavia）地区，这些穿孔的容器里检测出残留牛奶的痕迹，证明了这些陶器与奶酪制作的关联。这种早期的奶酪更像法国的山羊奶奶酪比考顿（Picodon）。这种比考顿奶酪制作于阿尔代什（Ardèche）省和德隆（Drôme）省的山脉间，使用了几乎和早期奶酪一模一样的过滤器。

在古代牧区，奶酪是一种很好的能够保存牛奶健康价值的乳制品。相比之下，牛奶会在1—2天变质，而奶酪的保质期少则几周、几个月，多则像是一些硬性奶酪可以存放数年之久。因为奶酪是固体，所以又比液体的牛奶、奶油、酸奶更容易运输。另外奶酪对于远古人类的益处是，当时的人大多无法消化牛奶中的糖分（乳糖），而牛奶转化成奶酪的过程中乳糖的含量大大降低，使得奶酪更容易被消化吸收。

因酶转化

这个化学转换的关键是凝乳酶，这是一种存在于幼年草食性哺乳动物胃里的蛋白酶体，它可以帮助动物消化吸收母乳中的营养物质。在制作奶酪的过程中，把凝乳酶加到牛奶里，能够让牛奶分离成液态的乳清及固态的凝乳。虽然如今出现了可以从真菌或是转基因微生物中提取素食凝乳酶的方法，但凝乳酶仍旧是最原始的催化剂。如今很多的奶酪制作仍旧需要使用动物凝乳酶，例如帕玛森奶酪、古贡佐拉奶酪等，这些奶酪必须严格遵照相关制作工艺，并使用来自小牛的凝乳酶进行制作。

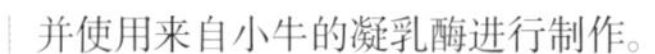

根据历史记载，任何动物的奶都能被做成奶酪。牦牛奶成为了中国西藏、不丹、尼泊尔、蒙古等地的奶酪原料。其中最有名的当属促尔比奶酪（Chhurpi），这是一种用牦牛奶酪乳制成的奶酪，有硬有软。把酪乳煮开并把尚软未干的奶酪包裹在软布里，最后吊起晾干。为了制作硬性促尔比奶酪，需要将软性奶酪挤干水分，切成奶酪片，或放在烈日晒干，用火熏干。促尔比芝士短条成为喜马拉雅地区几百年间的传统小吃。这种奶酪需用牦牛皮保存。若保存适当，有长达20年的保质期。

△村舍作坊

奶酪制作在欧洲中世纪是一项重要活动。在这幅15世纪的德国画像中，一只小狗正在舔食奶酪制作分离出的乳清。

> “你怎么可能管理一个拥有246种奶酪的国家？”
>
> 戴高乐（De Gaulle），法国将军、政治家（1958年）

其他乳类的奶酪

印度和意大利都有用水牛奶制作奶酪的历史。北印度的查谟和克什米尔邦，一种名为卡拉里（Kalari）的软弹奶酪便是由水牛奶制作而成。在印度，金奈（Chenna）奶酪可以用水牛奶或是牛奶制成。水牛应该是在公元前600年由中东人介绍至意大利的。到了公元12世纪，水牛群已经安然地居住在罗马南部肥沃的平原上，为那里的人们提供了制作酸奶和马苏里拉奶酪的牛奶。在中东，奶酪一般都是由羊奶（山羊或是绵羊）制成的，有时也会把两种奶混合在一起。这些奶酪如今仍是中东餐桌上重要的食物，其中包括纳布勒西奶酪（Nabulsi），一种由未煮过的山羊奶制成的半硬性奶酪；牛奶制成的软性未熟的阿卡未奶酪（Ackawi），经

▷研磨工作

古希腊人十分热衷于奶酪。这樽公元前6世纪出土于希腊雅典的陶像，向人们展现了古人磨碎硬性奶酪的过程。

▷木制模具

烟熏羊奶酪（Oscypek）是波兰的一种烟熏奶酪，用加盐的羊奶制成。通过模具按压成条纹鲜明的纺锤形状。

常和芝麻搭在一起食用；用绵羊奶制成的塔斯托里奶酪（Testouri），一种来自埃及的球形奶酪。虽然骆驼是一种在阿拉伯常见的产奶牲畜，但是我们很少见到用骆驼奶制成的奶酪。因为骆驼奶几乎无法分离。

盐水腌制

哈罗米奶酪（Halloumi）是中东地区的至宝，但其实它源于中世纪的岛国塞浦路斯。这种奶酪有罕见的高融点，这是由于制作过程中，新鲜凝乳会被加热到较高的温度，这也就让它们在压制浸没在盐水前就已经差不多煮熟了。因为它的高融点和坚实的质感，所以哈罗米奶酪一般都是炙烤或者油炸食用。许多奶酪都与哈罗米奶酪一样是用盐水浸泡来保存并提味的。在一般的制作过程中，奶酪会被完全浸没在盐水中长达数周，甚至数月。

菲达奶酪（Feta）是世界上历史最悠久的奶酪，也是希腊餐饮中重要的一环。一般熟成的菲达奶酪都会在盐水中浸泡长达六个月。而浸泡在盐水中也可以让菲达奶酪的保鲜时长维持在相同的时间内。当希腊移民抵达苏丹时，他们菲达奶酪的制作方法也被苏丹游牧民接纳。他们用同样的方法来处理多余的鲜奶，包括牛奶、羊奶和山羊奶等，来制作吉那贝达奶酪（Gibna bayda），一种与菲达奶酪极为相似的盐水奶酪。

△大量生产

奶酪的第一次商业化生产是在19世纪，如这本德国农业书中插图所绘，尽管如此，大多奶酪仍是由手工制作完成的。

发源地
切达（村）、萨默塞特郡（Somerset）、英国

主要产地
英国、新西兰、加拿大

主要食物成分
32%脂肪

营养成分
维生素A、钙

LE VÉRITABLE ROQUEFORT DOIT MURIR DANS LES CAVES
SPÉCIALES NATURELLES DE ROQUEFORT

ROQUEFORT
PRODUCT OF FRANCE
SOCIÉTÉ FONDÉE EN 1842
SOCIÉTÉ
SOCIÉTÉ
SURCHOIX
SOCIÉTÉ FONDÉE EN 1842

LA
SOCIÉTÉ

LA PLUS GROSSE PRODUCTION
DU VÉRITABLE ROQUEFORT

寒冷环境下奶油味十足的品种

盐水浸泡是温热环境制作奶酪的必备条件，这样能够防止奶酪太快坏掉。但是在相对寒冷的北欧，所需的盐量便大大减少。因此口味更淡、奶油味更大的奶酪也开始出现了。同样出现的还有陈年的、熟成的以及鼎鼎有名的蓝纹奶酪。在中世纪和文艺复兴时期，各式各样的奶酪创意天马行空。意大利是开拓奶酪变化和种类的先锋军，早在古罗马时期，意大利人就对奶酪有着不一样的热忱。古贡佐拉（Gorgonzola）奶酪，一种早在公元前879年波河河谷（Po Valley）就开始流行的奶酪，就是上百种变种之一。罗马人将奶酪制作的工艺带到了大英帝国。而从此后的11—12世纪开始，英国当地就开始研发出一些如今仍家喻户晓的牛奶奶酪。比如赤郡奶酪（Cheshire）、斯提尔顿奶酪（Stilton）、切达（Cheddar）奶酪等。1511年，教皇儒略二世（Julius II）给予亨利八世（Henry VIII）100车的帕玛森奶酪（Parmesan）作为外交贺礼后，英国人也开始喜欢上帕玛森奶酪的味道。

> 世界上最贵的奶酪是塞尔维亚驴奶制成的普莱奶酪（Pule），2012年1千克售价高达1000欧元。

柔软可口

在法兰西，奶酪制作是当时修道院的主要工作之一。从公元8世纪开始，就有人在布里地区勒伊（Reuil-en-Brie）制作软性的牛奶奶酪——布里（Brie）奶酪了。当时的神圣罗马皇帝查理曼也爱上了布里奶酪的味道，因此，布里奶酪成为了皇家的象征，也成为贵族晚宴上必备的餐点。18世纪晚期，在诺曼底地区的苏尔多镇的村民给拿破仑呈上了卡门贝尔奶酪（Camembert），卡门贝尔奶酪就此一炮而红。据说，软性牛奶奶酪卡门贝尔的制作方法是根据一位来自布里地区勒伊的僧侣提供的特殊配料而制成的。在荷兰，有一种硬性、黄色的奶酪叫做哥达奶酪（Gouda），是在1697年由牛奶制成的。

1815年前的欧洲，奶酪全部都是手工制作的。直到瑞士第一家奶酪工厂开始办厂。18世纪60年代，凝乳酶开始大批量生产，从而实现奶酪生产商业化。但是传统制作并没有被忘却，手工奶酪转而成为欧洲最为多元、最受保护的手工艺制作食品。

变为蓝色

通常，食物上的霉菌代表着食物不再新鲜，无法再安全食用。但是蓝纹奶酪是个例外。娄地青霉（Penicillium roqueforti）和青霉菌（P. glaucum）组成的霉菌形成了奶酪上的蓝纹。它们给蓝纹奶酪带来了一种强烈的、尖锐的独特味道，有意思的是这些霉菌没有任何毒素。青霉蓝纹能够自然产生，据推测，第一份蓝纹奶酪的出现完全是一场意外，人们把奶酪储存在山洞里，时间久了就形成了蓝纹奶酪。法国的蓝纹奶酪罗克福干酪（Roquefort）的起源更加离奇，据说，一位年轻的牧羊人为了追上年轻貌美的姑娘，便把自己的面包、羊奶奶酪午餐落在了山洞里。数个月后，他回到山洞中，偶然发现了他的午餐残余，以及布满蓝色条纹的奶酪，奶酪变得异常美味。

如今，知名的蓝纹奶酪，例如意大利的古贡佐拉奶酪和英格兰的斯提尔顿奶酪已不再依靠天机或偶然。青霉菌会在固体凝乳析干，挤压成奶酪轮饼时加入，使得奶酪产生气孔，让空气进入奶酪内部，给予霉菌生长空间以形成“蓝纹”。

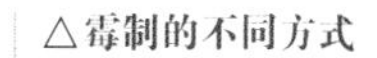

△霉制的不同方式

全世界有上百种不同的奶酪，比如丹麦的青纹干酪（Danish Blue）、卡门贝尔奶酪、艾蒙塔尔奶酪（Emmenthal）以及艾顿奶酪（Edam），每一种都有不同的味道和质感。

◁真的蓝纹

在法国南部苏宗尔河畔罗克福尔村（Roquefort-sur-Soulzon）的康巴路山的岩洞中，陈年发酵的奶酪才能被称作罗克福干酪。

▷奶酪按压器

在19世纪的英国，每个牧场都能制作自己的奶酪。这种按压器每次可以按压多个奶酪轮饼。

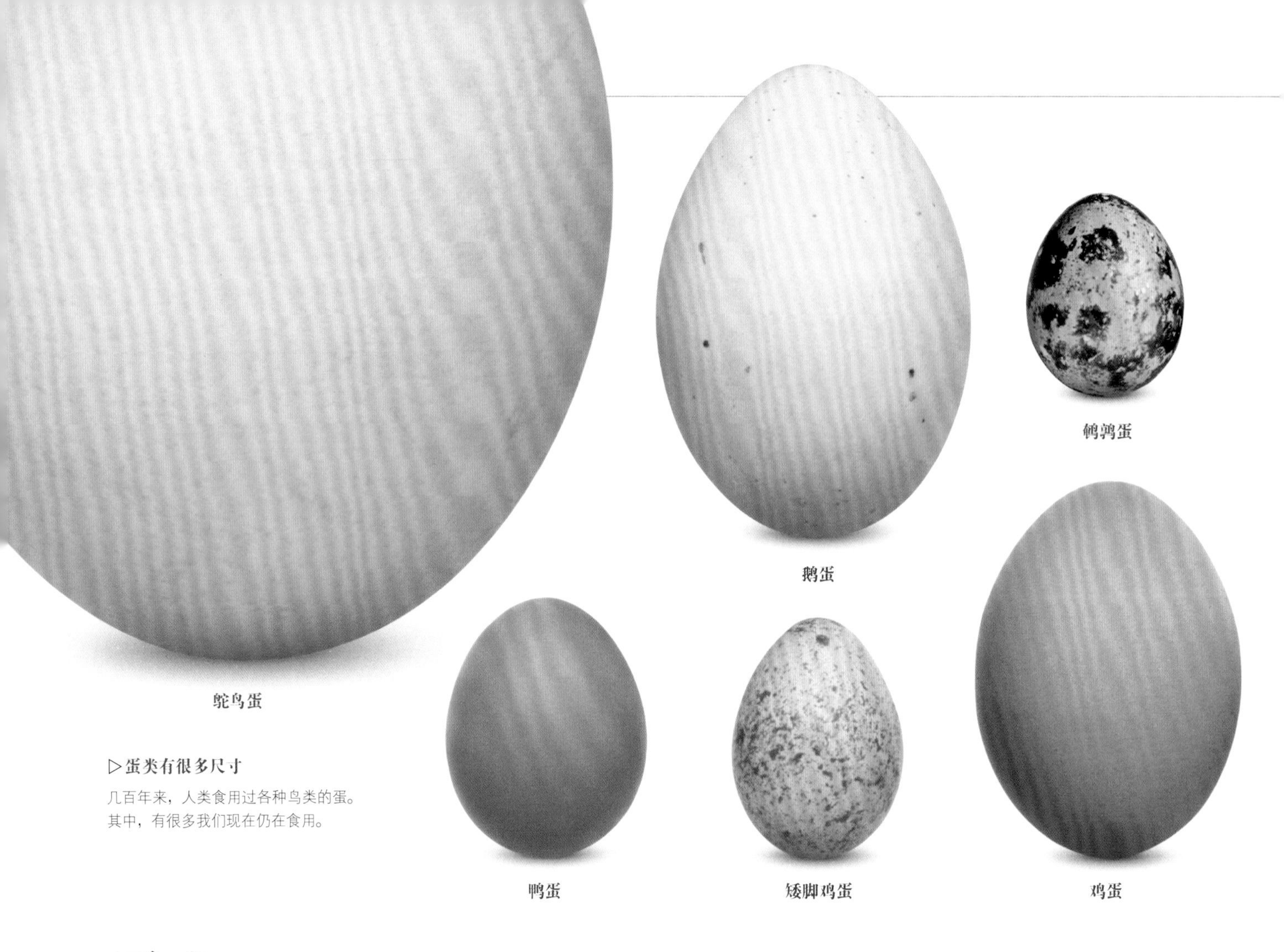

▷**蛋类有很多尺寸**

几百年来，人类食用过各种鸟类的蛋。其中，有很多我们现在仍在食用。

蛋类 精华都在壳里

高蛋白，多用途，还能完美地和其他食材混合在一起。从新石器时代我们的祖先从鸟巢中“偷蛋”开始，蛋类就已经成为我们主要的营养来源。

新石器时期，人类便开始从野外鸟类那里窃取蛋，并从蛋里获取大量的能量和蛋白质。在某一刻，他们意识到这样的窃蛋行为反而促使鸟类持续产下更多的蛋，从而延长其产蛋周期。几千年后，这些鸟类成为了家禽，这时的人类困境是：要杀掉家禽吃肉，还是继续饲养它们生蛋。很多时候，他们会选择后者，蛋类行业就此开始。

大约在公元前7500年，东南亚以及南亚的人会食用原鸡（也就是如今家鸡的祖先）的蛋。直到公元前1500年左右，家鸡和鸡蛋才开始抵达埃及。考古学家曾经在腓尼基人的陵墓里发现过食用鸡蛋的证据，公元前1000年左右，他们的城邦（例如泰尔Tyre和锡东Sidon）沿地中海海岸（现在的叙利亚、黎巴嫩和以色列）兴起，并繁荣发展。腓尼基人食用鸵鸟蛋，他们还用蛋壳制作精美的装饰品，并将其置于墓中，当作陪葬品。其他的文明也存在食用并装饰鸵鸟蛋的现象，例如波斯、罗马和希腊。中国人较常食用鸽子蛋。而古埃及人则偏好食用各种蛋类，其中包括鸭蛋、鹅蛋、鹌鹑蛋，甚至是鹈鹕蛋。

△**鸡和蛋**

古希腊人知道如何享用蛋。这个希腊神明陶瓷塑像手握着一颗蛋，而身旁则是一只疑似现在公鸡的家禽。

你喜欢鸡蛋吗？

直到公元前2000年左右才有第一份关于蛋液的记载，人们用它来增加黏稠度，以使面粉更加厚实，也更适用于烘焙。古埃及可以找出大约40种不同的面包糕点，其中就有一些需要蛋类作为原材料。后来，罗马人也开始在菜谱中广泛地运用蛋类，他们似乎更偏向使用孔雀蛋，而非鸡蛋，并且将其用在不同的糕点里。其中就包括了他们的蛋糕里布（Libum），它的制作原材料包括面粉、鸡蛋、欧芝挞奶酪（Ricotta）、月桂叶以及蜂蜜。

很多现代的鸡蛋食用方法都源自于古罗马，例如西式蛋饼、蛋挞和水波蛋等。公元4—5世纪，一系列菜谱传印下来。而这些都要归功于一位公元1世纪来自罗马的美食家阿皮基乌斯。他的菜谱里包括了蛋奶糕，以及如何搅打牛奶、蜂蜜和鸡蛋，如何在文火中煮制这一糕点等内容。蛋的加入可以使酱料和蔬菜炖肉都变得更加浓稠，蛋还可以在一些美味佳肴中成为主角，例如松子酱配溏心蛋，或芸香腌凤尾鱼配白煮蛋等。

健康与重生的奥义

在公元前6世纪，拜占庭医生安提姆斯（Anthimus）详细地描写了蛋类，并将一系列蛋类的营养价值进行了比较。通过对鸡蛋、鸭蛋、鹅蛋、鹌鹑蛋、鸽子蛋、山鹑蛋、孔雀蛋、鹤蛋、鸫蛋，还有其他小型鸟类蛋的分析，他得出鸡蛋最适合消化吸收的结论，并建议冷水放入蛋类，文火慢煮，效果最佳。阿浮胡图姆（Afrutum），一种安提姆斯食谱里的用鸡肉或者扇贝做成的舒芙蕾，需要足够的蛋清才能制作出轻盈的浮沫。

在东地中海地区的拜占庭帝国，如同其他基督教文化一样，将鸡蛋作为耶稣重生的标志。鸡蛋在异教徒时期就已经开始代表重生，异教徒们会将鸡蛋涂成鲜亮的颜色来迎接春天的到来。鸡蛋在古埃及也有同样的意义，他们将鸡蛋悬挂在殿内用来增强当地人的生育能力。

▷ **来自农场的新鲜**

在18世纪的欧洲，蛋类都是由小贩售卖的，他们把家养的蛋类带入市中心的市场。图为一个法国商贩在巡回销售她的蛋类。

△ **灵界路上的食物**

古埃及人将鸡蛋看作是十分重要的食物来源，并且将它们放进陪葬品名单里，为亡灵提供前往灵界所需的能量。

食用鸡蛋是犹太人逾越节的传统之一，而后这一传统也演变成基督教复活节的象征。英国12个鸡蛋为一打出售的传统，据说也是源自于伊丽莎白时期，其代表着基督教中的十二门徒。

> “一个鸡蛋就是一场旅程，
> 下一个也许就会是不同的。”
>
> 爱尔兰剧作家，奥斯卡·王尔德（1854—1900年）

来来去去的潮流

近几十年，特别是在西方，因为蛋类所含的高胆固醇，以及它与心脏疾病的紧密联系，使得蛋类在20世纪晚期变得不再流行。但是在21世纪初期，这些顾虑突然一扫而光，人们再次把蛋类看作是健康高蛋白食物的代名词。但是对于大型农场里量产蛋类的质疑，也让消费者更倾向于购买在自然条件下生长的鸟类产下的蛋。

主要食物成分
13%蛋白质

营养成分
铁、钙、锌、维生素A、维生素D、

非食物用途
动物饲养
药用价值

糖和糖浆

介绍

根据进化生物学家的说法，人类对甜味食物的渴望有数千年之久。研究表明，至少在1万年前，人类就已经开始吃糖了。一方面，如果一种食物带有甜味，通常意味着它的热量和能量都很高，也就说明它有利于人类存活，因而人类天生嗜甜。另一方面，原始人逐渐进化并厌恶苦味食物，这种特性能帮他们在觅食时避开潜在的有毒植物，这也促进了人们对甜食的渴望。总而言之，食物越甜，就越安全。

对许多史前人类来说，最甜的食物当然是蜂蜜，有证据表明，早在距今1万年的中石器时代，原始人类就开始采集蜂蜜。例如，在西班牙东部巴伦西亚（Valencia）的“蜘蛛洞”（Cuevas de la Araña/Caves of the Spider）里，一幅洞穴壁画清晰地展示了一个人爬上藤蔓或绳索，在蜂巢寻找蜂蜜的场景。这个被称为“比科尔普的男人/女人”（Man/Woman of Bicorp）的人物拿着一个葫芦，在一群极其愤怒和激动的蜜蜂的包围下偷走蜂巢。

制糖业的开端

蜂蜜和甜树液都是自然中本就存在的物质，而我们所知的颗粒状的糖，则是随着人类的种植和加工活动出现的。在新几内亚的热带地区，人们在公元前6000年左右开始种植粗长而有节的热带茎干植物。他们将其中一类作为建材藤料，而将另一类更柔软、口味更甜美的品种作为咀嚼食用的食物。后者便是甘蔗，即使在未加工的状态下，甘蔗汁的高热量也能唤醒人们的活力。通过与波利尼西亚的贸易活动，甘蔗被传到了印度。在公元前400年左右，印度人用甘蔗提炼出了一种粗糖。

在接下来的1000年里，糖在世界各地缓慢地传播，吸引了那些有购买力的人们，并逐渐取代了蜂蜜和其他植物糖浆和水果的地位，成为了甜味剂的主要来源。不久后，糖成为了加勒比甘蔗种植园里奴隶制的残暴遗产。

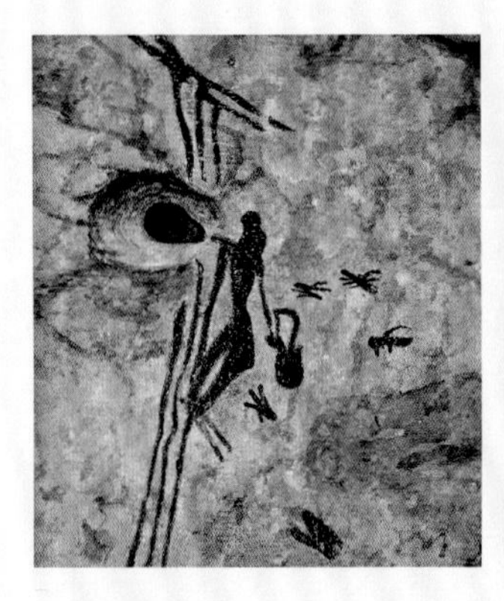

△甜蜜的诱惑

正如在蜘蛛洞（The Cuevas de la Araña）里的岩画所示，我们的新石器时代祖先被甜味的食物所吸引。蜂蜜因味道甜美且富含能量而受到珍视。

◁养蜂

这幅来自15世纪的手稿展示了一个女人采集蜂蜜的场景。在中世纪，人们不仅从蜂巢中采集蜂蜜，也从中采集蜂蜡。

△新世界秩序

美洲奴隶对糖的加工起源于15世纪，当时哥伦布将甘蔗从亚洲带到多米尼加共和国（The Dominican Republic）。

蛀牙的始作俑者

在文艺复兴时期的欧洲，社会上最富有的人经常因为过度食用糖而牙齿发黑、腐烂。糖在当时价格昂贵、需要进口，因此只有富人买得起，而英国皇室中的伊丽莎白一世就是其中一个。伊丽莎白一世以爱吃甜食而著称，因此有人认为她有十分严重的蛀牙。相反，那些依靠水果或野生蜂蜜来补充甜分的穷人，牙齿腐烂的概率要小得多。历史学家将数百年来的牙科记录绘制成表，发现在19世纪早期英国最富有的阶层中，患龋齿的人数激增。不少人在30岁之前因为蛀牙和牙龈疾病而失去部分甚至全部牙齿。与此同时，糖的进口量以惊人的速度增长，在1704—1901年间，英国人的糖摄入量比上几代人增加了20多倍。在整个欧洲、北美、亚洲和世界各地的欧洲殖民地，人们似乎在几百年的时间里就产生了对精制糖的渴望。

糖不仅能增加甜味，
还能在果冻和果酱中充当防腐剂。

从甜菜到糖尿病

19世纪后期，糖成为了一种廉价商品，人类饮食中摄糖量增加。这在很大程度上要归功于甜菜加工业的发展，甜菜制成的糖是一种比蔗糖便宜得多的替代品。早在1826年，法国律师兼美食家让·布里亚-萨瓦兰就指出，欧洲人糖的摄入量“每天都在增加”。萨瓦兰在其开创性的著作《味觉生理学》(*The Physiology of Taste*，1825年)中，将糖列为19世纪早期社会肥胖的主要原因之一。如今，人们认为糖是一系列包括肥胖和糖尿病在内的健康问题的罪魁祸首，这一观点在西方尤盛。据营养学家估计，人类摄入的糖分中，只有20%是以砂糖、蜂蜜或糖浆的形式直接摄入的，其余80%都来自于添加了糖的食物和饮料。这些隐藏的糖分来源通常是玉米糖浆等低成本替代品，是肥胖率上升的原因之一。注重健康的消费者已经转向天然的、富含抗氧化剂的替代品，如蜂蜜或者枫糖浆和龙舌兰糖浆等。

△残酷的联盟

公元19世纪，奴隶制和蔗糖生产密不可分。尽管有风车等创新，但西印度群岛的糖仍是靠奴隶劳动制成。

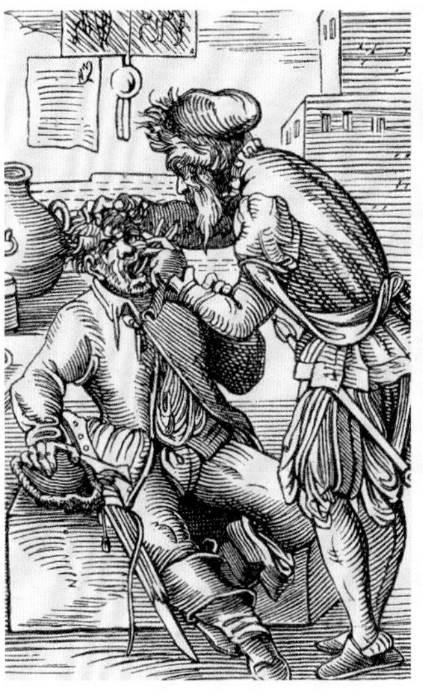

▷甜食的代价

文艺复兴时期，欧洲贵族的糖摄入量增加，这意味着患蛀牙人数也在增加。这给欧洲那些负责为人拔牙的外科大夫提供了更多的工作机会。

△堆积如山

20世纪50年代，印度政府在制糖产业投入了大量资金。如今，印度是世界第二大蔗糖生产国，仅次于巴西。

蜂蜜 最初的甜味剂

蜂蜜能够永久保存的特质、甜美的味道以及其对健康的诸多益处，使其成为人类历史上最珍贵的食物。

史前人类很清楚蜜蜂的巢里含有蜂蜜以及蜂蜜的价值，这一点在西班牙比科尔普的一幅8000年前的洞穴壁画上得到了明证。这幅壁画展示了一个背着篮子的人，抓着一根蔓生的茎，从巢里采蜜。有一种策略是用烟把蜜蜂熏出来，趁它们逃走时，取走蜂蜜，这样就能避免被蛰。人类有可能是从动物寻蜜者（如蜜獾）的行踪里得到的相关线索。

◁蜜蜂塔楼

维多利亚时代的人用浪漫的视角解读养蜂。这张草图来自于1827年出版的一本关于蜜蜂的书，画上是一个摆在桌子上的精美的蜂巢。

生死攸关?

蜂蜜不仅可以丰富人们由肉类、苦味蔬菜和水果构成的饮食，给人带来甜蜜的慰藉，还是一种宝贵的营养来源。蜂蜜中富含的矿物质和酶，有助于预防胃溃疡，创造一个利于“好”细菌滋生的环境。蜂蜜还可以抗菌，能够促进伤口愈合。在古代社会，这些属性可能足以决定生死。虽然蜂蜜比普通的家庭用糖营养丰富得多，但与许多人的想法相反，蜂蜜与精制糖的热量一样多。这意味着人类在食用蜂蜜时血糖上升的速度与吃白糖一样快。

养蜂的起源

公元前3000年，大量蜜蜂生活在肥沃的尼罗河三角洲以及埃及南部，因而被称为“蜜蜂之乡”，人类也开始从窃取蜂巢转为在人造蜂箱中培育蜜蜂。人们在谢斯贝雷（Shesepibre）遗址中发现了养蜂的证据。谢斯贝雷是古埃及第五王朝法老纽瑟尔·阿尼（Newoserre Any，公元前2474—前2444年）的太阳庙的遗址。太阳神庙的大厅浮雕上展示了他们的季节性活动，其中就有“Beekeeping”（养蜂）或称“Apiculture”（英语中用来描述养蜂的专业术语）。到了第六王朝，蜂蜜已经成为一种珍贵的贸易商品。蜂蜜在中世纪的重要性在德国的税法中得到了明确的体现。德国的税

▷神话养蜂人

15世纪，意大利艺术家皮耶罗·迪科西莫（Piero di Cosimo）画中的这一细节描绘了农牧之神和森林之神鼓励一群蜜蜂在一棵空心树上定居的场景。蜂蜜象征着生育力，这个场景是对成功生育的寓言。

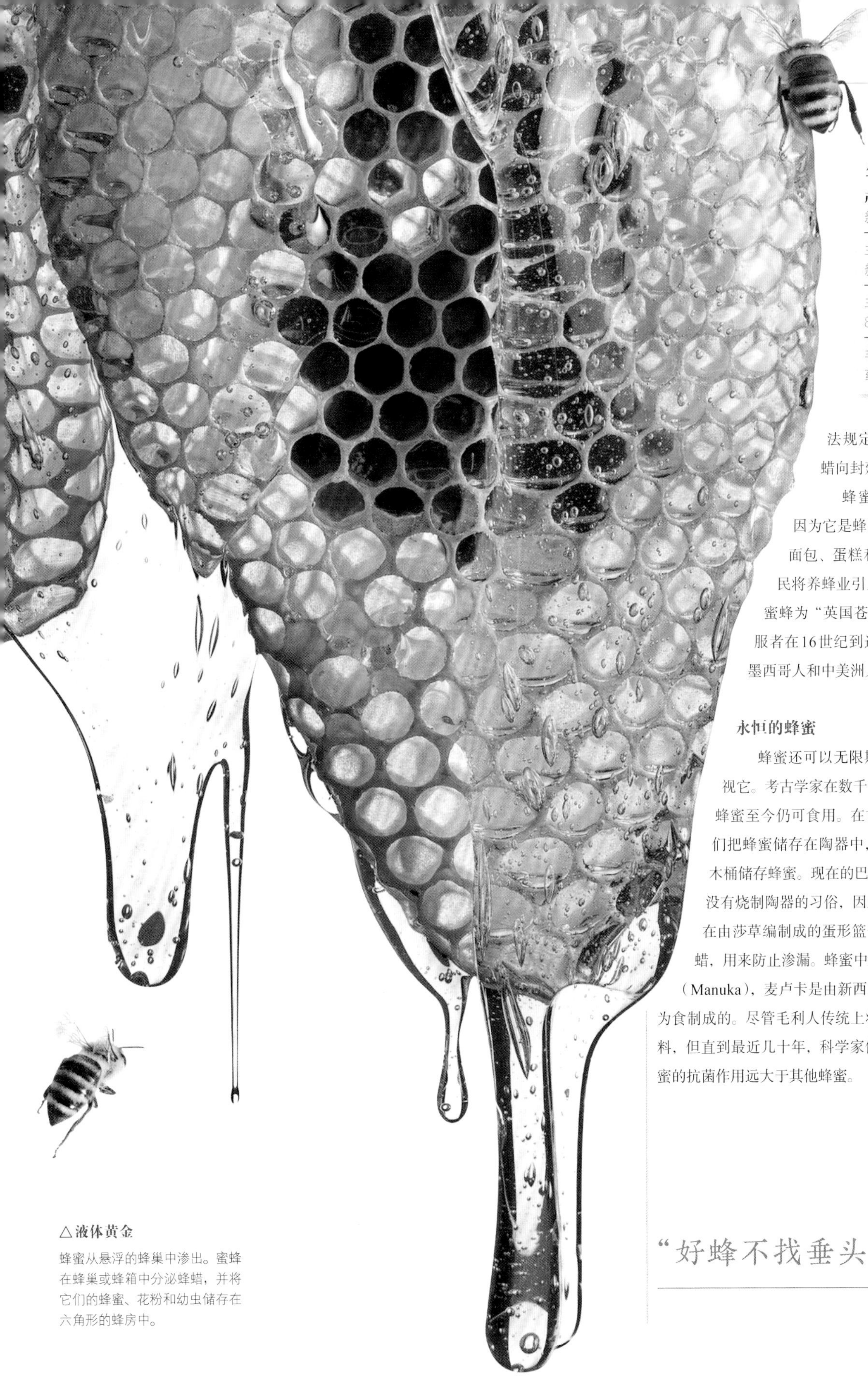

生麦卢卡蜂蜜

产地
新西兰

主要产地
新西兰、澳大利亚

主要食品成分
81%碳水化合物

非食品用途
药用（抗菌）

法规定，农民必须用蜂蜜和蜂蜡向封建领主纳税。

蜂蜜在欧洲得以广泛使用，因为它是蜂蜜酒等饮料的基础，也是面包、蛋糕和糖果的甜味剂。欧洲移民将养蜂业引入北美，美洲印第安人称蜜蜂为“英国苍蝇”。然而，当西班牙征服者在16世纪到达更靠南的地方时，发现墨西哥人和中美洲人已经在养蜂了。

永恒的蜂蜜

蜂蜜还可以无限期保存，因此人们十分重视它。考古学家在数千年前的埃及墓穴中发现的蜂蜜至今仍可食用。在古埃及、罗马和希腊，人们把蜂蜜储存在陶器中，而在北欧，人们经常用木桶储存蜂蜜。现在的巴拉圭地区，在远古时期还没有烧制陶器的习俗，因此那里的人们将蜂蜜储存在由莎草编制成的蛋形篮子里，并在篮子内里涂上蜡，用来防止渗漏。蜂蜜中最珍贵的可能要数麦卢卡（Manuka），麦卢卡是由新西兰的蜜蜂以同名树的花蜜为食制成的。尽管毛利人传统上将麦卢卡蜂蜜用作伤口敷料，但直到最近几十年，科学家们才充分证实了麦卢卡蜂蜜的抗菌作用远大于其他蜂蜜。

△**液体黄金**

蜂蜜从悬浮的蜂巢中渗出。蜜蜂在蜂巢或蜂箱中分泌蜂蜡，并将它们的蜂蜜、花粉和幼虫储存在六角形的蜂房中。

“好蜂不找垂头花。”

罗马尼亚谚语

枫糖浆

春天的甜味

原产地
北美洲

主要生产地
加拿大、美国

主要食品成分
67%碳水化合物

营养成分
锌、维生素B2

枫糖浆是美国早餐煎饼和培根的经典配菜，它是从枫树上提取的浓缩的、未精炼的液体糖。它那令人回味无穷的甜味是精制糖无法比拟的。

只有加拿大和美国东北部能产枫糖浆。美洲原住民主要生活在加拿大东南部、新英格兰和阿巴拉契亚山脉这些枫树种类繁盛的地方，因此早在欧洲人到来之前，美洲原住民就已经在用枫树液制作枫糖浆了。这些地区的昼夜温差大，有利于树木生出甜美的汁液。虽然枫树有128种，但只有少数几种适合制作含糖量高达2%至5%的枫糖浆。最甜的是名副其实的糖枫树（Acer saccharum），但黑枫树（A.nigrum）和红枫树（A.rubrum）也能产生甜树液。夏天，糖在树叶中产出，接着被运送到枝干中，而在冬天它则以碳水化合物的形式储存在枝干中。天气回暖时，枝干中的碳水化合物便转化为蔗糖，这些蔗糖则会溶解于树液中。

甜蜜的故事

在北美土著民间传说中，易洛魁人（Iroquois）讲述了一个原住民酋长沃基斯（Wokis）在一个暖夏从枫树上拔出战斧去打猎的故事。当天傍晚，他的妻子去取水做饭，经过树旁时，看到汤玛霍克（Tomahawk）的一个切口渗出

△糖浆勺

北美五大湖地区的梅诺米尼族原住民（the Menominee），使用这种带有雕饰的木勺生产枫糖浆。

液体，便把这种液体收集起来，免得春天再去一趟，并用这种液体做了晚餐。酋长吃过后觉得味道很好，从此他们部落就开始采摘枫树的糖汁。撇开传说不谈，很明显，美洲原住民从某时起就发现枫树的汁液是甜的，而且很好吃。把枫树液放在火上煮，它就会变成褐色的糖浆，继续煮制，它就会成为晶体。枫糖浆成了美洲原住民的一种重要的营养和能量来源，他们将春天的第一个满月称作糖月（Sugar Moon）。阿尼希纳比族（Anishinaabe）人把3月下旬至4月的月份命名为"Izhkigamisegi Geezis"（煮月），这是根据初春的煮糖活动而命名的。早期的殖民者很快就从原住民那学会了取枫树液的技术，在糖或糖蜜短缺的时候用它增甜。殖民地的开拓者给枫树取名为"糖灌木"（Sugar bushes），他们在树干上钻孔后用桶收集树液。

枫树液通常含98％的水，
而糖浆的产量仅占其体积的2％。

给枫糖浆分级

如今，世界上约80％的枫糖浆来自加拿大魁北克省，人们根据枫糖浆的密度和颜色给枫糖浆分级。糖浆颜色越黑，味道越浓。大多数糖浆经过加工后依然保留了它原本的形态，方便人们倒在水果和甜点上。不过，加拿大也生产了各种由枫糖浆制成的糖果制品。

△冬季的采集

20世纪初，人们用传统的木桶在美国北部从枫树上收集汁液。

▽浓缩树液

在19世纪及以前，人们就近在收集树液的树林里煮制糖浆。

原蔗糖

产地
新几内亚

主要生产地
巴西、印度、中国

主要食品成分
100%碳水化合物

非食品用途
燃料（乙醇）

食糖 甜美的结晶

2000多年来，由甘蔗生产的黏稠糖浆一直是供少数人食用的奢侈品，直到人们发现甜菜也能制糖后，食糖才成为所有人都负担得起的食物。

△糖棒

这些埃及男孩通过原始方法啃食甘蔗以获得糖分。

8000年前，甘蔗在南太平洋的热带岛屿新几内亚茁壮生长着。甘蔗植株高大、生命力旺盛，而且甘蔗汁味道甜美，当地的新几内亚人会通过咀嚼甘蔗段的方式吸取甘蔗汁。与此同时，他们开始种植甘蔗，以确保稳定的甜食来源。几个世纪以来，人们在贸易过程中将甘蔗向东带到波利尼西亚，最终甘蔗于公元1世纪在夏威夷扎根，人们还将甘蔗向西传播到印度尼西亚和菲律宾，并在公元前3000年左右将其带到印度。也正是以印度为起点，甘蔗开始变为世界上最珍贵的商品。

△甘蔗榨汁器

这是19世纪秘鲁的一个人工木磨，可以看出榨甘蔗汁是一项艰苦的工作。

制作“石蜜”

甘蔗于公元前800年左右从印度传入中国，从那时起，中国就有了关于印度甘蔗田的文字记载。公元前5100年，当波斯皇帝大流士（Darius）入侵印度时，他注意到“一种不用蜜蜂就能酿蜜的芦苇”的存在。到公元前400年，印度人已经发展出一种通过蒸发糖浆制造糖粉的粗工艺，糖浆凝固之后就被称为“石蜜”。在中国，从印度进口的白色石状蜂蜜（或称石蜜）是中国当时最昂贵的商品。

公元前325年，亚历山大大帝（Alexander the Great）结束对印度的统治后回到希腊，同时带上了一些希腊的甜味“蜂蜜粉”。

世界上大约70%的糖来自甘蔗。

白色晶体

公元1世纪，希腊医生狄奥斯科里季斯（Dioscorides）将食糖描述为：“一种浓缩的蜂蜜，称为‘糖精’（Saccharon），其发现于印度和阿拉伯的甘蔗中，与盐相似，容易咬碎。”然而，两个世纪后，约公元350年，印度发展出一种将甘蔗变成颗粒状晶体的方法，这一演变让食糖日益流行。食糖成为印度的主要出口产品之一，向西销往波斯和埃及。从公元700年开始，印度的制糖技术得到了进一步的发展，其中提纯和精炼的技术提升最高。阿拉伯世界也开始产糖。当战士们在中世纪的战争之旅中尝到了糖的滋味后，阿拉伯人开始向欧洲人贩卖食糖。由于当时只有印度和中东产糖，而欧洲的需求又不断增长，因此食糖的价格居高不下。

◁炼糖厂

这幅雕刻于公元1600年的荷兰版画描绘了制糖的古老工艺。工人们把甘蔗切成小块，在磨坊里碾碎以榨取甘蔗汁。再将其倒入模具，制成锥形的糖块。

糖果在售

这位18世纪30年代的糖果师身着奇特服装，展示了自己包括糖果水果和装满糖果的纸甜筒在内的所有商品。

△工作的工具

如今，甘蔗可以用自动机器收割，而以前必须用刀或大砍刀才能收割。

中世纪的保健食品

在欧洲，富裕的中世纪家庭把食糖当作一种稀有的香料，用在肉菜、汤，以及蛋糕和糕点。当时的人们用温或冷、干或湿来判定食物，而食糖被划分为温、湿食物，人们认为食糖无论是对病人或是健康的人都有改善体质的功效。公元11世纪的健康论著《健康全书》中提到："精制食糖……对身体有清洁作用，有益于胸部、肾脏和膀胱……有益于血液，因此适合每种性情、每个年龄层的人在任何季节和任何地点食用。"14世纪，法国皇家宫廷的厨师纪尧姆·蒂雷尔（Guillaume Tirel）建议在大多数美味的菜肴中加糖，特别要多在病人的菜里放糖。在他的手稿里，他建议每一道为病人准备的菜里"必须有糖"。食糖的甜味也使它成为当时药物中必不可少的成分，它中和了发挥药效的植物成分的苦味。

"如果你一点糖都给不了，那就说点甜蜜话吧。"

印度谚语

甜品交易

中世纪的威尼斯商人很快就在食糖贸易中找到了一席之地，他们在塞浦路斯岛上建立了自己的种植园，并发明了水力压榨机。这些工厂用收获的甘蔗生产糖浆，然后将糖浆凝固成小块或山包状，以便于运输。意大利糖商弗朗西斯科·佩戈洛蒂（Francesco Pegolotti）在14世纪出版的手册中列出了欧洲市场上包括糖粉、糖锭、糖块和山包状糖块在内的十多种糖，其中还有紫罗兰香和玫瑰香的糖。与此同时，在意大利的主要城市中涌现出许多甜品店，店内出售由糖果锥形糖果盒装起来的蔗糖产品。

用等重的糖交换

尽管贸易繁忙，但是食糖仍是一种稀有物，由于它的制作成本太高，所以被人戏称为“白金”。在16世纪的欧洲，一小袋食糖的价格相当于人们一天的工资。即使在中东这个能产出最优质的食糖的地方，糖的价格还是很贵。苏丹艾哈迈德·曼苏尔（Ahmad al-Mansur）于15世纪末开始在摩洛哥马拉喀什（Marrakech）建造巴迪皇宫（Badi Palace）时所使用的黄金、意大利大理石和玛瑙的成本是用与他们等重的糖计算出来的。在同一世纪早期，探险家哥伦布第二次从西班牙殖民地加那利群岛带回甘蔗枝，插枝到美洲后，第一个甘蔗种植园在加勒比地区建立起来。在未来的几百年里，这一地区的蔗糖生产将对历史产生深刻的影响，这一影响不仅包括将奴隶作为劳动力，还使这里成为了欧洲食糖的主要供应区。

当西班牙人忙于在加勒比海地区种植甘蔗时，葡萄牙人把精力集中在了巴西的种植园上。若无成熟的销售市场，这两个欧洲海军强国不停地在种植和加工上付出的努力将毫无意义。荷兰人在扩大欧洲食糖的商业网络方面发挥了重要作用，有助于促进西印度群岛的食糖生产，因此到17世纪下半叶，食糖的价格下降了一半。即便如此，大多数人还是负担不起。

◁丰收

当甘蔗收割机准备收割时，它的高度可以是成年男子的2倍。像西印度群岛上这类熟练使用收割机的收割者，每小时可砍掉500千克的甘蔗。

△蒸汽动力

蒸汽机的发明改变了糖的生产模式。这家大型制糖机在19世纪80年代在古巴的一家炼糖厂运行着。

新的来源

两个世纪后，一位德国化学家的发现使糖的命运发生巨大的变化。安德烈亚斯·马格拉夫（Andreas Margraff）在实验中发现甜菜根含有蔗糖，且与甘蔗中的蔗糖别无二致。1801年，欧洲首家甜菜制糖厂在如今的波兰地区开业，甜菜种植逐渐普及，不久，更多的甜菜制糖厂很快在法国北部、德国、奥地利、俄罗斯和丹麦开业。糖价便宜了不少，供应给人们的糖的种类也丰富了许多。到19世纪和20世纪，糖从富人的奢侈品变成了普通人的主食，那时甜茶、果酱、糖果、蛋糕和饼干成了日常食物。如今，食糖广泛应用于食品和饮料行业。

△甜蜜又纯净

费城是19世纪美国制糖工业的中心。富兰克林糖厂是该市最大的炼油厂。

油和调味品

介绍

上千年来，世界各地的人们用不同的果实、蔬菜、花朵、种子和果仁制作出来的油品数不胜数。在古代，油不只是用来烹饪，更有不少神圣的意义，例如在宗教仪式中作为灯油，或是用在药膏、香脂膏和药品里，甚至可以用来保存像古埃及法老王一样的人类的遗体。在埃及、罗马和希腊，油品也经常被用来储存食物。存在油里面的蔬菜和小块的圆饼奶酪能够放置较长的时间。

无处不在的橄榄

早在1万年前的新石器时期，人类就已经开始在现代的近东地区采摘橄榄，并开始压制制油了。在以色列北部的恩齐波里（Ein Zippori）大型考古点曾出土过8000年前的橄榄油残余。事实上，在人类文字历史发展过程中，橄榄出现在油的历史记载中的次数多到让人容易忘记能够给人类提供这种重要而又有用的物质的其他植物了。就连英文的“油”这个单词都是从希腊的橄榄elaia这个单词衍生而来的。在中世纪，虽然人们在烹饪时经常会用到植物油，但是大部分居住在北方国家的人还是比较倾向使用动物脂肪（例如鹅油等），因为获取它们十分便利。

其他种类的油

随着旅行者和探险家的出现，并将植物带到不同地区，世界各地的人们开始制作并使用不同类型的油品。牛油果和杏仁、葵花和芝麻、椰子、玉米和很多其他植物都是以这种方式传播到各个国家的。现在，各个大洲都有南美洲的坚果和花生油；这些油很有用，因为它们本身没有味道，而且高温加热都不会烧焦。在印度，芝麻、油菜和芥末籽都被用来榨油，要么直接用臼研磨，要么用扁平的石头和石质擀面杖研磨。最终，一种公元前1500年前使用的研磨方式渐渐发展成一种叫做Ghani的制油方式，直接用像公牛一样的动物来推动巨型的磨石生产油品。

△为了健康压榨

橄榄油成为人类饮食的一部分已经有上千年的历史了。20世纪末，科学家发现橄榄油有不少的健康效益，例如其中抗炎症的化合物。

◁工具化生产

古代压榨橄榄油的方法有很多，其中就包括了用脚踩橄榄。到了公元3世纪，罗马帝国工具化榨油的器械已经十分普遍了。

△冷藏

像双耳细颈瓶这种大型的陶制容器经常被用来储存橄榄油。人们常在地下储存它们，因为凉爽的温度能够防止橄榄油腐坏。

这其实跟巨型的杵和臼类似，只是把中间垂直的杵绑到了磨磨的公牛身上。许多籽油的生产方式人们现在还在沿用，只不过规模越变越小了。在斯里兰卡和阿富汗，还有许多人在使用类似的工具产油。公元前500年的梵文文本中曾简短地提及过榨油的过程，但是却没有描述使用的工具。榨籽的方法已经被现代化了，现代的榨籽过程，速度快，温度可控，但是想到许多古代人类使用的榨油方法现在仍在沿用，就让人心生好奇。

调味品：增味剂

调味品和油品的历史极为相似。调味品的英文单词condiment来自拉丁语中的condire，意思是腌渍或是储存，即用来增加食物风味的东西，特别是味道浓烈的佐料。大部分的调味品都已经有上千年的历史了，其中很多都可以追溯到它们远古的源头。

鱼露（Garum）是一种用腌渍后的鱼做成的糊状酱料。它名声远扬，罗马人几乎会在所有食物上加鱼露。考古学家在英格兰北部的一个罗马考古点曾找到过一个标记为顶级品质的鱼露陶罐。在东方，腌料的运用更加精致，他们主要强调各种味道，甜、酸、苦、咸的平衡。现在大家熟悉的番茄酱是由远东的甜豉油（Kecap）演变而来的，它的变化之大，让人难以辨认。第一份用番茄制作番茄酱的菜谱直到1812年才出现在美国。许多调味品都会经由本地食材调节而发生改变，但是所有这些爬山涉水而来的调味品已经改变得十分适合当地人的口味了。

最早的榨油机器可以追溯到公元前6世纪的土耳其地区，当时人们用木棍和石块榨油。

其中最著名的一个例子就是伍斯特郡酱，这种酱料以当时首创它的英格兰小镇命名。在19世纪早期，一位在印度生活的贵族曾邀请过两个化学家，约翰·威力·莱雅（John Wheeley Lea）和威廉·佩恩斯（William Perrins），并用他从家中带来的旧菜谱制作了一味调味品（即李派林喼汁Lea & Perrins）。这两个化学家一开始并不喜欢他们的制品，所以就把这一调配品藏了起来，过了一段时间重新品尝后却发现，他们更喜欢这个酱料后来的味道，因此便开始制作并售卖这种酱料。

最重要的调味品大概就是盐了，但是如果只把它看作跟一般调味品一样，是食品的佐料，那就有些许偏差了。太多盐或是太少盐对人类和动物的身体都不好。

△乘船去赶集

在菲律宾，醋（Suka）是好几代人的饮食回忆，人们经常用船来运输它们。它的主要原料是蔗糖、椰树树叶或是麻拉果（Nipa palms）。

▷鱼厂

古罗马的腌渍鱼酱，鱼露（Garum）当时流行到人们会设立特殊的“工厂”加工咸鱼，它是制成鱼露的主要材料。

△黑色经济

建于15世纪白海一座小岛上的索洛维茨基（Solovetsky）修道院惊人的财富都是通过售卖盐而来的。那里产出的盐都是黑色的，因为其中混有海藻杂质。

橄榄油 古典世界的油品

作为地中海地区从古至今的主要食材，橄榄油现在因其温润滋味的养生效果享誉全球。古希腊的诗人荷马把它称作液体黄金。

几千年前，在如今的意大利地区，生长着野生的橄榄树，但是这种树的人工品种是首先由地中海东部的人培育出来的。卡法萨米尔（Kfar Samir，以色列海法海岸沉没的聚集地）曾出土过压榨过的橄榄核与橄榄果的残余。整个地中海地区都有关于橄榄榨油和双耳细颈瓶的考古证据，这也体现了当时这种油的经济价值。现在还能找到公元前1450年左右克里特克诺索斯王宫里的泥板文书，上面有用迈锡尼（Mycenaean）希腊语记载的关于橄榄树和橄榄油的内容。

古代油品激增

从黄色到浓厚的深绿色，用橄榄树果实、葡萄和谷物榨出来的油品一直以来都是西方古代世界的常见食材。

早在公元前1000年前，住在现今黎巴嫩、叙利亚和以

△古代储油

橄榄油以前是用陶缸储存运输的，现在在克里特岛米诺斯马莉娅皇宫（Minoan Palace of Malia）里还能找到像这样的大型陶器。

◁**陆地的证据**

在《圣经》里关于诺亚和洪水的故事中，一只叼着橄榄枝的鸽子飞回诺亚方舟，这证明了这种植物对古代社会的重要性。

色列北部的腓尼基人就开始在地中海各个地区买卖橄榄油了。它不仅是营养的主要来源，还经常被用来点灯、制作化妆品、香水，以及尸体的防腐剂。在古希腊，运动员会在他们的皮肤上抹上橄榄油来缓解肌肉酸痛和减轻扭伤的疼痛感。在荷马的《奥德塞》里，奥德赛在长途跋涉后就是用橄榄油给全身按摩的。

在古罗马，橄榄油在西班牙、葡萄牙和北非的上百处制油场地制成后，被运送到英国、德国、法国和帝国的其他地区。在公元1—2世纪，每年在西班牙安达卢西亚（Andalusia）生产的橄榄油产量能达到1亿升左右。

从枝头到餐桌

从树上摘下果实后，人们需要洗刷橄榄，给它们去核，果肉随后会被放在篮子里挤压，并用清水冲洗。

在意大利，村庄的规定中有关于制作橄榄油每一步的细则，从培育方法到如何正确处理废弃物。

公元17世纪，西班牙和葡萄牙殖民者把小株的橄榄树带到南美洲后，这种植物很快就在秘鲁和智利的山谷里站稳脚跟，那里的气候跟地中海的气候类似，非常适合橄榄树的生长。18世纪，方济会（Franciscan）的修道士在美国加利福尼亚南部种植橄榄树，到了1870年，加利福尼亚海岸大大小小的农场已经种满了不同种类的橄榄树。但是15年后，榨取玉米油和种子油的工业发展让加利福尼亚农民橄榄油的生产陷入困境，人们转而种植可供直接食用的橄榄品种。

> “聪明人会在家里藏好佳肴与橄榄油，愚蠢的人只会胡吃海喝。”
>
> 《圣经》箴言 21：20

△**新发明**

这幅荷兰的《现代新发明》（*New Inventions for Modern Times*）里的插画展示了一种可以榨取更多橄榄油的榨油器。

橄榄油随后就会自动析出，过滤至少两次后就可以储存在大缸里了。罗马学者老普林尼在他的《自然史》（*Natural History*）中就把来自意大利中部的橄榄油评为最佳油品。他认为初榨橄榄油味道最为醇厚，并认为橄榄油和红酒相反，不能久存。

罗马人会在很多食物里加入橄榄油，包括：调味酱、酱料、汤、煎鱼煎肉、炖菜、派和甜味咸味的布丁。西罗马帝国的没落短暂地让意大利的橄榄油生产停摆，但是它很快就在东拜占庭帝国的统领下延续。在西班牙、北非和中东，公元7世纪的伊斯兰战争后，当地的人们也开始制作橄榄油。橄榄油也是阿拉伯饮食中重要的食材，经常出现在不同的菜式之中。

西进的橄榄

中世纪时期，西班牙、意大利和希腊的橄榄油产业盛行，橄榄油也成为了当地日常饮食中不可或缺的一部分。

发源地
地中海东部

主要产地
西班牙、意大利、希腊

主要食物成分
93%脂肪

营养成分
维生素E、维生素K

非食品用途
肥皂、化妆品

△**收割橄榄**

这幅公元2世纪北非城市突尼斯沙拜（Chebba）的马赛克图案，展现了一位罗马工人先敲打橄榄树，让成熟果子坠地后收集橄榄的场景。

△木制榨油器

几百年来，榨油器都没有太大的变化，这个阿尔及利亚伯伯尔人（Berber）正在操作的器械就是一个很好的例子，5千克的橄榄能产出1升的油。

在欧洲，18—19世纪，为了满足城市人口的需求，橄榄油的产量快速增长。但是跟其他地方一样，到了19世纪末期、20世纪早期，橄榄油的销量因为新油品的出现而慢慢减少。

20世纪中期，橄榄油需求量持续下降，工厂必须降价竞争。由于激烈的市场竞争，奸商常常会在橄榄油里掺入更便宜的棉花籽油。

提高标准

国际橄榄油协会（现在的国际橄榄协会）成立于1955年，专门用于规范橄榄油生产和国际交易协议等指标。现在，它的成员负责的范围涵盖了世界橄榄生产总量的98%。国际橄榄协会明确要求初榨橄榄油必须用一种不会破坏它化学结构的方法生产。

该协会还根据油酸的多寡，明确区分了特级初榨橄榄油、初榨橄榄油和普通初榨橄榄油，最高质量的初榨橄榄油油酸百分比最低（低于0.8%）。普通的初榨橄榄油的油酸量超过3.3%，不适合食用。北美橄榄油联盟不隶属于国际橄榄协会，它产出的油不遵守国际橄榄协会的标准，只在美国售卖。

> “橄榄树停止生长的地方，
> 就是地中海终止的地方。”
>
> 乔治·杜哈明（George duhamin），法国作家（1884—1966年）

21世纪的黄金

美国人每年9月30日都会庆祝特级初榨橄榄油日。现在，人们因其醇厚的香味和营养学揭示的营养价值，十分崇尚顶级的初榨橄榄油。作为越来越流行的健康地中海饮食中重要的组成成分之一，大量摄入橄榄油被意大利一些社区的居民看作是长寿和心脏健康的重要因素。

世界各地的厨师，包括没有种植橄榄树和食用橄榄油传统的远东国家的厨师，都开始运用这种使用性多样的油品。自1990—1991年开始，全球的橄榄油需求量上涨了60%，达到了惊人的每年30亿升。这一潮流标志着许多国家饮食习惯的改变，例如英国和德国。在日本，橄榄油的销售量从20世纪90年代初期到现在增加了整整14倍。

境内种植了2亿5千棵橄榄树，拥有500多个品种的橄榄的意大利现在还是消耗橄榄油的主要国家，西班牙排第二，美国第三，美国27年来的销售量也有2.5倍的增长。这样的数据证明了这种美味的“液体黄金”王者归来般的流行程度。

▷高等品质

20世纪早期，巴黎的杂货店宣称法国地中海沿岸生产的橄榄油是品质最好的橄榄油。

▽目所能及

西班牙安达卢西亚的橄榄树农场超过15万平方千米，其产量比世界其他任何地方都要多。

HUILE D'OLIVE
SUPÉRIEURE
EAU DE
FLEURS D'ORANGER
EXTRA
UNION DES PROPRIÉTAIRES DE NICE
SOCIÉTÉ ANONYME AU CAPITAL DE 500.000 FRANCS
DÉPÔT
CHEZ M. H. Sébald, PRODUITS ALIMENTAIRES
15, Rue Ducis, VERSAILLES
MAISON DE VENTE
10, Avenue de l'OPÉRA
PARIS
S. PARIS _ 1638.90

葵花籽油 液体阳光

作为一种乳质脂肪的替代品，这种用葵花子做成的淡黄色油品广泛地出现在世界范围内的家庭厨房和食品加工工业里。

△工业化程度

在加拿大的杜高（Dugald），哪里有商业化的向日葵田，哪里就有现代化的收割工具。

葵花籽油的故事起源于美洲，在史前时代，印第安人会采集野生葵花籽作为食物。16世纪，西班牙人到达新世界后，向日葵的培育被传到了欧洲，人们一开始比较重视它的装饰价值。18世纪早期，彼得一世把向日葵引进了俄国，自此之后，人们才开始发掘它潜藏的商业价值。俄国人不仅很愿意直接食用葵花籽，还用它们榨油吃。到了19世纪早期，俄国有8万平方千米的土地都用来种植向日葵。

到了1830年，葵花籽油的生产开始商业化。在接下来的几个十年里，俄国的农夫开始着重培养油脂含量较多的向日葵品种，它们的含油量由原来的20%渐渐增长为50%，与此同时，它们的抗疾病能力也更强了。

1716年，人们利用提取葵花籽油的专利处理羊毛和皮革。

轻轻抹匀

20世纪中期，像黄油一类的动物脂肪中的饱和脂肪酸成为了心脏疾病的元凶，因此，食品加工厂开始利用葵花籽制作没那么油腻的黄油替代品。如今，葵花籽油经常出现在抹酱、烤制品和小吃里，在家庭厨房中，它也是人们常用的调味油和烹饪油品。近年来，因为葵花籽油中含有的油酸较高，所以商家开发了一种较为健康的单元不饱和油脂作为替代品。

发源地
中北美洲

主要产地
俄罗斯、乌克兰、阿根廷

主要食物成分
100%脂肪

营养成分
亚油酸、维生素E

非食品用途
动物饲料、生物燃料

▽农田中绽放

在夏天百花盛开的季节，向日葵田里总是充满耀眼的黄色。

发源地
墨西哥

主要产地
美国、中国、土耳其

主要食物成分
100%脂肪

营养成分
亚油酸

非食品用途
软膏、肥皂、颜料、墨水、杀虫剂、硝酸甘油、纺织品

◁健康食品

在这幅咳喘草药的广告中，玉米的出现，明显是一种健康的标志。

玉米油 金色提取物

一开始被认为是副产品的玉米油已经成为了厨房中必不可少的常用食材之一，以及许多食品的加工材料。

玉米油历史的第一步始于1842年，一个新的工业加工方法的发明让玉米粒中的蛋白质、淀粉、纤维和重要的胚芽得以分离。虽然一开始，工厂只对两种玉米产品（玉米淀粉和玉米糖）感兴趣，但是来自美国印第安纳州的农场主托马斯·胡德纳特（Thomas Hudnut）另辟蹊径，开始想方法回收利用被遗弃的胚芽。19世纪80年代早期，他发明了一种能够用机器提取胚芽中油脂的方法。他去世后，他的儿子本杰明进一步改良了这一发明，给这种金色的油品起名为mazoil（玉米油）。到了1902年，胡德纳特磨厂每天能卖出38万升的玉米油。

玉米油独特的味道和它的稳定性，容易储藏以及高烟点的优点让它成为市场热销品。20世纪中期，人们倾向食用更健康的植物油，而非动物油，此时玉米油的销量进一步攀升。到了20世纪60年代，几乎所有的西方厨房里都有玉米油或是用玉米油制成的人造鲜奶油。

▷油的来源

玉米油是由玉米粒中的胚芽提取出来的，这要求人们把玉米外部的淀粉完全去除。

多种用途

虽然有些人质疑玉米油的健康价值，但是它至今仍是世界各地厨房和工厂里运用较为广泛的油品之一，用它能做出像薯片、美乃滋、沙拉调味料和玉米屑等食品。

路上食品

1883年10月4日，东方快车从巴黎的斯特拉斯堡城站（Gare de Strasbourg）开始了它的首秀。这辆列车，是比利时企业家乔治·纳杰马克尔（Georges Nagelmackers）的杰作，他是1882年国际卧车公司（Compagnie Internationale des Wagons-Lits）的创始人。其餐车优雅整洁，食物精美诱人，很快就成为了奢侈的代名词。随着列车驶向斯特拉斯堡，乘客们在车上享用他们的十道大餐，包括蛤蜊、多宝鱼、法式猎人酱汁炖鸡肉（Chicken chausseur）、野味肉冻（Chaud-froid）和巧克力布丁等。

但是，纳杰马克尔的这个主意其实是从另一个美国人身上学到的。1867年美国的乔治·普曼（George Pullman）在发明列车卧铺后，转而向世界推介第一个餐车车厢。该车厢名为戴尔莫妮克（Delmonico），是根据纽约著名的餐馆命名的。该车穿梭于芝加哥和春田之间。这个主意很快就被其他铁路公司采纳了，例如密歇根中站、巴尔的摩和俄亥俄、北太平洋以及圣菲等。1879年，普曼还给英国北铁提供了它们的第一辆餐车，该餐车主要穿梭于英国国王十字铁路站和利兹。

美国第一辆餐车上的经典餐包括焖羊肉、小牛排切片和水牛肉，宾客还可享用一杯美味的香槟酒。到了19世纪20—30年代，美式焖龙虾（Lobster à laméricaine）、烧整鱼（Trout au bleu）和羊肉咖喱等都出现在菜单上。在厨房里，三位厨师和一位主厨需要在3—4小时内，做出300多种菜品，每天三次，而服务员则需要为客人准备沙拉、面包和饮料，后面的这些服务以当时的消费水平来看都算得上是比较便宜的。1940年，一份宾夕法尼亚铁路上的三道菜的晚餐（包括汤、高级牛排、马铃薯、蔬菜和冰激凌）也只要1.5美元。

◁**高级晚餐**

19世纪30年代末，英国西铁上的一等座乘客花18.5便士即可享受一份三道菜的晚餐。

Si Vous Voule de la Moutarde, Ien fais
Moutarde
boëte
à la
Moutarde

发源地
全球

主要产地
美国

主要食物成分
无

非食品用途
清洁剂、消毒剂、传统药剂

醋

酸性调味品和保鲜剂

自从几千年前人们发现红酒接触空气后会变成醋之后，这种酸性液体就开始被用作调味品、食品保鲜剂以及腌渍材料。

△更多空气

1823年发明的舒赞巴赫（Schützenbach）酒桶能够让更多的空气进入葡萄酒，从而提高醋酸的转化率。

醋的具体历史我们无从得知，它在古罗马随处可见，人们用它来给食物调味，或是用来制作腌渍酱料。人们还用醋制作一种叫做Posca的饮料，这种饮料起源于古希腊，是用有草药味的水稀释而成的，当时的士兵和社会底层经常喝这种饮料。

醋的英文单词Vinegar来自于13世纪的法国形容词Vinaigre，意思是酸酒。醋基本上就是醋酸加水，它可以用不同的东西做成，例如谷物、水果、蔬菜、草药和花朵，都可以发酵后制作成醋。现代英国很流行的麦芽醋常被用来淋在炸鱼薯条上，这是一种用大麦麦芽酿造出来的大麦啤酒制作成的醋品。这种又名啤酒醋的醋品比最好的红酒醋味道更浓。中国早在公元前1200年就开始制作东亚、东南亚饮食中经常用到的米醋了。15世纪，韩国也开始用大米、大麦和鸢尾花来制作醋品。

最甜的酒能够变成最酸的醋。

约翰·李利（John Lyly，1600年）英国作家

科技进步

在中世纪，法国奥尔良的做醋人发明了一种新的制醋方式。做醋人会把红酒倒进一个巨大的橡木桶里，直到只剩一点缝隙，随后，加入一种自然产生的醋杆菌纤维素混合物来启动将酒精转变成醋酸的进程。封紧木桶后，在桶盖上钻好一些小洞，方便桶中的液体接触空气。醋做好后，大约有85%的产物会被析出，留下位于桶底的醋杆菌。这些剩下的醋足够启动下次红酒变醋的过程，使其变成一个可循环的流程。

◁精妙的装置

这个17世纪法国商贩穿戴的，看起来十分奇怪的装置主要用于分发芥末和红酒醋。

浓缩和发酵

今天，大多数的醋都是工业生产的，但是还是有世界各地的小作坊在继续生产特别的醋品。意大利香醋颜色较暗、味浓并且黏稠。

这种意大利香醋是用特雷比奥罗（Trebbiano）和普洛塞克（Prosecco）的葡萄汁制作而成的，这些葡萄汁至少需要存放12年。每段时间，还需要转移到不同木质制成的木桶里，因为葡萄汁的蒸发，所需的木桶会越来越小。陕西陈年老醋是一种来自中国的昂贵的、味浓的、深色的醋。这种醋的需求量太大，以至于假醋也常常随处可见。

△传统技艺

不像其他的中国醋品，陕西的醋是用高粱、小麦、大麦和豆子制成的。图中，工人正在给滚烫的混合物降温，好让其进入下一个加工环节。

盐 最早的食物保鲜剂

现在，盐十分常见，且价格便宜，其存在让人觉得理所应当。但是几千年前，它仍是一种价格昂贵的物质。盐是生命的必需品，古希腊诗人荷马把其称作“神圣物质”。

常见盐（氯化钠）以不同的形式出现在世界各地，地球表面70%以上都是由海水覆盖的。几千年来，人类都是利用蒸发海水、盐湖水或是挖掘盐矿等方式获取盐类的。除了调味，盐在人类早期的历史中还有许多不同的用途：储存食物、疗愈、仪式甚至是物物交换。

根据一些传统，盐有一种神圣的魔力。在中世纪北欧的一些地区，人们会在黄油机器里撒上一点盐，以防止巫婆把黄油变酸，人们还会用盐来防止巫婆或是仙人在人和动物身上下咒。盐甚至还是一些战争的导火索，它在世界各地的民间传说中都有极为重要的作用。其中一个故事，就是关于一个印度公主的，她像爱盐一样爱她的父亲，原本生气的父亲，听到女儿对自己如此盛赞，便平静下来。

古代的盐

中国山西省运城的盐湖，又被称为中国死海，自公元前6000年前，就开始被用作盐田使用了。每年盛夏，当湖中的水分因太阳的烤灼而消退时，盐分就被析出，人们可直接在湖岸上刮取成盐。

▷**原始的工具**

在公元前5世纪，人们用这种木制的鹤嘴锄和铲子在奥地利阿尔卑斯山的哈尔斯塔特（Hallstatt）盐矿里采盐。

中国的盐类生产技术十分成熟。最早的文字记载可以追溯到公元前800年前，那时，盐类的税收占了政府税收入的一半以上。世界上最早的盐水井就是公元前252年在四川省挖出来的，为的是利用当地地下的盐水湖。

两个最古老的石盐矿都可以追溯到公元前5000年左右。公元前4500年，阿塞拜疆阿拉克斯（Araxes）河谷的Duzdagi盐矿开始被人们开采，从公元前3500年起被密集开采。索尼萨塔（Solnitsata）的史前聚居地，被保加利亚人称为“盐坑”，其位于如今的保加利亚普罗瓦迪亚（Provadia）附近，它的起源也可追溯到公元前4500年左右。居民们从附近的泉水中煮盐水，制作盐砖，用来保存肉类，也用来与他人交易。

保鲜的力量

古埃及人用盐来给死者制作木乃伊。这种自然产生的保鲜剂叫做泡碱，是一种钠和食盐的混合物。这种储存方式十分有效，许多超过4000多年的木乃伊都保存良好。埃及人还会用在地中海海岸的亚历山大港（Alexandria）盐田里收来的海盐来储存鱼类和肉类，以便于家中食用，或是出口售卖。

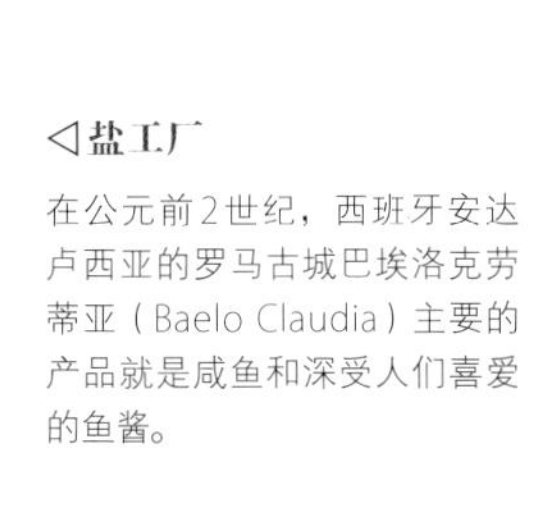

◁**盐工厂**

在公元前2世纪，西班牙安达卢西亚的罗马古城巴埃洛克劳蒂亚（Baelo Claudia）主要的产品就是咸鱼和深受人们喜爱的鱼酱。

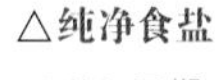

△**纯净食盐**

20世纪早期，这座奥地利的食盐加工厂会用木制容器盛装晒干的食盐。

发源地
全球

主要产地
美国、印度、中国

营养成分
钠

非食品用途
保鲜剂、磨料、清洁产品

学名
氯化钠

许多早期的社群里，人们都会在晚秋时节屠宰动物，因为在寒冷的冬天，饲料经常不足，因此难以为继牲畜的生存，这时候，食盐就起到了很大的作用，它可以用来储存肉类。用干盐腌渍是最简单的方式，人们会把食盐抹在肉上，随后放在容器中，加入更多食盐。盐水腌渍法则是用盐分含量高到能够浮起一颗鸡蛋的盐水，和其他有抗菌作用的香料腌渍肉类。用这种方式腌渍的肉类能够储存好几年（几个世纪以来，水手都是这样腌渍肉类的）。但是时间变长，这些腌肉会愈发的坚硬，最后连啃都啃不动。

腌渍鱼类也能够延长它们的食用时间，但是同时也会导致它随时间而变得更加坚硬。一份法国巴黎14世纪的手工制作手册详细地描述了如何处理已经存放了10—12年的腌鱼：当存放时间过长后，在食用前，需要用木质锤子捶打一个小时以上。

“食盐是两位纯洁父母的结晶：阳光与海洋。”

毕达哥拉斯（Pythagoras），希腊哲学家、数学家（公元前570—前490年）

腌渍蔬菜是一种储存夏天收成，以度过寒冬的传统方法。特别是在东欧，那里的人们会大批量制作腌菜。首先，在石罐里铺上一层蔬菜，再在上面铺上一层食盐，层层堆叠，盖好盖子，需要食用时再打开。另一种方式是先用盐调味，随后把蔬菜放在醋里浸泡。

▷地底的盐

这幅1885年的图画展示了一种简单但却高效的产盐装置，这种装置能用来提取中非卢拉（Urua，如今的刚果共和国）盐渍土中的盐分。

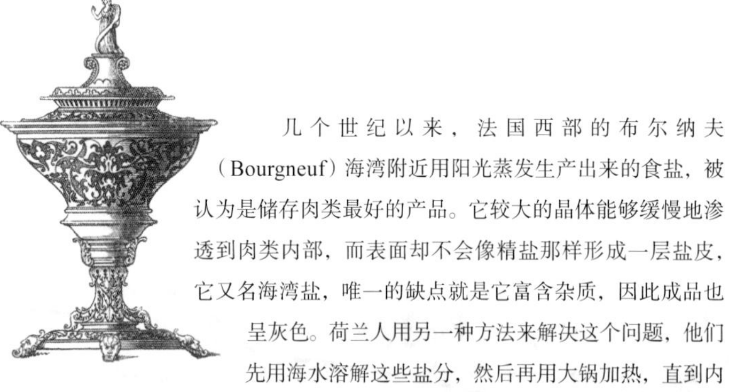

△17世纪的盐窖

这个17世纪的储盐容器上精美的设计体现了当时人们对食盐的重视程度。

几个世纪以来，法国西部的布尔纳夫（Bourgneuf）海湾附近用阳光蒸发生产出来的食盐，被认为是储存肉类最好的产品。它较大的晶体能够缓慢地渗透到肉类内部，而表面却不会像精盐那样形成一层盐皮，它又名海湾盐，唯一的缺点就是它富含杂质，因此成品也呈灰色。荷兰人用另一种方法来解决这个问题，他们先用海水溶解这些盐分，然后再用大锅加热，直到内部仅剩下白色的食盐。到了17世纪，英国人也开始在他们的海岸盐场使用这种盐上加盐的净化方式。在此之前的16世纪，还有人使用血液、蛋液还有爱尔啤酒净化食盐。

身份和信任的象征

无数从食盐衍生出来的单词和俗语体现了盐在历史上的重要性。食盐官（Salinator）就是古罗马负责给食盐定价的官员，而工资（Salary）就是从Salarium一词演变而来，意思是古罗马士兵收到的的食盐津贴。

罗马人会在绿叶上撒上食盐，来中和它们的苦味，这也衍生出了Salata这个拉丁词（意为咸的），随后这个词变成了英文中的沙拉（Salad）。在中世纪时期，食盐之上和食盐之下指的就是人们在贵族晚宴上落座的位置，这些位置都是按照人们的社会地位安排的。

食盐的保鲜能力给它附上了一种神秘的气息，在许多的文明中，人们都把它称作白金，食盐的重要性不言而喻。食盐在许多宗教中都有圣洁和忠诚的含义，在俗世中也具有信任和友谊的意义。

韩国灰海制成的紫色竹盐9X是世界上最昂贵的食盐。

▽蒸发池

15世纪，印卡文明就已经在秘鲁的神圣峡谷里建造了食盐提取池，现在人们仍在沿用此池。

俄语中的好客就可以翻译成盐和面包，阿拉伯人给贵客递上面包和食盐时，宾客需要欣然接受，以建立彼此间的信任。

食盐的广泛运用意味着它还是一种重要商品，所以拥有大量食盐供给的社区通过与较贫穷的地区交易，可以很快地繁荣发展。食盐的必要性使其成为常见的赋税商品，这也常常导致它的售价远高于市场价格。中国古代运用的盐税在世界各个国家都已经存在了好几个世纪了，最典型的例子应该就是法国的盐税（Gabelle）了。从13世纪开始，好几任的皇帝都把它看作是敛财的好办法，沉重的赋税也成为了引发1789年法国革命的重要原因之一。

如今，食盐随处可见，这都得利于便宜的制盐方法以及运输方式，以致于人们常常忘记它曾经的辉煌地位。

◁腌渍猪肉

意大利的这个帕尔马火腿厂商正在用岩盐涂抹猪臀猪胯。这些火腿需要储存至少9—18个月才能腌渍完成。

“一起吃了足够的盐后，才能相信别人。”

西塞罗（Cicero），罗马政治家和律师（公元前106—前43年）

酱油 亚洲经典调味品

早在2000年前就出现在中国的酱油，一开始是一种延续食盐寿命的方式。今天，这种用发酵大豆制成的味道浓烈的调味品给世界各地的亚洲食品增添了不少风味。

有关酱油最早的文字记载出现在中国汉代陵墓里的竹简上。但是一开始这种发酵后的大豆是成糊状的，而不是我们现在所熟知的酱汁状。到了公元3世纪，韩国就有了关于成功酿造出发酵大豆的记载。公元6世纪，当佛教传到日本的时候，当时的僧侣带了很多用大豆制成的食品和调味品。日本原本用鱼做的酱料很快就被酱油（Shoyu）所取代，到了1558年，日本江户附近已经开始出现一种清晰见底的酱油了。

制作经典的酱油需要四种食材：能够提供高蛋白的大豆；能够提供淡淡甜味，以中和掉酱料中浓郁味道的小麦；能够作为保鲜剂，防止细菌生长的盐；以及井水。一种叫做米曲霉（Aspergillus oryzae）的霉菌可以让这一混合物进一步发酵。两年发酵时间产出的酱油质量最高。深色酱油可以用来蘸料，更久的发酵时长可以产出颜色较轻的酱油。17世纪末期，荷兰商人从日本把酱油带回了欧洲，那时的欧洲人还未学会如何制作酱油。

△荣耀

在大多数日本人的和中国人的餐桌上，都有一小瓶或一小罐酱油。窄小的开口，让倒出来的酱油刚刚好够用。

△发酵工厂

在17世纪的日本，自然酿制的酱油必须要通过手工制作，大量制作酱油的过程十分冗长与费力。

发源地
中国

主要产地
日本

主要食物成分
12%蛋白质

营养成分
钠

鱼酱

味浓但流行

用发酵后的咸鱼制成的重口味酱料听起来可能不是特别美味，但是这种调味料在古罗马饮食中扮演着重要的角色，它现在也是东亚、东南亚饮食中重要的食材之一。

发源地
地中海、亚洲

主要产地
泰国

主要食物成分
5%蛋白质

营养成分
钠、碘、锰、维生素B6

鱼酱在经典的希腊和罗马饮食中是一个必要环节。当时的人们称其为Garum或Liquamen，它一般作为调味品或是烹饪食材出现。以前的鱼酱跟现在的番茄酱一样流行，古罗马人甚至还会在意大利、西班牙和埃及的地中海海岸以及黑海海滩建造工厂，因为这些地方海盐充裕，适合制作鱼酱。

阳光、盐分和鱼

制作鱼酱有许多不同的方法。小鱼（通常是鳀鱼），或是大鱼，以及大鱼的内脏会被撒上厚盐，摆放在石缸里，然后在阳光下发酵（而不是让它腐坏）2—3个月。鱼酱成熟时所散发出的臭味也意味着这些制作鱼酱的工厂必须设立在远离乡村和城镇的地方。最终味浓而清澈的金色液体会被筛出，并储存在陶罐里。剩下的渣子被称作allec，也可以用来烹饪。因为它富含蛋白质和矿物质，据说它能够保护牙齿，甚至能够治好海龙咬的伤口。

古代和现代的种类

人们会制作出不同质量的鱼酱，其中最受欢迎的种类就是用鲭鱼做成的鱼酱。古罗马老普林尼把它称作“精妙的液体”，它的高质量也体现在它昂贵的价格上，当时它的售价堪比香水。但是也不是所有人都喜欢它的味道。古罗马的哲学家塞内卡（Seneca）就把鱼酱描述成：“毒鱼的昂贵提取物，这种充满盐分的腐败物让人胃部烧灼”。

◁独特形状

罗马商人会用有着优雅底座的陶制双耳细颈瓶装盛液体，例如鱼酱、油和酒等。

亚洲鱼酱的起源尚不明确，但是现在的东亚和东南亚饮食完全离不开它，人们会在炒菜或是蘸酱时用到鱼酱。在越南，人们把鱼酱称作Nuoc mam，当地人用鳀鱼、盐和辣椒制作鱼酱。在日本，鱼酱则是用当地特有的鱼种和鱿鱼制成的，所以会有很多不同的本地品种。泰国人往往会在鱼酱（Nam pla）中加入辣椒。

在古罗马，最好的鱼酱会供奉给精英阶层，最差的就会送给奴隶。

▷堆高高

到了20世纪60年代，越南人还在用陶罐装盛鱼酱。

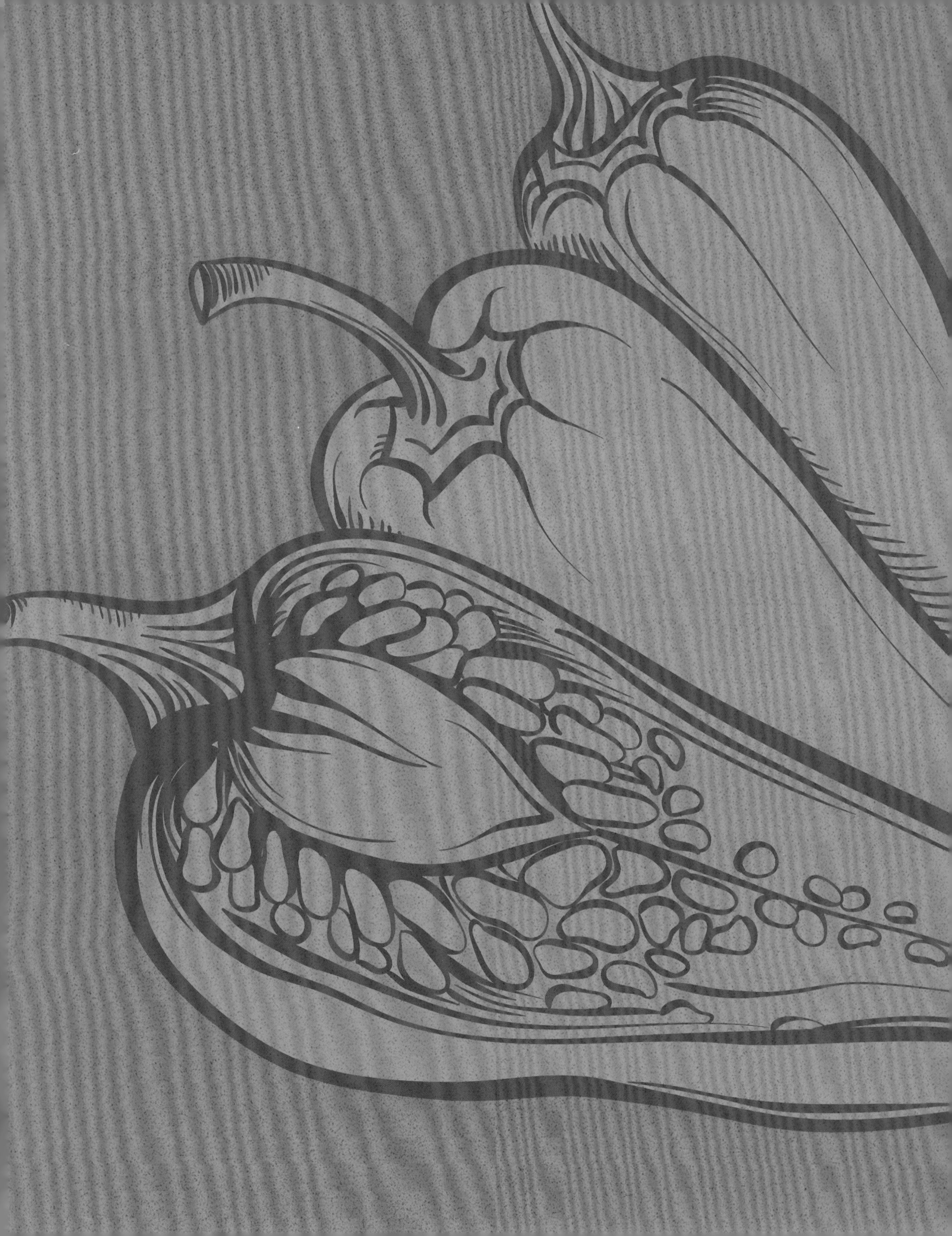

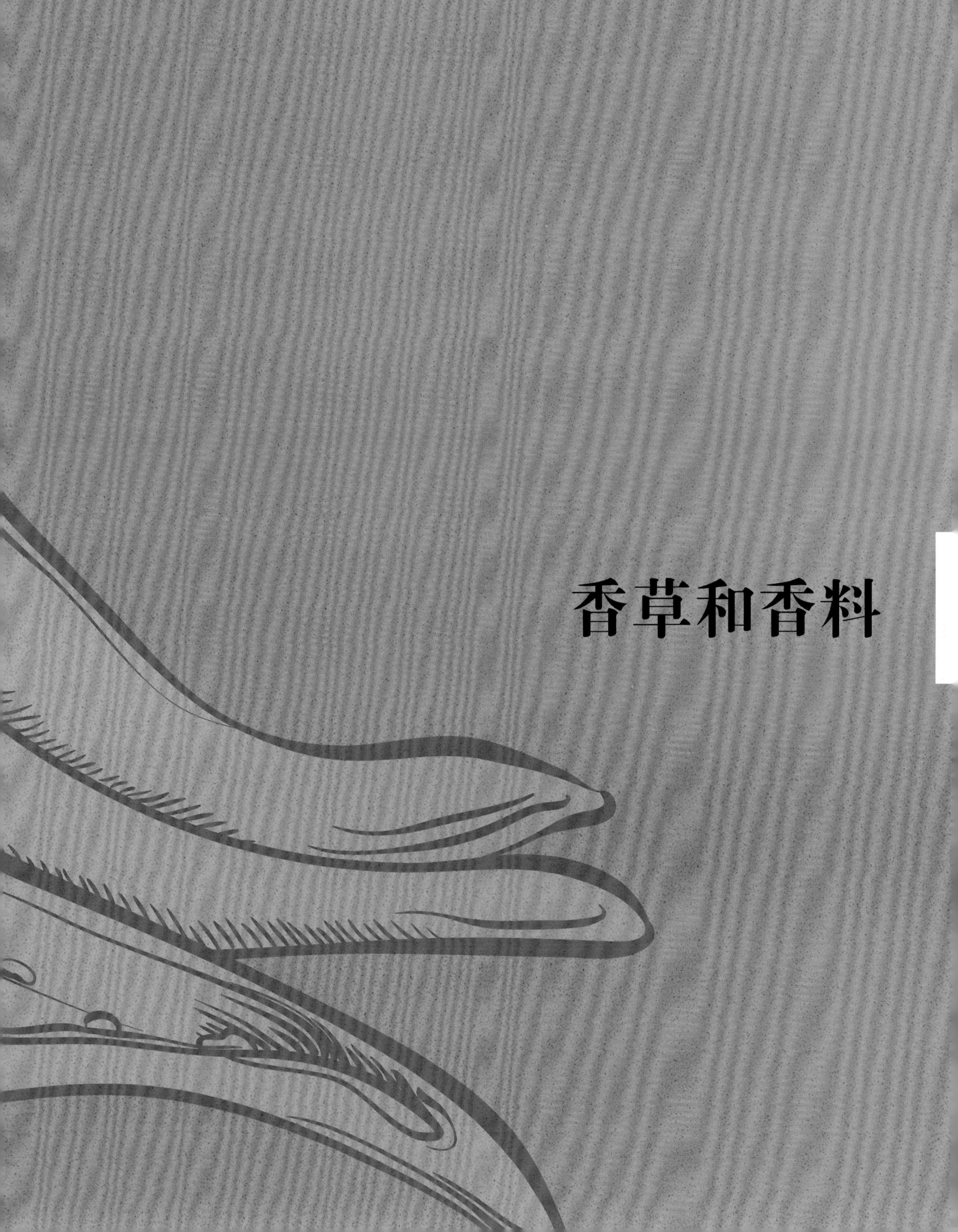

香草和香料

介绍

香草一般是指一些可用于制作食品、药品，以增加香气或是味道的植物叶片。香料则是一些味道浓烈，或者具有一定芳香气味的植物制品，一般取自于热带植物，用于给食物和饮料增添风味。在远古时代，人类的身边全都是各种各样的植物，像其他动物一样，人类的本能引领着他们去辨识那些有用而又安全的香草，进而食用。他们很可能还会用树叶来储藏或运输肉类，在这个过程中，他们逐渐发现了许多香草和植物可以用来增添风味和防腐。

古代药物，古代味道

中国和埃及等古代文明都有很多关于香草的文字记载，但那时，香草的主要用途是制药。希腊人和罗马人则进一步扩展了香草的其它用途，他们不仅用香草做菜，还把它们用在化妆品和香水里，连他们的迷信传说中都全是香草的身影。

罗马帝国在扩张的过程中把很多植物传到了它所征服的国家与文明，其中有些植物在罗马帝国随处可见。而所有的这些植物对被征服者来说都是陌生的品种。这些人也从此开始根据他们自己的口味、习俗和饮食习惯，改善并适应这些新的品种。

香草和宗教

春耕、夏耘、秋收、冬藏。早期人类一边种植、收割和储藏香草，一边仔细观察各种自然现象，并心存敬畏。自然而然地，人们很容易就将这些现象和太阳神、月神、四季神等各种神明联系起来。随着基督教逐渐取代西方早期的原始宗教，基督教的牧师、修女和修道士对香草的认识也逐渐增加，特别是关于如何将香草入药的相关知识。到了中世纪，欧洲的修道院已经成为了该领域的权威，修士们会在花园里种植香草，并且会详细记录它们的各种用处以及特质。如今，这些香草特质的神秘面纱已经被揭开，人们对香草的培植仍会持续。

△香草收集

在中世纪的欧洲，人们不仅用香草来进行烹饪，还会在房子四周种植香草，以驱赶害虫、除臭和祛除恶灵。

◁释放香味

用杵和臼研磨香料是提取香料气味最有效的方式，几千年来人们一直在使用这种方法，特别是在饮食中经常使用香料的国度，比如印度。

△丰厚的回报

随着东西方之间的香料交易愈发频繁，能够撑过远洋路上各种艰难险阻的香料商人很快就富了起来。

异国的诱惑

每个国家都有自己的香草，但是主要生长在亚洲、中东和地中海地区的香料却很罕见，物以稀为贵，因此各国的人都趋之若鹜。商人们的所见所闻广为流传，守护香料的飞蛇与凶猛的巨鸟常常是故事的主角，当然还有关于漂流到世界尽头的商船的故事。这些传说让香料的价格一直居高不下，也让想要寻找这种贵重商品源头的普通人望而却步。

几千年来，香料交易一直存在，并在公元1世纪左右达到顶峰，当时罗马人对香料简直如饥似渴。人们会用各种不同的香料来烹饪一些奇特的肉类，而且所有食物都会搭配酱料一起食用。人们用船把这些香料从印度运到罗马，并加入到红酒、香水、沐浴油和食物之中。其中一种最受欢迎的香料就是来自昔兰尼加（Cyrenaica，现在的利比亚）的串叶松香草（Silphium）。罗马人会把它放到食物和药品中，甚至把它当作一种控制生育的手段。实际上，他们对这种香料的迷恋让这个植物品种近于灭绝，因为科学家目前仍然没有在自然界中找到活的植株。

香料，比如串叶松香草，很容易进行交易，哪怕航程漫长、路途遥远，它们都不会腐坏。丝绸之路，即连接西方与远东的陆路与水路，让许多像香料一样的奢侈品得以进入欧洲甚至更远的地方。甚至有学者认为，罗马帝国的快速衰落与他们大量使用黄金购买香料有关。不管事实是否如此，香料贸易确实给某些地区带来了数不尽的财富。威尼斯就是一个例子，几个世纪以来作为香料进出口贸易的中枢，这个城市变得无比繁荣。

学者认为，第一本草本志
是5000年前的中国部落首领神农撰写的。

从十字军到厨房壁橱

公元12—13世纪，罗马天主教十字军东征给欧洲带回了很多香料，刺激了当地欧洲人对这些异国珍品的市场需求。这些商品的昂贵价格意味着它们只可能出现在富人的餐桌上，但是这反而加大了人们对香料的渴望。到了1602年，荷兰的东印度公司成立，自此之后的200年间，它几乎垄断了全球的香料贸易。最终，香料传到了更远的地方，早期的移民更是把它们带到了美洲。随着各国交流愈发频繁，以及跨大洲交通工具的发展，现在世界各地的厨房里都有香草和香料的身影。

△另一个东印度公司

在1600年，英国女皇伊丽莎白一世特许经营东印度公司，试图撼动荷兰在亚洲香料买卖中的霸主地位。英国的公司很快就将精力集中在印度。

▷称重算钱

早在公元前2000年，中东的人们会从远东购买香料。到了19世纪，以前只有富人用得起的香料，价格变得更加亲民了。

△生活处处皆香料

今天，遍地的袋装香料是许多亚洲市场的共同特点，特别是像印度这样的国家，那里的人们没有香料简直无法做饭。

平叶欧芹

原产地
地中海

主要生产国
荷兰、意大利、法国

营养来源
钙、铁、维生素B9

学名
Petroselinum crispum

◁**冥界香草**
古希腊人把欧芹和珀耳塞福涅，冥界皇后联系在一起，这幅公元前5世纪的浮雕画中描绘的正是她和她的丈夫哈迪斯。

欧芹 口气清新剂

欧芹不仅是一种配菜，它还富含维生素和矿物质，人类自古就用这种清新的草本植物来给食物调味。

△**墨绿色**
卷叶欧芹清新的墨绿色能够给一些卖相不那么好的菜式增添一定的视觉冲击力。

生长在地中海的欧芹已经被人工培植了近2000年，在它进入厨房之前，人们主要用它入药。欧芹（Petroselinum crispum）有超过30个品种，其中最受欢迎的就是卷叶欧芹以及它那味道浓烈的意大利表亲——平叶欧芹。卷叶欧芹长着深绿色的叶子和卷曲的分瓣叶尖；而平叶欧芹则颜色偏淡，叶瓣分裂更加明显，呈羽毛状。

恶魔的香草

古希腊人把欧芹和死亡联系在一起。他们不吃欧芹，而是把它们种在墓场里，并在坟前用欧芹装饰他们的墓碑。罗马人则用欧芹来给酱汁和沙拉调味，还经常会在食用大蒜和洋葱后咀嚼欧芹来改善口气。但据说希腊人和罗马人都给他们用来拉马车的马喂欧芹叶来增强它们的体魄。

在中世纪，欧芹也被称作恶魔的香草。人们相信欧芹之所以需要这么长时间来发芽，是因为它需要去和恶魔相会9次。只有在耶稣受难日种植欧芹，才能很快地发芽。到了8世纪，据说神圣罗马帝国的查理曼大帝也会在他的花园里种植欧芹，且很可能是为了食用。

欧芹有一股刺鼻、辛辣的味道，经常会加到汤、酱料、沙拉、馅料和腌渍酱料中。细细切碎的欧芹叶片也经常会被均匀地撒在菜品上来增添鲜味与色彩。中东菜式塔博勒沙拉（Tabbouleh）是一种用西红柿、碎小麦、薄荷和蔬菜制成的菜肴，这道菜的特色就是上面一定会有满满一把欧芹碎。

薄荷 清新的开胃剂

薄荷一直以来都被人们当作增味剂以及药品，甚至在神话传说中也有一定的地位。现在，人们广泛地把它加到各式咸甜菜肴还有糕点中，有时还会用它来泡茶止渴。

胡椒薄荷

原产地
亚洲

主要生产国
摩洛哥、阿根廷、西班牙

营养来源
钙、铁、维生素B3、维生素C

非食品用途
药用、香味

学名
Mentha x piperita

薄荷起源于亚洲，很快就途径北非传到了欧洲，并快速地征服了全世界。它的英文名Mint是以一位河仙曼茜（Menthe，或是Minthe）命名的。希腊神话中讲到，曼茜是被冥界皇后珀耳塞福涅变成植物的，她发现自己的丈夫哈迪斯和这位河仙的韵事后，便诅咒她，让她受万人踩踏、挤压。哈迪斯无法打破诅咒便赋予了这种植物无比诱人的香气，好让他永远都记住这位仙子。

薄荷大约有25个不同品种。留兰香（Mentha spicata）又名绿薄荷，是厨房里最常用的品种，而它那味道浓烈的表亲胡椒薄荷（Mentha x piperita）则较常入药。

考古学家曾在建于公元前1035—332年之间的埃及陵墓中找到过薄荷的踪迹。还有史料记载古希腊人对薄荷的喜爱，他们把薄荷当作一种清洁用品，并擦拭餐桌。在随后的几个世纪里，罗马人用薄荷给食物调味，以刺激食欲。

根据欧洲民间传说，用薄荷抹自己的钱包可以带来好运和财富。

▷叶片形状

薄荷的叶片形状因品种而异。普通薄荷（如图所示）长着椭圆形锯齿状的叶片。

味道浓烈

如今，无论是新鲜薄荷，还是干薄荷都常被人们用在不同的菜式中。薄荷酱料和果冻是英国人享用烤羊肉时最爱的配菜。人们还会把薄荷加到以酸奶为主料的菜式中，例如希腊的酸奶黄瓜（Tzatziki）和印度的酸奶色拉（Taita）。切碎的薄荷叶还会被加到沙拉菜式中，比如中东的塔布勒沙拉（Tabbouleh）。很多中东人都喜欢喝薄荷茶，而薄荷味也成为了一种最常见的口香糖口味。除此之外，很多其他各式各样的甜品都会有薄荷的味道。

▽收集香味

人们曾在英格兰南部广泛种植薄荷。第二次世界大战时期，薄荷种植完全停止了，直到21世纪早期才重新开始。

鼠尾草 香草守护者

早在古代，人们就很重视鼠尾草的保健效果，作为欧洲随处可见的家居香草园中的经典品种，它几千年来一直被运用在宗教仪式和食品之中。

△艺术家的角度

最著名的法国植物学艺术家，皮埃尔·让·弗朗索瓦·图平绘制的这幅版画准确地描绘了鼠尾草的叶片和花朵。

鼠尾草有900多个品种，其中最常见的就是小花鼠尾草（Salvia officinalis），它的拉丁名是由Salvere衍生而来的，有康复的意思。鼠尾草的原产地在地中海北岸，它们也生长在西班牙中北部和巴尔干半岛西部的野外。现在全世界的各个角落都能找到它们的身影。这种植物长着两片光滑的长矛状灰绿色叶子，细长而坚硬的枝干。鼠尾草的花一般是紫蓝色的，而且散发出泥土的香气。作为一种常绿植物，它能长到80厘米高，当然，每棵植株的大小都是有差异的。人们常常会把鼠尾草和长寿联系在一起，甚至还有关于经常喝鼠尾草茶的长寿王子的故事，以及“五月喝鼠尾草，不愁活不到老”的乡间小曲。

高度重视

根据古希腊植物学之父，特奥夫拉斯图斯的《植物志》（*Historia Plantarum*，公元前350—前287年）中的记载，鼠尾草是一种十分有用的香草。历史证据还表明，鼠尾草最早是被古希腊人和罗马人用来储存肉类和增强记忆力。罗马人还认为鼠尾草是非常神圣的，以至于他们种植和收割鼠尾草的时候都要举行仪式。

16世纪，长居伦敦的草药学家约翰·杰勒德指出，鼠尾草曾生长在英国。他还在自己1597年的《草本志》中提及了它，并写道：“鼠尾草对大脑有一定的好处”，而且列举了能用它做出来的药剂名称。

作为食材，鼠尾草经常出现在许多欧洲菜式中。现在它被广泛地应用在西式烹饪中，为各种咸鲜菜肴增添风味，特别是主打的猪肉、小牛肉，比如，意式煎小牛肉火腿卷（Saltimbocca）、禽类还有芝士等菜品。鼠尾草还会用来制作茶饮，起到提神醒脑的作用。

◁味香样美

叶片柔软如丝的鼠尾草不仅能给各种菜品带来独特的风味，也是一种很受欢迎的花园装饰植株。

原产地
地中海北部

主要生产国
阿尔巴尼亚、摩洛哥、土耳其

营养来源
钙、铁、维生素A

非食品用途
草药药品、精油

学名
Salvia officinalis

迷迭香

值得铭记的草药

这种散发着甜中带苦的松木气味的香草植根于神话传说中，同时也在现代厨房里有一定的地位。

迷迭香原生于北非和地中海地区，它的拉丁名字Ros maris（海洋的露珠）和它的产地——海岸地区有关。迷迭香能长到2米高，墨绿色的薄叶片呈针状，四季常青，花朵呈蓝色，通常在夏天绽放。欧洲南部野外的山坡上随处可见蓬勃生长的迷迭香。

多种用途

在长满迷迭香的海岸地区生活的早期文明会将它用于各种场合中，不论是仪式性的还是家用的。在制作木乃伊的过程中，古埃及人会在用亚麻布包木乃伊的时候插入几枝迷迭香。迷迭香也名列1世纪希腊的狄奥斯科里季斯所著的草药百科全书《药物论》（*De Materia Medica*）里记载的600余种植物中。在古希腊，学者们把迷迭香枝叶编到头发里，来提升记忆力，并帮助他们在考试中集中精神。几个世纪以来，人们一直坚信这种草药能够提增记忆力，就连英国戏剧家威廉·莎士比亚在他1601年的戏剧《哈姆雷特》（*Hamlet*）中都有提及："这就是迷迭香，为回忆而存在：祈祷、爱恋、回忆"。

迷迭香也曾出现在神圣罗马帝国的查理曼大帝8世纪的《田产法规》（*Capitulare de villis*）里，他曾命下人在他的庄园里种植这种香草。在公元1世纪，罗马的军队把鼠尾草随身带到了英国。英国人很重视它的药用价值，并开始在南部地区广泛种植。在黑死病肆虐的时期（1346—1353年），英国和整个欧洲大陆的人们都会在家里点燃迷迭香，希望能抵御这场瘟疫。300年后，早期的殖民者把迷迭香带到了新世界。

如今，迷迭香在很多国家都有广泛的用途，包括烹饪、入药、制作化妆品，以及作为装饰品（它自然分泌的油脂还能驱蚊子和害虫）。在欧洲和美洲，它会被用来给肉类和禽类增添风味，有时还会加到面包、蛋糕和饼干中。

△上天的恩赐

传说圣母玛利亚在前往埃及的途中，曾在迷迭香灌木的枝头上晾晒当时还是婴儿的耶稣的衣物。为了感谢它的服务，上帝将这种植物的花朵从白色变成了和玛利亚衣服一样的蓝色。

▷线状叶片

窄而尖的迷迭香叶片会密集地生长在刚刚长出来的嫩枝上。

> "［迷迭香］可安神，让人欣喜。"
>
> 约翰·杰勒德，英国草药学家（1545—1612年）

原产地
北非和地中海沿岸

主要生产国
法国、意大利、西班牙、突尼西亚

营养来源
钙、铁、维生素B6

非食品用途
草药药品、化妆品、精油

学名
Rosmarinus officinalis

原产地
亚洲

主要生产国
以色列、西班牙、土耳其

学名
Artemisia dracunculus

龙蒿草 小龙

原生于蒙古和西伯利亚，从中世纪开始，龙蒿草就已经是欧洲餐桌上非常受欢迎的调味料了，特别是在法国。

◁ **龙蒿风味醋**
随着浸泡时间变长，龙蒿草茴香一般的味道会慢慢地渗入到醋里面。这些龙蒿醋可用来给沙拉调味。

▽ **治愈叶片**
龙蒿草曾出现在苏格兰插画家与作家伊丽莎白·布莱克威尔写的《新奇草药》（*A Curious Herbal*，1739年）一书中，这是一本介绍不同香草药用价值的书籍。

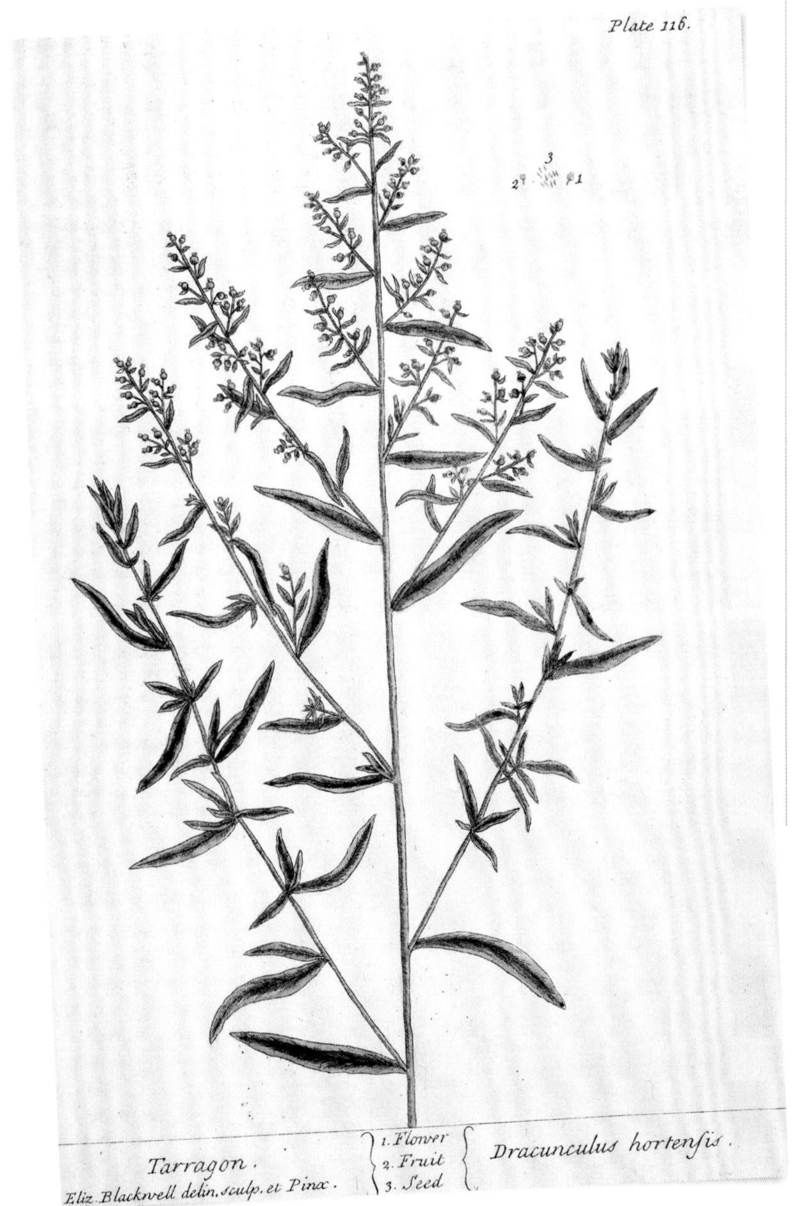

跟向日葵同科的龙蒿草的法语名是Estragon，而它的学名Dracunculus应该是拉丁语中小龙的意思。这很有可能是因为当时人们用龙蒿草来治疗毒蛇咬的伤口或者是因为它长有像蟒蛇一样盘旋的根系。它的属名Artemisia应该是在致敬古希腊神话中的狩猎女神阿耳忒米斯。

它柔顺的墨绿色叶子呈长条状，有一股淡淡的茴香味。法国的龙蒿草夏天的时候会开绿色的小花。比起它的表亲俄罗斯龙蒿草，它在厨房里更受欢迎。俄罗斯的龙蒿草叶片颜色较淡，味道也不那么浓烈，还有些许苦味。

微甜

龙蒿草应该是公元13世纪的时候由入侵的蒙古人带进欧洲的。他们用龙蒿草来助眠、清新口气和入菜。接下来的几个世纪里，它很快在整个欧洲成为广受欢迎的烹饪香草，而且还因其独特的味道深受厨师和草药医生的喜爱。17世纪的英国草药医生和日记作家约翰·伊夫林曾记载道："这种香草的枝头和嫩芽能够快速生长，永远不要在沙拉中忽视它。它还对心脏、头和肝都十分有益。"

龙蒿草还一直是法国厨房里人们的最爱，它是经典的法国细混香辛料（Fines herbes）里的四种主要香草之一，还是伯纳西酱（Béarnaise sauce）、雷默拉酱（Remoulade）、油醋汁（Vinaigrette）和第戎芥末酱（Dijon mustard）的主要调味料。人们还经常在醋、腌菜、风味佐料以及其他酱料里加入龙蒿草。在格鲁吉亚，它还是一种叫做Tarhun的辛辣、糖浆般的果汁饮料的主要食材。

> "没有龙蒿草的醋，不是好醋。"
>
> 亚历山大·仲马，法国小说家（1802—1870年）

原产地
中东和印度

主要生产国
法国、以色列、美国

营养来源
钙、铁、维生素C

学名
Ocimum basilicum

◁健康盆栽
中世纪时期，地中海地区的人们在花园里广泛种植了罗勒，它能够减轻胃痛、刺激胃口、舒缓胃胀。

罗勒 爱恨掺杂的香草

这种植物在古典世界里被认为是仇恨和恐惧的象征，在中世纪却成为了爱的标志。它那香气四溢的叶片现在被广泛用于许多亚洲和意大利菜式中。

罗勒经常被称为“香草之王”或是“香草贵族”，它的名字出自于希腊语中的Basileus，有“王者”的意思，这也体现了它在中世纪时期的重要性。罗勒原产于印度和中东。在这些地方，人工培植罗勒的历史已经至少有5000多年了，而后，罗勒随着香料商路从亚洲传到地中海。

世界上有160多个罗勒品种，而甜罗勒的种植最为广泛。罗勒长着光滑的浅绿色叶片，开着白色的小花，在温暖湿润的环境下生长最旺盛。

爱的标志

许多迷信思想都和这种香气十足的植物有关。古希腊人相信蝎子会在种有罗勒的花盆里繁殖，而罗马人则把它当作仇恨的象征。但是后来，它在意大利变成了爱的标志——年轻男人会在圣约翰和圣安东尼日的宴会期间给自己喜欢的姑娘献上一盆罗勒、一首诗歌和一个糖果。这种做法在19世纪英国浪漫主义诗人约翰·济慈（John Keats）所写的诗歌《伊萨贝拉》（*Isabella: or The Pot of Basil*，又名《罗勒盆栽》）里也有提到。古希腊人和罗马人还相信在他们种植罗勒叶的时候，如果骂人的次数越多，植株生长会越旺盛；罗勒叶还能够带来财富，在搬家的时候收到罗勒盆栽代表了好运等。

如今，罗勒因其浓厚的香味而著名，新鲜罗勒叶已经成为意大利松子青酱（Pesto sauce）和其他意面酱料以及西红柿和马苏里拉干酪（Mozzarella）沙拉中的必备食材。亚洲的罗勒品种则被广泛地应用在小炒、沙拉和咖喱中。

▽意大利口味
一捆捆浅绿色的罗勒叶已经成为意大利人厨房里面随处可见的景象，它们也让不少传统的意大利菜式别有一番风味。

百里香

象征勇气与洁净的香草

百里香有60多个品种，包括柠檬百里香、橙色百里香、绒毛百里香和宽叶百里香，它们大多都原生于亚洲和地中海地区。在这些地区，为了获取百里香的魔力和香气，人们对这种香草的培育已经超过上千年。

原产地
地中海

主要生产国
摩洛哥、波兰、土耳其

营养来源
铁、维生素K

非食品用途
药用、化妆品（油）

学名
Thymus vulgaris

△带来健康的枝叶

百里香，薄荷家族的成员之一，内含百里香酚，这种成分常作为抗菌剂被用于漱口水中。

▽草药偏方

在中世纪，药商会准备并售卖有多种药用价值的百里香，据说百里香可以促进睡眠，确保人们不做恶梦。

很少有草药能像百里香（*Thymus vulgaris*）一样广泛地用于厨房内外。百里香又名麝香草、庭院百里香和法国窄叶百里香。古埃及人利用它的防腐功效来协助人们制作木乃伊。古希腊和古罗马人将它的芳香和除菌功效运用于按摩和制作浴油上。

百里香（Thyme）这个名字要么是从拉丁语中的Fumus（意为“烟”）而来，要么就是从希腊语中的Thumos（意为“灵魂”）而来（古希腊人相信灵魂是如烟一般的存在）。这种联系可以用来解释古希腊人在寺庙举行宗教仪式时燃烧百里香以净化寺庙和献礼神明等行为。百里香还与古希腊神话中的丰收与暴食女神阿得法癸亚（Adephagia）有关。

瘟疫卫士、壮胆利器和魔力调料

这种香草随后在整个罗马帝国盛行，最远甚至传到了英国。14世纪，英国人会在花束里加入百里香，或在地上撒满百里香以确保自己免遭瘟疫。在荷兰和德国，同一时期的民间传说中，百里香生长的地方都被认为是被仙子眷顾的福地。

中世纪时期，百里香还被当作勇气的象征。远行的十字军骑士的妻子会在她们丈夫的衣物上绣制百里香和蜜蜂图案，给他们鼓舞士气，让他们在战场上更加骁勇善战。因为蜜蜂经常被百里香介于白色和淡蓝色之间的花朵吸引，所以古代雅典人非常喜爱的琥珀色蜂蜜就和这种香草息息相关。他们经常利用生长在雅典附近的伊米托斯山（Hymettus）上的百里香制作这种蜂蜜。

百里香不仅常常入药，被当成有魔力的药草，还在厨房中广受欢迎。不论是干的还是新鲜的百里香，都被广泛地加到汤水、沙拉和蘸肉、鱼和禽类的酱料中以增添风味。百里香也是经典的法国香草束（Bouquet garni）和普罗旺斯香料（Herbes de Provence）中的重要食材。从欧洲传入加勒比地区后，它被加到了许多当地菜肴中，同时还是一种中东调料扎阿塔尔（Za’atar）的重要原料之一。

古希腊人相信百里香能够解毒。

牛至

令人安心和快乐的味道

我们现在知道牛至这种香草大多是因为它是经典意大利比萨饼上的配菜，但是在古代，它不仅是食材和药品，还能给去世的人带去好运和平和。

▷**新鲜叶片**

牛至是一种矮小的植株，椭圆形的绿叶带有红晕，花朵呈紫色、粉色或者白色。

原产地
地中海、西亚

主要生产国
土耳其、希腊

营养来源
铁、钙、锰、维生素K

非食品用途
草药

学名
Origanum vulgare

牛至经常与意大利和番茄酱联系在一起，这是18世纪才出现的事情。当时，意大利那不勒斯地区的人们将两种食材结合，放在比萨上作为配料，牛至因此成名。在此之前，牛至通常会用来搭配蔬菜或是肉类，但就是这次巧妙地结合，让牛至在美国一鸣惊人。这还得归功于第二次世界大战时期从意大利回国的军人，正是他们把牛至带到美国的。这种香草还与味道相对较淡的甜牛膝草（Majoram）有近亲关系。

希腊人敬仰

牛至原生于地中海地区，先是被希腊人大量使用。它名字的来源尚不明确，但是很可能和希腊语中的两个单词Oras（意为“山脉”）和Ganos（意为“快乐”）有关。这也可能和古希腊的信仰有关，他们相信牛至是由爱之女神阿佛洛狄忒（Aphrodite）创造的。因此，希腊人很敬重牛至。

> “治疗胃部不适，没有比牛至更好的草药了。”
>
> 尼古拉斯·卡尔佩波（Nicholas Culpeper）《草药大全》（*Complete Herbal*，1653年）

咀嚼牛至叶片被认为是治疗晕船最好的方法。新婚的夫妇还会用牛至枝叶做成花环，戴在头上，希望能给他们婚后带来幸福。人们还在坟前撒下牛至叶片以祈求逝者安息。牛至的味道也是人们所喜爱的：用牛至喂养的山羊肉、绵羊肉深受人们追捧。

罗马人后来也爱上了牛至，自此，它逐渐成为意大利菜的标志风味之一，并传入北非的厨房。直到现在，牛至还是希腊菜中常见的食材，经常被加到沙拉或是烤肉里以增添风味。

◁**疗伤能力**

牛至本身含油量很高，因此有利于风干保存。根据中国传统医药学理论，牛至被用来治疗消化问题，还可以提高免疫力。

月桂叶 胜者的味道

在古代，月桂叶是用来为胜者制作头环的，现在则多出现在厨房中，它散发着浓郁的香气，并具有独特的味道。

◁研磨工具

600年来，用来研磨香草和香料的杵和臼变化并不大，现在人们还在使用这些工具。

原产地
小亚细亚、地中海

主要生产国
土耳其

非食品用途
香水、头发护理品

学名
Laurus nobilis

在希腊神话中，太阳神阿波罗尝试引诱仙女达芙妮的时候，她的父亲把她变成了一棵月桂树来保护她。直到现在，希腊人还把月桂树称作达芙妮树。

月桂树原生于小亚细亚和地中海地区，它们长着尖头的光滑绿叶和星状的淡黄小花簇，因其独特的香味，现在全世界各地都有人种植。

传说中的桂冠

对于古希腊和古罗马人来说，月桂象征着和平、胜利，这也在它的拉丁名Laurus nobilis（意为“贵族皇冠”）中有所体现。

△庞贝花园

这是一幅描述庞贝花园的图画，表明了当时月桂对罗马人的重要性。

为了展现某些人的特殊成就，展现天神对这些人的重视，古典时代的皇帝、战士、运动员甚至是诗人都会戴上月桂皇冠。根据传统，在正门前种植月桂树，还能带来好运，驱赶恶灵。

月桂还被认为是能够净化灵魂的香草，在黑暗时代的欧洲，基督教徒与非基督教徒都会燃烧月桂以驱赶恶灵。在16世纪的英格兰，曾有记载表明人们在地上撒满月桂叶来掩盖家中的异味。

用途多样的月桂叶

如今，月桂是法国香料束（Bouquet garni）的必要食材，它给整个香料束增加了一股辛辣、微苦但又淡雅的花香味。全欧洲的人都用月桂来给炖菜、汤、酱料、砂锅菜和腌渍酱料调味。它还常常用来给肉酱（Pâtés）和法式肉冻（Terrines）装饰和调味。

▷罗马桂冠

月桂皇冠在古罗马代表着胜利与英雄主义。罗马的帝皇，例如朱利亚斯·恺撒就经常被描绘成戴着月桂皇冠的英雄。

咖喱叶 亚洲的味道

矮小的咖喱树四季常青，它们闪闪发光，香味十足的叶子是南亚饮食里重要的风味之一。

◁对称的枝叶

亮绿色的咖喱叶顺着根茎对称生长。

咖喱叶与咖喱粉不同，它在印度被称作Kadi patta、Kari-patta或是Meethi neem（意为“甜印楝”），能够给咖喱或是素菜带来一种独特的味道。

原生于印度南部、巴基斯坦和斯里兰卡，且四季常青的咖喱叶树属于柑橘果类植物，在夏天，它会长出香气馥郁的一簇簇白色小花。它的叶片揉碎后会散发出类似果仁和柠檬的香气。它的植物学学名（*Murraya koenigii*）和18世纪的德国植物学家约翰·科尼格（Johann König）的名字有关。他在印度南部工作过，是当地的博物学家，负责记载不同植物在印度传统药剂中的用途。

关于用咖喱叶烹饪的记载最早出现在公元1世纪的泰米尔（Tamil）文学中，几个世纪后印度南部的卡纳达（Kannada）文学中也有提及。现在咖喱叶还是与这些地区有关，而咖喱叶中的咖喱（Curry）这个词就是源自于泰米尔语中的Kari，意为“辛辣酱料”。

△绿色的调味料

咖喱叶在南亚的市场里很常见，这位女性正在印度安得拉邦（Andhra Pradesh）的一个市场里，售卖各种新鲜的香草，其中就包括了画面最前方的咖喱叶。

原产地
南亚

主要生产国
印度

非食品用途
传统药品

学名
Murraya koenigii

加点辣味

远行的印度人将咖喱叶带到了世界各地的美食中。比如说，它们经常在马来西亚、新加坡和泰国的海鲜类咖喱中出现。现在，我们能在全世界很多地方找到种植和使用咖喱叶的地区，比如斯里兰卡、东南亚、澳大利亚、太平洋群岛、非洲和印度。

人们经常会用热油或者印度酥油（Ghee）来炸制这种叶片，加上洋葱和其他香料就可以制作成咖喱的基底，或者是直接倒在做好的菜式上。咖喱叶还会加到浓厚的鹰嘴豆汤中，这种汤在印度北部的旁遮普邦（Punjab）和拉贾斯坦邦（Rajasthan）很流行，大家都把这种汤称作Kadhi或是Karhi，酸奶或是脱脂奶中也有它的身影。

加入了咖喱叶精华的精油，据说能够遮盖住灰发。

香菜

永生之种

原产地
地中海和小亚细亚（亚洲土耳其）

营养来源
钙、钾

学名
Coriandrum sativum

叶片风味十足、种子细小、味道独特的香菜，不是每个人都喜欢。但是这些年来，香菜已经成为非常受欢迎的香草和调味品。

因为曾经出现在古波斯国的巴比伦空中花园（the Hanging Gardens of Babylon）而著名的香菜，原生于地中海地区以及小亚细亚。它也被称作“芫荽”（Cilantro），和欧芹是近亲，它的另一个名字是“中国欧芹”（Chinese parsley）。它亮绿色的叶片味道浓郁，并且有一股淡淡的柑橘味，白色或粉色的小花会长出小球状的种子。

永生之种

曾经出现在梵文、古埃及文、希腊文和拉丁文中的香菜生长于3000年前的古波斯国。它一开始是埃及人为了药用和食用而培育出来的，当时的人们会把它的种子晒干，当作香料使用。考古学家在图坦卡蒙的陵墓中曾发现一罐香菜的种子，其用处大概是为了让亡灵更好地去往冥界。

香菜的种子是在5000年前，沿着丝绸之路从地中海地区传到中国的，那里的人们相信香菜能够带来永生，因此十分敬重它。16世纪，西班牙殖民者把香菜带到了墨西哥和秘鲁。17世纪初，它成为了第一种由马萨诸塞州的欧洲移民种植培育的香草。

调味与装饰

虽然它的整棵植株都是可食用的，但在欧洲，厨师关注的主要是它的种子。香菜籽可以用来给各种食物增加风味，包括炖品、蛋糕、面包和腌渍品等。

◁新鲜翠绿

香菜圆形的小片绿叶长着锯齿状的边缘。当用来装饰菜品时，它们浓烈的味道经常给食物带来新的层次感。

△坟墓里的宝藏

图坦卡蒙的坟墓里有装满香菜籽的罐子，这表明古埃及人十分钟爱这种香料。这张插图描绘了英国的埃及学家霍华德·卡特（Howard Carter）和卡那封（Carnarvon）勋爵打开装有年轻法老遗体的石棺的场景。

在中美、南美还有东南亚，切碎的香菜叶可以作为装饰配菜或是做成清爽的酱料，搭配鱼类、肉类和家禽，或者加到汤和沙拉里。中东的人们也是这样食用香菜的。在东南亚的某些地区，香菜的根部也被用来做菜。人们会在印度咖喱料理中加入香菜的种子和叶片，磨碎的香菜籽还是一种芳香四溢的香料粉，即Garam masala的主要材料之一。

糖衣包裹的香菜籽在16、17世纪的欧洲算是珍馐。

莳萝 消化助手

莳萝因其药效而广泛受到古文明的钟爱，这种长着优雅的羽毛状叶片的草药，已经成为了北欧厨房里一味不可或缺的食材。

△安抚肠胃的莳萝籽

莳萝籽常被用来给食物和饮品调味，还可以用它来舒缓消化问题。

莳萝的英文名Dill取自挪威语中的“Dilla”，意指“催眠和平静”，体现了其用于治疗失眠的传统效用。它与欧芹同属，原生于中亚和欧洲东南部。它长着一簇簇黄色的小花，叶片像它的近亲茴香一样呈羽毛状。

莳萝很受古人的喜爱。考古学家曾在公元前14世纪的法老阿曼霍特普（Amenhotep）的坟墓中找到过莳萝枝条，表明它在这个时期已经与其他香草一起被当作防腐剂使用了。古希腊人把它当作财富的象征，还用它治疗打嗝。古希腊和古罗马人都曾用它来做菜。罗马的菜谱《阿皮基乌斯》中至少提及了40多次莳萝。

疗伤圣草

当中世纪早期关于巫术的传说盛行的时候，人们认为喝一杯用莳萝枝叶和种子煮出来的茶能够祛除巫婆的诅咒。公元8世纪的神圣罗马帝国的查理曼大帝在晚宴时，往往会在桌上放一碗莳萝籽来帮助消化并减缓胃胀。因为带有淡雅的芳香，莳萝成为德国和斯堪的纳维亚饮食中重要的食材。它能给盐渍生鲑鱼（Gravlax，用盐、糖、胡椒和切碎的莳萝腌渍的三文鱼）增添独特的风味。腌渍品、马铃薯沙拉、德国酸菜、炖品和汤里面都能尝到莳萝的味道。

原产地
中亚、欧洲东南部

营养来源
维生素C、锰

非食品用途
消化食品

学名
Anethum graveolens

▷羽状复叶

莳萝不仅香气十足，还有一定的装饰性，它一簇簇的黄色小花像撑开的雨伞，羽毛般的复叶精致美丽。

胡椒

珍贵的香料

世界上最古老的香料，也是现在最受欢迎的香料，胡椒已经在印度饮食中存在近4000年了。

早在公元410年，日耳曼部落西哥特人（Visigoths）的第一位国王亚拉里克（Alaric）就十分重视胡椒，曾要挟罗马城并向其索要超过1360千克的胡椒作为部分赎金。在中世纪，胡椒比其他香料的价格要高出10倍以上。

原生于印度南部的黑胡椒（Piper nigrum）是一种木头般的常绿藤蔓植物的果实，这种植物可长到10米以上。开簇状的白色花，而这些花凋谢后便会长出一串串豌豆大小的果实。这些果实也被称为“胡椒粒”（Corns）。胡椒的辛辣味道源自于胡椒碱（Piperine），即一种产生于其外果实和种子内部的挥发性极强的油脂。

胡椒的颜色是由果实收成和处理的方式决定的。例如，黑胡椒是被晒干的果实；绿胡椒是还未成熟的柔软果实，常常会被保存在盐水之中；白胡椒则是去掉表皮后的果实。只有粉胡椒是源于一种完全不同的巴西胡椒树种（Schinus terebinthifolius）。

▷成串的调料

胡椒植物的果实胡椒粒成串地挂在枝干上。

穿行古代世界

胡椒是从什么时候开始从印度传出去的，且以什么航道传出去的，我们不得而知，但是考古学家曾在被制成木乃伊的拉美西斯二世（Ramses II）的鼻孔处找到过胡椒粒，这也就意味着古埃及人很有可能早在公元前13世纪就开始在墓葬仪式中使用胡椒粒了。在印度，人们用胡椒入药或是制作佐料。写于公元前4世纪的著名印度史诗《摩诃婆罗多》（*Mahabharata*）中就记载了盛宴中出现的肉类是用黑胡椒调味的。

黑胡椒是罗马人在饮食中最喜爱的调味料，它还被当作防腐剂来使用。罗马帝国时期的胡椒交易十分盛行，因此胡椒也成为了昂贵且紧俏的商品。这种交易一般都是由阿拉伯商人掌控，他们能够通过亚历山大这座港口城市向罗马输送胡椒等物资。

罗马帝国衰败后，香料买卖仍旧由阿拉伯人主宰，商人们掩盖了产地信息，以便高价售出货品。

△准备胡椒

这幅14世纪波斯的插画描绘了印度人是如何收集并晒干黑胡椒的。完成这些步骤之后，胡椒便能成为商品，在集市中售卖。

◁大买卖

到了16世纪，印度尼西亚的瓜哇岛上已经有了兴旺的胡椒交易市场了。图中左边的商人正在为顾客称商品的重量。

原产地
印度南部

主要生产国
印度、越南、印度尼西亚

非食品用途
传统药剂

学名
Piper nigrum

转手

中世纪时期，亚洲和欧洲之间的胡椒及其他香料的交易愈发频繁，胡椒因为深受欧洲人喜爱而成为利润极高的商品。几乎每座城市都有它的香料街，在这些街道上，商人们会集中售卖他们的货品，而这些街道基本上都会以胡椒命名，例如：法国巴黎的胡椒街（Rue de Poivre）。

到了14世纪，热那亚和威尼斯成为了西方的胡椒贸易中心。然而在1498年，葡萄牙探险家瓦斯柯·达·伽马（Vasco da Gama）发现了绕过非洲南部到达印度的航道，也点燃了葡萄牙霸占胡椒交易中心的野心。这样的局面一直持续到16世纪末，直到荷兰人开始成为香料贸易的领军人物才有所改变。

到了19世纪初，香料贸易的主导权转移到了英国手上。

“胡椒租金”（Peppercorn rent）这个表达方式起源于中世纪，当时的人们接受用胡椒代替金钱支付租金，现在这个词主要用来表达低廉的租金。

现在，世界各地的人都会食用胡椒。不论是胡椒粉还是胡椒粒，人们喜欢在不同的菜式中加入它们，以增添辣味。它们不仅出现在肉菜、海鲜菜、意面、砂锅菜和汤羹里，还会加到酱料、调味汁、汤底和腌渍品中。

◁古董研磨器

可随身携带的研磨器让商人能够随时按照客人的需求售卖胡椒粉或胡椒粒。

芥末

热辣调料

欧洲和亚洲的古代文明最先利用野生的白色、棕色或是黑色的芥末籽来制作调味料和酱料，而这些用芥末籽制作的佐料时至今日依然十分受欢迎。

原产地
亚洲南部

主要生产国
加拿大、尼泊尔

非食品用途
传统药剂

学名
Brassica juncea

◁鲜艳的芥末花
芥末植株长着与众不同的黄色花朵和娇嫩的复叶。

芥末的英文名Mustard来自古罗马，当时的罗马人会在压碎的葡萄（Must）里浸泡芥末来制作Mustum ardens或者Burning must（辣味葡萄）。有考古证据表明在公元前3330—前1300年之间，位于亚洲南部的印度河流域文明（Indus Valley Civilization）也曾培育过芥末，古苏美尔和梵文文本中也提及过芥末。根据古希腊神话记载，芥末是药品之神阿斯克勒庇厄斯（Aesclepius）和农业女神色列斯（Ceres）的礼物。

卷心菜近亲

事实上，芥末包含了芸薹（Brassica）家族中的几个成员，它们种子的颜色依品种而定。Sinapis alba（原生于欧洲和中东）会长出白色的种子；Brassica nigra（来自欧洲和中东）长黑色种子；Brassica juncea（来自亚洲）的种子则呈棕色。在一份写于公元4—5世纪之间，并用来致敬1世纪的罗马美食家阿皮基乌斯的菜谱中就有关于芥末酱的记载。罗马人把芥末籽带到了高卢（Gaul）。从13世纪开始到现在，第戎（Dijon）成为法国经久不衰的芥末生产中心。英国人第一次把芥末用作调味品是在14世纪末。如今的加拿大是全世界芥末籽产量最多的国家。

微辣、中辣还是特辣？

把磨碎的芥末籽、水还有醋混合起来就能制作西方最流行的调味品，可以用来搭配肉菜，冷热皆可，例如香肠和热狗。芥末有不同的辛辣度，从微辣的法国芥末到英国的中辣品种。在荷兰和比利时北部，芥末加上奶油、西芹、

▷买芥末
到了20世纪，随着这种调味品越来越受到人们的欢迎，因此有越来越多针对美国和不同市场的芥末产品上市。

大蒜和咸培根能做出一道特殊的汤品。较常使用棕色芥末籽的中国人和日本人偏爱更加辛辣的芥末。芥末籽也经常出现在印度饮食中，通常用油煸炒一下之后用来给咖喱、大米和其他菜色调味。

“当他吃肉的时候，
就不用芥末了。”

公元前2000年，雕刻在泥板上的苏美尔谚语

葛缕子 罗马救星

葛缕子起源于5000年前的小亚细亚，这种优雅的植物被认为是欧洲人工栽培历史最悠久的香料。

葛缕子生长在欧洲的中北部，以及亚洲中部。少量葛缕子也曾经出土于土耳其中石器（Mesolithic）时代的考古点，它们是在史前人类留下的食物残渣里找到的。早期的阿拉伯人应该是最早用“karawya”（它的种子的阿拉伯语）来给食物调味的，葛缕子的种子也曾出现在古埃及的坟墓里。古希腊的医师狄奥斯科里季斯在他的草药百科全书《药物论》中曾记载它的种子有助消化的功效。

据说，葛缕子的根在公元前48年的狄拉奇乌姆（Dyrrachium）围城期间，解救了一支罗马军队，让他们免于挨饿。当时的军团士兵会用葛缕子和牛奶煮在一起做成一种叫做chara的蛋糕。罗马人在入侵英国的时候也随身携带葛缕子，就连莎士比亚在他的戏剧《亨利四世》中也有提到过罗伯特·肖勒（Robert Shallow）曾宴请约翰·法尔斯塔夫（John Falstaff）享用“去年的苹果和一碟葛缕子”。

原产地
小亚细亚（现在的土耳其）

主要生产国
荷兰、德国

非食品用途
助消化剂、酒精饮料、牙膏和漱口水增味剂

学名
Carum carvi

用途多样

葛缕子为欧洲北部的芝士、黑麦面包和德国酸菜增添风味，还常被加到汤羹和炖菜里，例如：匈牙利红烩牛肉（Goulash）中。它们还是顾美露酒（Kümmel）的主要成分，且经常出现在中东菜式以及北非的辣椒橄榄酱（Harissa）中。

▷叶子、花朵和种子
这幅来自卡尔·林德曼（Carl Lindman）1905年的著作《北欧植物群》（*Bilder ur Nordens Flora*）中的葛缕子插画，细致地描绘了它的白色花朵、羽状叶片和棕色的种子。

STATION
11

可配送的午餐

近年来，利用应用软件配送餐饮的网络公司给我们的日常生活带来了一场新的革命。然而跟孟买的午餐盒配送与退还机制相比，这种新兴产业简直就是小巫见大巫。配送午餐听起来简单，但是午餐配送员（Dabbawalas）1周6天，1年51周，都要将午餐盒准确送达。这简直是一项让人称奇的壮举，甚至还有哈佛商业学院的教授专程到孟买研究这一系统是如何运作的。他们发现午餐配送员能够准确到每600万个配送订单中，只有一份会出问题。

从1890年开始，印度一位富有的帕西（Parsi）银行家Mahadeo Havaji Bacche从附近的村子里聘用了一位年轻人，每天专门帮他把午餐盒从家送到孟买的办公室，自此午餐配送员一举成名。Bacche一开始只有一支100多人的配送队，发展到今天，配送员的数量达到了惊人的5000多人。他们每天早上将175 000至200 000份午餐送到孟买的办公室，到了中午再把这些午餐盒收回。

这些午餐一般都是用圆柱状的罐头盒（叫做“Tiffin”或是“Dabbas”）装盛的。每个盒子里含有2至4个格子，最底下最大的格子用来装米饭，其他的部分则用来装咖喱、蔬菜配菜、烤饼（Chapatis）或者甜点。所有的食物都是刚刚出炉的家常菜。午餐配送员从早上8点开始，在孟买的郊区取到午餐盒后，便送到城市中心。他们会用拉车、自行车或是摩托车把午餐盒送到当地的火车站，再根据午餐盒上标号的颜色把它们装上不同的火车，然后送到原定好的目的地。到了目的地后，更多的配送员便会把午餐盒送到办公室。午餐过后，整个程序便倒过来再进行一次。

◁运输饭盒

装满午餐盒的拉车穿过孟买的街头巷尾，这些拉车往往要由成群结队的配送员来推动，这种模式已经持续了长达125年。

豆蔻

由维京人引入

作为亚洲人最常用的香料品种，豆蔻一直以来都以其独特的味道和芬芳征服全世界各大文明的味蕾。

原产地
印度南部

主要生产国
危地马拉、印度、印度尼西亚

非食品用途
口气清新剂

学名
Elettaria cardamomum

古埃及人对豆蔻十分了解，他们常常嚼食豆蔻来清洁牙齿，以保持口气清新。但是这一姜属成员的发源地并非这里，而是位于远东的印度南部西高止山脉（Western Ghats）上的森林里。

这种植物长着矛状的叶片和白色的花朵，这些花朵成熟后会变成豆荚，豆荚切开来呈三角形，其中包含着三颗，非常粘手，呈暗棕色而且带有香味的种子。豆蔻有两个主要种类：绿豆蔻和黑豆蔻。绿豆蔻有一种淡淡的甜味，黑豆蔻味道则较为浓烈、刺激。

苏美尔的尼普尔（Nippur）古城曾出土过一份泥板文书，上面有关于豆蔻的记载，这一泥板可追溯到公元前2000年。几千年后的公元9世纪，维京人在前往地中海东部的旅途中偶然发现了豆蔻，便将它们带到了北欧。

现代多用性

豆蔻广泛用于主打米饭的菜式中。在亚洲饮食中，人们还会把它加到蜜饯、甜点和茶品里，还有一些咸口的菜式里。在阿拉伯国家，人们把豆蔻加到咖啡里来增加独特的风味。斯堪的纳维亚地区的甜面包一般都是用豆蔻调味的。

▷**准备豆荚**
这群印度女性正在小心地清洗豆蔻荚，并根据它们的颜色和大小分类，准备好后便可以包装并运送到海外。

△**新鲜而饱满**
最上乘、最新鲜的豆蔻荚外观上都是饱满而又墨绿的，里面的种子十分黏手。

◁**颗粒皆收**
在印度的喀拉拉（Kerala），女性正在收集豆蔻荚，这个区域的收成高峰是从9月至11月。

香茅

独特珍馐

香茅一直以来都是泰国美食的重要食材，它浓郁的柠檬香气让它在全世界的厨房中都有一席之地。在烹饪亚洲菜式和制作茶品的时候，它都能发挥重要的作用。

让人惊奇的是，这种修长的草本植物竟然有多达45个品种。柠檬香茅（Cymbopogon citratus）这一品种经常用于菜品中。当香茅被揉搓或是切碎时，它的叶片会散发出一种独特的柠檬香气。它的叶片会从苞茎里成群地生长开来。虽然在热带区域的各个地方都有它的身影，但是这种植物的原产地应该是印度或东南亚。Cymbopogon这个名字应该是希腊语中的kymbe（意为“船”）和pogon（意为“面包”）的结合，它的名字和它开出的白色小花的形状有关。

在亚洲，香茅用来给汤品、炖品等食物调味的历史已经有5000多年了。在印度东部和斯里兰卡，当地人们用香茅和其他香料一起制作一种当地称为“发烧茶”的饮品来治疗发烧、月经不调、腹泻和胃痛等不适。这种香草的历史颇为神秘，但是早在17世纪就有关于香茅被提纯后出售到菲律宾的传说了。

原产地
印度、东南亚

主要生产国
危地马拉、中国

营养来源
钙

非食品用途
驱虫剂

学名
Cymbopgon citratus

▽芳香枝干

这种生长迅速的植物可以长到1米高。它有着苞状的根茎，叶片自根茎呈同心圆的方式生长开来。

深受现代人欢迎

不论是新鲜的还是冻干的香茅都被加入到大量的东南亚菜式中。泰国著名的冬阴功汤中就有它的身影。随着泰式饮食在全球的流行，近来人们对香茅的需求量也有所增加。它和咖喱、腌泡汁、炖品和海鲜汤的搭配十分亮眼，还能被制成提神的草药茶。

因为人们也会用香茅来驱蚊，
它又被称为“蚊子草”。

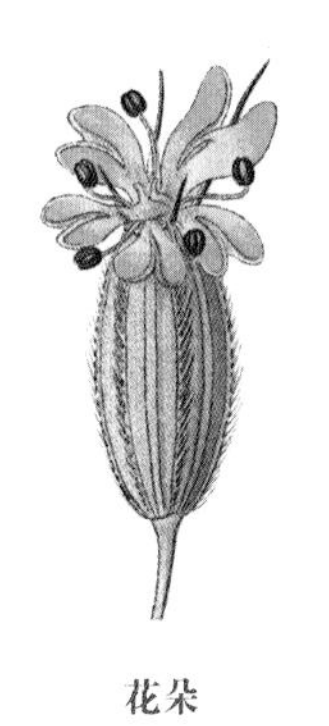

花朵

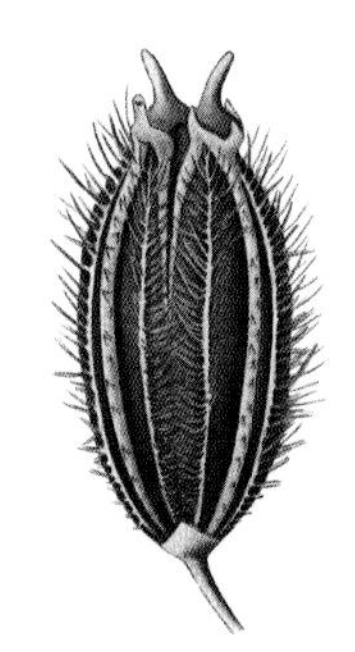

种子豆荚

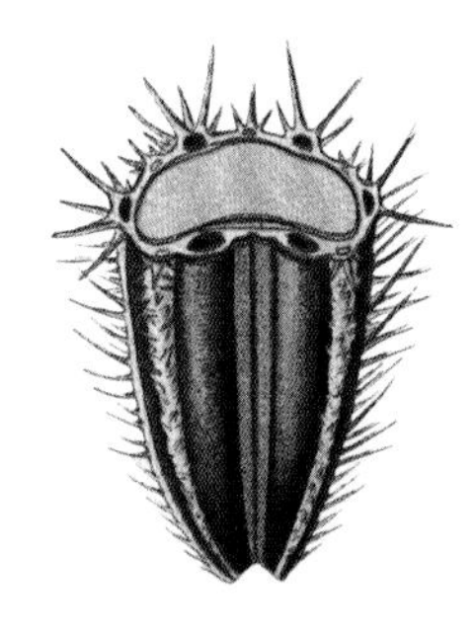

豆荚内部

孜然 东方的味道

作为黑胡椒之后的第二大香料，孜然出现在地中海和东亚的饮食文化中已经有5000多年了。

作为欧芹属的成员之一，孜然有着针形羽毛状的叶片和白色或淡粉色的小花。它椭圆形的种子就是被用作香料的那一部分，其颜色棕黄，还带有淡色的隆起。孜然原生于地中海东部，《圣经》里还曾提及人们用棍棒收集这种植物的种子，而这一收成方式至今还被地中海东部的几个国家沿用。

▷混在一起

孜然不仅可以单独出售，还经常和其他香料混合在一起出售。

深受古人喜爱

5000年前在古埃及培育出来的孜然主要用来制作调味料和防腐剂。希腊人常在桌上摆一壶孜然作为调味料，和士兵送行时也会赠与他们一条孜然面包。孜然之所以多次出现在菜谱集中，要归功于公元1世纪的罗马美食家阿皮基乌斯，这本发行于4世纪或5世纪的菜谱集里着重记载了这种香料，表明孜然在古罗马也是十分受欢迎的调味品。

欧洲及世界

罗马的影响力将孜然带到了欧洲的其他地方，并使其在中世纪慢慢成为非常受欢迎的香料。那时候，孜然经常被种在修道院的花园里。

直到20世纪，孜然才由西班牙和葡萄牙移民带到北美洲。

孜然因为带有果仁和胡椒的香味，经常被加到不同的菜式里。在印度，孜然是一种混合香辛料中的主要香料，这种香辛料经常出现在烩菜（Kormas）、玛沙拉（Masala）和汤品之中。在荷兰和瑞典，人们用孜然给芝士增添独特的风味。在法国和德国，则把它加到面包和蛋糕里。欧洲的所有腌渍汁中都能找到孜然的身影。北非人会在烹饪肉类和蔬菜的时候加入孜然。黑孜然种子比一般的孜然种子要更小更黑，这一品种也被广泛地应用在北印度、巴基斯坦和伊朗的饮食中。它还经常出现在像哈洛米（Halloumi）等芝士里，撒在面包上，或是用来腌渍食物。

△从种子到调料

淡棕色的孜然种子可以整颗（烤制后）使用或是磨制成粉后再使用。

原产地
埃及

主要生产国
印度、叙利亚、土耳其

非食品用途
药品、香水

学名
Cuminum cyminum

八角茴香

诱人的亚洲香料

虽然八角的形状很美，但是它并不只是一种装饰品；它独特的甘草香味在东南亚和印度饮食中都十分重要。

◁叶片和花朵

八角茴香树墨绿色的叶片长而尖，经常遮住生长在树枝底部的淡黄色花朵。

八角又名巴贝多茴香和中国茴香，这种星状的香料是一种木兰属（Magnolia）的小型常青树木的果实。原生于中国南部和越南，八角茴香（Illicium verum）虽然不属于茴香类（Pimpinella anisum）植物，后者原生于地中海东部地区，但是它们的香味都源自同一种化合物——茴香脑（Anethol）。这种植物的学名Illicium来自拉丁语中的“Illico”，意为“诱惑”，意指这种香料的诱人香气，它散发着淡淡的像甘草，又似茴香的味道。

八角在16世纪由英国的私掠船长托马斯·卡文迪许（Thomas Cavendish）传到欧洲，他原先以为这种果实源于菲律宾。

现在，八角茴香是中国和越南饮食中的重要食材，特别是在制作中国的五香粉和越南的河粉汤（Pho boo）的时候。人们还用八角来做茶、腌料和印度的咖喱。八角在现代西方饮食中的地位也越来越高，特别是用来制作鱼类或是水煮水果，例如，无花果或梨。

原产地
东亚

主要生产国
中国、越南

非食品用途
传统药品

学名
Illicium verum

八角的日本近亲——日本莽草（*Illicium anisatum*）常被用来制作香薰，但是它的毒性很高。

这种黄白色花朵的内部经常透着淡淡的粉色，在夏日凋谢后便会长出独特的星状果实。在它们成熟之前，农户会收集起来晒干，然后磨制成红棕色的粉末或者整颗出售。

幸运星

根据中国的传说，八角茴香能够用来驱邪。如果有人能找到一颗超过八个角的八角茴香，那就是运气的象征。中国的草药师一开始用八角来制作药剂，直到最近，八角的香料用途才开始在西方流行起来。

▷厨房明星

八角茴香的棕色果实的每个角里面都长有种子。

△售卖辣椒

干辣椒是这个南美商铺中重要的商品之一。

辣椒 征服世界的辛辣香料

原生于墨西哥的一种矮小灌木丛中，果实是辣椒，辣椒的培育已经有7000多年的历史了。现在所有热带地区都有种植这种经济作物，它为全世界各地的饮食添辛加辣。

原产地
墨西哥

主要生产国
中国、墨西哥

营养来源
维生素C

非食品用途
药用（辣椒素）

学名
Capsicum annuum
C.Frutescens
C.Chinense
C.Baccatum
C.Pubescens

哥伦布到达新世界的时候误把辣椒当成了胡椒，因为它们尝起来都很辣。辣椒其实是辣椒属茄科的植物，同科植物还包括西红柿和马铃薯。世界上大约有25个辣椒品种，只有5种是人工培育的。

辣椒色彩缤纷、形状各异，有红色、黄色、亮橙色、绿色、紫色和黑色。大部分辣椒都是细而尖的，但有些小如豌豆，例如常出现在东南亚饮食中的子弹大小的指天椒，有些则是长条状的，例如长达30厘米的卡宴（Cayenne）辣椒。辣椒的辣味也有不同。从微辣到极辣，主要取决于果实里辣椒素的多寡。辣椒素主要存在于果实核心处和种子的四周。

快速传播

辣椒种子曾出土于墨西哥中南部的特瓦坎（Tehuacán）考古点，而这些种子的历史可以追溯到公元前7000年。

2000年后，辣椒的培育也是在这一地区进行的。1492

年，自从哥伦布开始向美洲航行并迅速到达后，他成为了第一个见到辣椒的欧洲人。他将第一株辣椒从加勒比带回西班牙，西班牙的修道院从此开始在花园里种植辣椒。一开始人们把它当作胡椒的替代品，但是它很快传到了意大利，特别是南部的卡拉布里亚（Calabria）地区。

不受辣椒素影响的鸟类
经常会帮助辣椒传播种子

西班牙商人前往美洲的时候途径里斯本，并将辣椒介绍给了葡萄牙商人，辣椒被葡萄牙商人带到了亚洲南部。这种香料很快就成为了印度果阿海岸驻点常见的食材之一，当地的辛辣咖喱肉（Vindaloo）里就含有火辣的辣椒（意思是红酒蒜酱）。商人们从印度把辣椒传到了更遥远的东方，且带到了中国和东南亚。

得益于它们能够晒干出售的特点，辣椒的商道开拓得十分迅速。在它们被传到欧洲之后的短短50年间，很快就传到了亚洲和西非的海岸，然后穿越北非，传到了中东。

阿拉伯商人在那时候称霸了欧洲香料市场，辣椒正是经由阿拉伯地区传入欧洲的。在欧洲南部（例如匈牙利和保加利亚），红辣椒粉（Paprika），一种用甜椒和辣椒磨制成粉的香料成为了许多匈牙利菜式（例如红烩牛肉和红椒鸡）的重要食材。16世纪50年代，这种辛辣的果实从印度传到英格兰，那时候人们把它称作吉利（Ginnie）或是几尼（Guinea）辣椒。当时辣椒还没那么受欢迎，北欧人更喜欢芥末或是辣根中的辣味。16世纪的英格兰植物学家约翰·杰勒德更是声称辣椒“有一种恶毒的品性，它是肝脏和其他肾脏的敌人，它能杀死狗”。

▷误导人的颜色

辣椒的外表并不能体现出它的辣度，有些非常红艳的辣椒味道并没有那么浓烈，那些小粒的绿色辣椒反而威力十足。

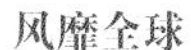

风靡全球

现在，辣椒在世界各地被广泛种植，特别是中国的四川省和湖南省，两省占有全世界辣椒产量的一半，紧随其后的是辣椒的原产地——墨西哥。新鲜的、晒干的、腌渍的，或是粉末状的辣椒可以给许多肉类、蔬菜类和鱼类的菜式增加辣味。它还是墨西哥、中南美洲、亚洲、中东、北非饮食中不可或缺的食材之一。7000年前在秘鲁、玻利维亚等安第斯山脉国家培育出来的阿吉（ají）辣椒经常出现在不同的菜式和调味品中，当地人们也经常会在饭桌上摆上一碗辣味沙酱（Galsa）作为配菜。在美国，因为墨西哥菜的流行，用辣椒制作的辣酱需求量自2000年开始，增长了至少165%，辣酱的畅销程度甚至可以跟番茄酱一争高下。

卡宴辣椒

墨龙辣椒

诺拉辣椒

阿吉辣椒

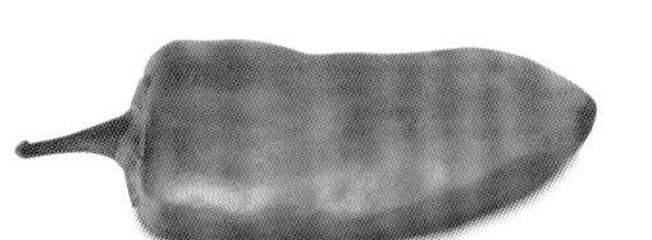

加拉佩诺辣椒

安祖辣椒

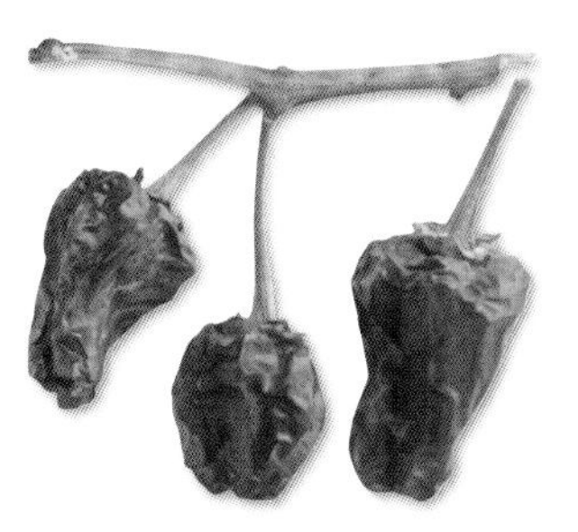

弗雷斯诺辣椒

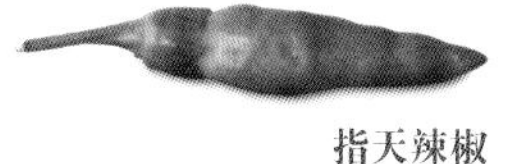

指天辣椒

◁称量重量

到了18世纪初期，荷兰称霸了全球的辣椒交易，并把辣椒引进到日本。这幅图中，日本的官员和荷兰的商人正在长崎监督工人称量并包装辣椒。

茶 宗教和政治的故事

从一种亚洲常青灌木的绿叶转变成深受世人喜爱的饮品，这个故事可谓十分有趣，其中甚至还包含了工业间谍和革命的情节。

考古学家最早发现的是汉朝（公元前202—220年）时期的茶叶容器，这说明中国享用茶叶的历史十分悠久。这种饮品是用一种大型常青植物的叶片和花苞制成的，一般分为两个品种：中国茶（Camellia sinensis var. Sinensis）和阿萨姆或是印度茶（Camellia sinensis var. Assamica），它们都长有光滑的绿叶和白色的花朵。茶的品种往往取决于茶叶的加工过程。白茶用花苞和嫩叶制成；黑茶用完全发酵后的茶叶烘烤而成；乌龙茶由部分发酵后晒干的茶叶制成；绿茶则一般由蒸制并风干后的茶叶制成。

直到唐朝时期（公元618—907年），茶才在中国变成了国民饮品。而在同一时期，在中国学习的日本佛教僧侣把这种饮品带回了他们的国家。随后，茶很快也成为了日本文化中重要的一部分，他们甚至现在还仍旧在传承一种叫做“茶道”的饮茶仪式。

昂贵的商品

在16世纪之前，在欧洲几乎没有人听说过茶叶这种商品，直到生活在东方的葡萄牙商人喜欢上茶的味道后，茶叶才开始有了一定的名气。1606年，荷兰商人利用葡萄牙人的商路，第一次将茶叶从中国海运到荷兰，茶叶从此一举成名，并且很快在全欧洲的精英阶层中传播开来。

不久之后，乘坐英国东印度公司的船只回家的水手们

△精美的茶器

中国家庭每天都要喝几次茶。有一些茶壶，比如上图的这只三彩陶瓷茶壶，比起实用性更注重外观设计。

▽采茶

高品质的茶叶都是靠人手慢慢从枝头采摘的。茶农只会采摘茶树的嫩芽和整棵植株顶端的两片叶片。下图是20世纪早期的女性采茶场景。

◁政治游行

1773年12月16日，美国殖民者登上了停靠在波士顿湾的东印度公司的船只，并把船上342个装满茶叶的货箱扔到海里。

把茶叶带到了英国，在一份1658年的报纸上就记载了一个售卖中国饮品的伦敦咖啡馆。随着喝茶在富人阶层中愈发流行，到了1664年，东印度公司开始从中国进口茶叶。

改变历史进程

到了18世纪，东印度公司已经开始向美国殖民地输送茶叶了。英国议会1773年的茶叶进口征税法案触发了大型的游行抗议活动，其中就包括了“波士顿倾茶事件”（“the Boston Tea Party”），这一事件也成为了美国独立战争的标志。

在接下来的一个世纪里，中国人强烈抗议英国用鸦片支付茶叶款项的行为。随着英国不再享有对中国商品的垄断权，英国转而到印度培养茶树。他们从中国偷了一些茶树，还暗地里学习了处理茶叶的诀窍。到了1888年，英国从印度进口的茶叶数量远超中国，而如今，印度的茶叶产量占全球市场的近三分之一。茶依旧是世界上最受喜爱的热饮。有些人喜欢在茶里加上牛奶和糖，或者柠檬和一些香料，比如印度的玛沙拉茶（Masala chai）。冰茶也在很多国家流行，特别是美国，美国人最常以这种方式来喝茶。

中国茶

原产地
中国

主要生产国
中国

学名
Camellia sinensis var. sinensis

◁一人一盏

把这个装满茶叶的维多利亚时期钢铁材质的滤茶工具放到一杯开水里，泡一会儿，就可饮用热茶。茶包到1908年才出现。

“宁可一日无食，不可一日无茶。”

中国古代谚语

丁香

芳香的花苞

原产地
马鲁古群岛（印度尼西亚）

主要生产国
印度尼西亚、毛里求斯、坦桑尼亚

非食品用途
治疗牙疼

学名
Syzygium aromaticum

丁香原本是马鲁古（Maluku）群岛独有的植物，这个岛是印度尼西亚从前的香料群岛。现在，这种香料在许多热带地区都有培植，包括非洲、亚洲和南美洲。

丁香晒干后，看起来像是小钉子，因此它的法语名Clou de girofle的意思就是“钉子花瓣”，意指它的外表。人们经常用于烹饪的丁香是一种热带常青树木Syzygium aromaticum晒干的花骨朵，这种植物长着顺滑的大叶片和一簇簇淡黄色的花。

最早关于丁香的文学记载出现在中国汉朝（公元前202—220年），它们当时被称作“鸡舌香料”。公元4世纪，阿拉伯商人从马鲁古群岛（又名Moluccas）把丁香引进到地中海地区。到了8世纪，丁香已经成为欧洲香料交易中非常重要的一部分。到了16—17世纪，丁香成为世界上最宝贵的香料，甚至有人为了在丁香交易中取得主导权，不惜打仗。

香料战争

17世纪，因为荷兰公然违抗西班牙的统治，当时的西班牙和葡萄牙国王菲利普二世，把荷兰排除在里斯本的香料交易市场外，以此来惩罚荷兰的反抗。

1605年，新成立的荷兰东印度公司进攻了葡萄牙人控制的马鲁古群岛。在控制

◁大丰收

从19世纪初期至20世纪70年代，坦桑尼亚的桑给巴尔岛（Zanzibar）产出了世界大部分的丁香。这幅1880年代的插图展示了群岛上的农夫在香料贸易达到顶峰的时候，收割丁香的场景。

△钉住

丁香的花茎比较硬，但是中心的花苞处十分柔软，很容易揉碎。所以整朵丁香的外形看起来像是“钉子”。

△ 辛辣旅途

阿拉伯商人给世界各地的人民带来了许多独特的香料。图中就是一群8世纪的时候东行前往印度的商人。

了群岛的香料贸易之后，荷兰人把所有自己掌控区外的丁香树都连根拔起。他们还建立了一系列的出口规则，以保持丁香高昂的价格。这些举措不仅影响了世界的贸易，还给荷兰的金库带来超过一个世纪的可观经济收入。

但是，荷兰东印度公司无法永远维持它的霸权地位。1772年，法国人成功把丁香花种子偷运到印度洋的毛里求斯和留尼汪（Réunion）群岛，并经由那里运送到整个热带地区，他们也在1818年把丁香种子带到了桑给巴尔岛。一个世纪后，桑给巴尔岛成为了世界上最大的丁香产地。

今天的香料

今天，丁香的甜草香味让它成为了许多混合香料的主要食材，例如中国的五香粉（Five spice）、印度的玛萨拉粉（Garam masala）、摩洛哥的北非香料粉（Ras-el-hanout）和法国的四香粉（Quatre épices）等。在印度，人们经常咀嚼丁香来保持清新口气，而在西方，人们在苹果派、腌菜和香料酒中加入丁香，或者整片压扁来给洋葱火腿调味。

中国古代的臣子在觐见皇帝前会嚼一会儿丁香。

▷ 小而粗糙

晒干的多香果直径大概只有5厘米，且表面粗糙。

多香果 西方独有

作为唯一一种只生长在西半球的香料，多香果给加勒比地区和中东的许多菜式，以及欧洲的腌菜和派，平添了一种温润、微甜的滋味。

多香果树原生于西印度群岛、墨西哥南部和中美洲，是一种香桃木属的常青植物，而多香果则是它晒干且未成熟的果实。这种植株长着顺滑的绿叶和白色的小花。花朵凋谢之后会结出比胡椒大一点的红棕色果子，每个果子里都有两颗种子。有历史记载玛雅人2000年前就用多香果来给遗体进行防腐处理。他们还用多香果来给巧克力调味。

认错身份

公元15世纪，探险家哥伦布在牙买加发现了多香果。他当时觉得它的种子跟胡椒十分相似，于是把它叫做“Pimienta”，在西班牙语中意为“胡椒”。多香果在16世纪由西班牙人引进欧洲，而“多香果”这个名字则是由17世纪的英国植物学家约翰·雷（John Ray）命名的，因为他觉得这种香料尝起来有肉桂、肉豆蔻和丁香的味道。多香果很快成为各种咸甜菜品中重要的调味品，不论是整颗使用还是磨碎之后入菜。

现在，中东人用多香果给烤肉调味；印度人把多香果加到肉拌饭和咖喱里；而在欧洲，人们把整颗多香果当作腌渍香料，或者磨碎了之后给蛋糕和布丁调味，或者做成防腐剂。它还是牙买加鸡肉条（Jerk chicken）和甜椒味利口酒（Pimento dram）中重要的食材，这种利口酒其实是一种用朗姆酒和多香果做成的牙买加鸡尾酒。在食品工业里，大家用多香果来给香肠、酱料、肉派和斯堪的纳维亚腌青鱼和腌酸菜调味。

原产地
西印度群岛、墨西哥南部、中美洲

主要生产国
墨西哥、牙买加、危地马拉

非食品用途
防腐剂、香水、传统药品

学名
Pimenta dioica

肉桂

芳香树皮

虽然肉桂一度曾是只有富人才买得起的奇特香料，但是现在家家户户的橱柜里都能看到它的身影。它可以用来给菜式调味，咸甜皆可。

原产地
斯里兰卡

主要生产国
斯里兰卡、印度尼西亚、中国

非食品用途
焚香香料、膏油、香水

学名
Cinnamomum verum

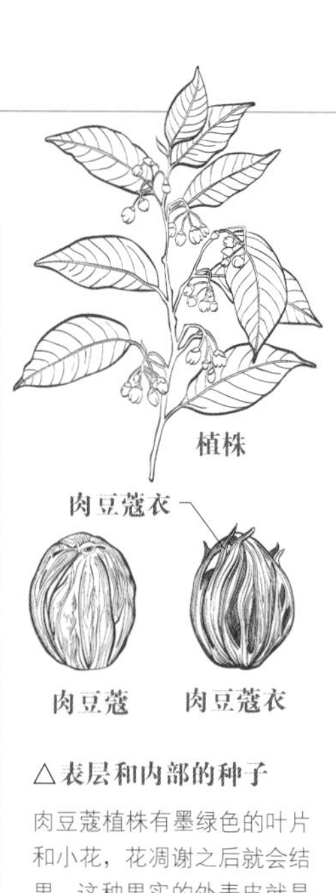

△表层和内部的种子

肉豆蔻植株有墨绿色的叶片和小花，花凋谢之后就会结果。这种果实的外表皮就是肉豆蔻的种衣，而里面的种子就是肉豆蔻了。

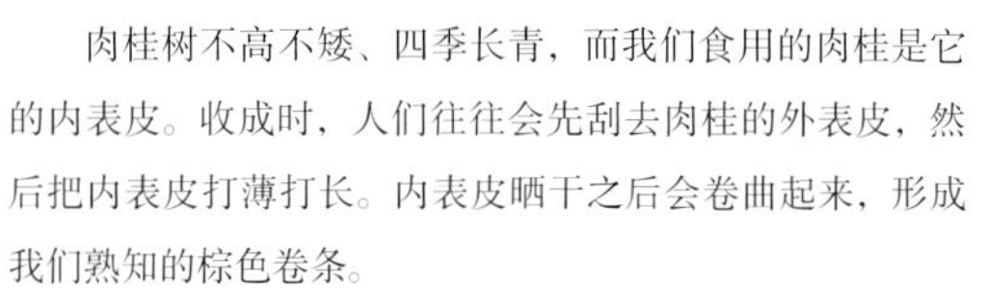

肉桂树不高不矮、四季长青，而我们食用的肉桂是它的内表皮。收成时，人们往往会先刮去肉桂的外表皮，然后把内表皮打薄打长。内表皮晒干之后会卷曲起来，形成我们熟知的棕色卷条。

肉桂有好几个不同的品种，而这几个品种隶属于两个主要的种类。塞朗（斯里兰卡）肉桂，或者真肉桂（Cinnamomum verum），一种淡棕色的肉桂，只会缠绕一圈，味道比较淡雅。东南亚或中国肉桂（C. cassia），又名Cassia，有一种更强烈和苦涩的味道，比斯里兰卡品种更具有木头的质感。

古罗马的贵族举办丧葬仪式时，经常会在葬礼的柴火堆里加入肉桂，以调节气味。

△把树皮带进来

在葡萄牙商人的指引下，马鲁古群岛的工人们从肉桂树上刮下芳香的树皮，准备出口。在公元16世纪，大多数的肉桂都是经由东非运到欧洲的。

早在公元前2000年的古埃及，就有人开始用肉桂作为制作木乃伊过程中的香味剂。《旧约》里也有几次提及肉桂，说它是膏油的主要成分。肉桂同时也为古希腊和古罗马人所熟知，他们用肉桂来储存食物和做调料，但是他们的阿拉伯供货商却对这种香料的来源闭口不谈。对欧洲人来说，肉桂的来源直到公元16世纪早期才不再是一个秘密。

▷肉桂商贩

这幅公元15世纪的插画表明肉桂曾被引进到法国。

1505年，葡萄牙在锡兰发现了野生的肉桂树。此之后，葡萄牙控制了肉桂的买卖，一直到1636年荷兰人占领这座小岛为止。到了18世纪，英国人主导了全球的香料交易，并把主导权交给东印度公司。这样的情况一直持续到1833年。

在西方的饮食中，肉桂主要用在蛋糕、饼干、甜点以及其他的咸口食品上。在印度，肉桂是玛沙拉混合香料粉的主要成分之一。它还用来给像摩洛哥的塔吉锅炖菜（Tagines）和伊朗的炖菜（Khoresh）这类菜式加入些许甜香。

原产地
印度尼西亚

主要生产国
危地马拉、印度尼西亚、印度

非食品用途
香水、药品

学名
Myristica fragrans

肉豆蔻和肉豆蔻衣

双生香料

肉豆蔻在中世纪的欧洲因其食用及药用价值，十分受欢迎。而散发出淡淡香味的肉豆蔻的种子恰好包裹在另一种香料，肉豆蔻衣里面。

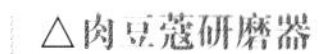

△肉豆蔻研磨器
发明于19世纪的埃德加肉豆蔻研磨器的作用就是简化肉豆蔻的研磨过程。肉豆蔻在研磨过程中会被紧紧地卡在一边，方便使用者挪动研磨器，把肉豆蔻磨成粉末。

罗马的编年史学家老普林尼是第一个描写肉豆蔻的人。他描述到有一种树结出来的果实有两种味道。而肉豆蔻和肉豆蔻衣正是来自于这种常绿树木以及树上那些表面如腊般光滑的钟形淡黄色花朵。结出的果实有着深红色的网状表皮，这层表皮和种子剥离之后会被单独晒干，然后就成为了一种棕橙色的香料——肉豆蔻衣。剩下的种子在晒干之后叫做肉豆蔻。

这种树应该源自印度尼西亚的马鲁古群岛。

肉豆蔻在古罗马十分盛行，人们可能会用它来给酒精饮料调味，尽管它过去一直被认为是很罕见的食材。阿拉伯商人在公元8世纪左右把肉豆蔻和肉豆蔻衣带到了康士坦丁堡（Constantinople，现在的伊斯坦布尔），到了公元12世纪，这两种共生香料由十字军带到了欧洲西部。

▽巴达维亚的商业
香料商贩在巴达维亚（Batavia，现在的印度尼西亚的雅加达）做生意。公元17世纪，荷兰人就是在这里控制肉豆蔻贸易的。

争夺控制权

公元16世纪中期，葡萄牙商人掌控了宝贵的肉豆蔻的买卖权。他们的控制权一直持续到17世纪初期，直到荷兰人成为这种宝贵香料的主要销售商。1770年，法国通过一次考察活动，成功获取了肉豆蔻的种子，他们随后把这些种子播种在他们位于印度洋的殖民地毛里求斯。19世纪早期，英国人在哥伦比亚、马来半岛和其他热带殖民地上建立了自己的肉豆蔻种植园。如今，格林纳达（Grenada）贡献了世界肉豆蔻总产量的40%。肉豆蔻和肉豆蔻衣现在仍旧深受喜爱，因为它们能够给世界各地不同的甜咸菜式增加一种麝香般温润、微甜的独特风味。

生姜 地里的香料

生姜和干姜块，加到菜里能增添一种辛辣和柑橘般的味道，它在咖喱等亚洲菜式里很受欢迎。人们同时还会用它来给蛋糕、饼干和水果等甜品调味。

原产地
未知，应该是印度

主要生产国
印度、中国、尼泊尔

营养来源
维生素B6、维生素C

非食品用途
药用（治疗恶心）

学名
Zingiber officinale

姜的英文名来自一个梵文单词“Srngaveram”，意思是“角”，主要是指它地下根茎的形状，人们就是用这些根茎来制作香料。姜是一种多年生植物，长着短小的芦苇一般的茎和绿色的网状叶片，这些叶片每年都会从根茎上的花苞里长出来。它自古以来就有食用和药用两种用途，其颜色有白色、黄色或者红色。

早期记录

姜的起源很难追溯，它可能源于印度，但是最早关于这种味道浓烈的香料的书面记载出现在中国汉朝（公元前202—220年）的医学文本里。到了公元300年左右，姜在罗马帝国已经很受欢迎了，它在当时是需要交税的商品。人们用其入药，或是加到茶里、酒里和肉里增味，生姜还会泡在蜂蜜里保鲜。罗马帝国衰败后，姜依旧在阿拉伯商人主导的欧洲香料买卖中占有重要的地位。

到了公元13和14世纪，人们会用干的和磨碎的姜来给大部分菜式调味。有些从东方运到欧洲的姜还会被做成蜜饯，以方便储存。16世纪在位的英国女王伊丽莎白就十分喜爱生姜。

现在生姜在许多热带国家，包括澳大利亚、中国、印度和尼泊尔的某些地区、印度尼西亚、牙买加、尼日利亚和泰国等地都有种植。姜味道的浓烈与否取决于一种叫做姜辣素（Gingerols）的化合物，这种化合物含量的多少主要是由产地、生长环境的温度和收成时间决定的。

中国的生姜有一种浓烈的味道，而印度南部和澳大利亚的姜则有一种柠檬味，牙买加的比较淡雅，而非洲的比较辛辣。

▷根和叶
这株植物可食用的部分就是疙瘩一般的根，从这些根上，会长出长长的茎和窄而尖的叶片。

◁储藏生姜
自公元前2世纪起，中国陶工就已经开始为香料做储藏容器了，例如这个生姜容器。它是清朝康熙年间（1662—1722年）的作品。

> “冬吃萝卜夏吃姜，不用医生开药方。”
>
> 中国俗语

作为亚洲饮食的主要香料之一，生姜经常出现在印度和阿拉伯菜式中。腌渍生姜在日本十分流行，用作寿司配菜，或者加到韩国的泡菜（Kimchi，用发酵之后的大白菜制成的配菜）里调味。生姜在西方主要出现在烤制的食物里，例如蛋糕和饼干，但是随着亚洲的饮食在西方愈发流行，人们也开始用生姜来做咸口的菜式了。还有些人会把生姜磨碎，加到茶里。

▷准备生姜
一位女性正在印度喀拉拉的生姜晾晒棚里工作，印度作为世界生姜主要生产国，常常出口晒干后的生姜。

原产地
希腊、小亚细亚

主要生产国
伊朗、西班牙、希腊

非食品用途
染色剂

学名
Crocus sativus

藏红花 世界上最贵的香料

这种香料来自一种藏红花属的植物的花朵。据说在青铜时期，它是由希腊或者其附近地区的人们培育出来的。他们用它来给食品和酒调味，同时还用它做成鲜艳的黄色染料。

▷藏红花采集者

在公元前2000年，这幅著名的米诺斯文明时期的壁画位于圣托里尼（古名Thera，锡拉）的亚克罗提利（Akrotiri），描绘了一名正在采集藏红花的女工。

藏红花的英文名Saffron是从阿拉伯语中的Zafarin一词演变而来的，意思是"黄色"，意指手工采摘的伊朗藏红花花柱的颜色。这些花柱晒干后就会变成红色细丝，一碰到水或是加到食物里，又会变成人们熟知的黄色。

藏红花早在远古时代就已经广泛地生长在地中海南部了。公元前1500年的埃及文本中就记载了生长在卢克索（Luxor）花园的藏红花，同一时期的克里特岛上的克诺索斯王宫遗址的壁画上也描绘了猴子采摘藏红花花朵的画面。

早期栽培

到了公元3世纪，印度北部的克什米尔地区就已经有人开始培育藏红花了，现在那里生产着部分世界上品质最好的藏红花。记录显示摩尔人（the Moors）早在公元960年就开始在西班牙培育藏红花了，但是其他欧洲地区，包括意大利、法国和德国对藏红花的种植，则要等到13世纪才开始。

据说公元14世纪的时候，一位把藏红花藏在拐杖里的清教徒移民把这种植物带进了英格兰。

埃及女王克里奥佩特拉（Cleopatra）据说常用藏红花泡澡。

▷ **辛辣的花丝**

只需要在菜品上加上一点点干藏红花就会有明显的味道和颜色。

两个世纪后，埃塞克斯郡（Essex）把一个城镇改名成“萨弗伦沃尔登”（Saffron Walden）以纪念这一事迹。

花朵的味道

现在，藏红花主要产于伊朗和西班牙，它是世界上最昂贵的香料，因为根据传承下来的古法，它的收割与加工过程完全依靠人手来完成。7万朵花只能生产出2.25千克的花柱，晒干后大概只剩下450克的藏红花花丝。

芳香四溢的藏红花花丝在使用之前一般都会被磨制成粉，然后再进行浸泡，随后便可加到不同的咸味菜式中了，例如中东和亚洲的米饭、西班牙烩饭（Paellas）和法国的普罗旺斯鱼汤（Bouillabaisse）。它们还经常出现在中东和印度的甜品和饮料中。一些传统的北欧面包和蛋糕，例如瑞典的露西亚小圆面包（Lussebulle）或是英国康沃尔郡的庆典面包里都加入了藏红花。

△ **香气淡雅的藏红花花朵**

沾满花粉的花蕊被淡紫色的花瓣包裹着，我们经常食用的香料藏红花就是整朵花中间那几根暗橘色的线状花柱。

姜黄 金色香料

姜黄最著名的作用是给咖喱上色，人们还认为姜黄有一定的治疗效果，因为它含有姜黄素这种活性成分。

姜黄的梵语是Haridra，印地语是Haldi，英文是Tumeric。它是许多亚洲菜式中最有特色的香料。姜黄也被称做“印度藏红花”，因为它们在色调上都呈亮黄色。姜黄是姜属的成员之一。这种香料是用新鲜的植物地下根茎做成的，冬天收割后，便可煮熟或蒸熟，然后晒干磨制成粉。

△ **鲜的和干的**

新鲜的姜黄肉呈淡黄色，但是晒干磨制成粉末后，就会变成橘黄色的天然染色剂。

走出亚洲

姜黄的具体来源仍不能确定，但是人们普遍认为姜黄是由几千年前的印度人培育出来的，一开始可能用作染料使用。公元前330年左右，马其顿国王亚历山大大帝把姜黄带到了小亚细亚和地中海地区。姜黄在公元7世纪左右抵达中国，一个世纪后，北非也有了它的身影，到了1200年，西非也开始出现姜黄。现在，所有的热带地区都有人在种植姜黄。

姜黄有时候被看作是藏红花的便宜替代品，它是咖喱粉和世界各地的咖喱美食中重要的食材。中东和北非的人们经常用它来给酱料、糖浆、大米、肉类和蔬菜调味和调色。关于姜黄富含的化合物姜黄素能否药用的研究会一直持续下去。

原产地

未知，但可能是南亚或东南亚

主要生产国

印度、巴基斯坦、中国

营养源

铁、维生素C

非食品用途

传统药物、染色剂

学名

Curcuma longa

▷ **飘香的田地**

姜黄的植株有长而尖的叶片，这些叶片从根部所在的地底一直延伸到地上。十个月内，这种作物便可成熟收割了。

香草荚 来自墨西哥的芳香豆荚

凭借着独特的味道和芳香，香草荚已经成为了许多甜品，例如冰激凌和蛋挞的基本口味。原生于墨西哥和中美洲的这种香料获得了全世界人们的喜爱。

香草荚应该是1000年前由墨西哥中东部的托托纳克人（Totonac）培育出来的。公元15世纪，北方的阿兹特克文明征服了托托纳克人之后，他们自己也逐渐喜欢上香草荚的味道，常常在可可饮料中加入这种香料。1551年，西班牙人征服了阿兹特克文明后，也渐渐爱上了它的味道。用香草荚调味的热可可很快就在欧洲西部盛行。

腌制、晒干

香草荚是来自香荚兰属的一种攀缘兰花植物，这个属有多达100多个品种。这种兰花长着淡黄绿色的花朵，成熟后会长出绿色的长豆荚。

◁授粉王子

埃德蒙·阿尔比乌斯在12岁时因为发现了给香草手工授粉的方法而名声大噪，这一授粉方法大大刺激了香草的商业生产。

在商业生产中，收获后的豆荚都会经过很长时间的腌制和晒干。在17世纪早期，英格兰女王伊丽莎白一世的药剂师，修·摩根（Hugh Morgan）建议用香草荚来给甜食（布丁）调味。接下来的一个世纪，法国人开始使用香草荚来给冰激凌调味，这种口味是由18世纪80年代担任美国驻法大使的托马斯·杰斐逊发现的，他特别喜欢这种口味，便亲手把食谱记下来，这一食谱现在还保存在美国的国会图书馆中。

那位留尼汪的12岁奴隶埃德蒙·阿尔比乌斯完全改革了香草的生产。留尼汪这座小岛位于印度洋，它当时的名字叫“波旁岛”（Bourbon Island），因此也有人把香草荚称作波旁香草荚。在19世纪中期，他学会了如何给香草荚的花朵进行人工授粉——利用一根树枝和大拇指的弹动便可。法国殖民者很快便采用了这一方法，然后香草荚种植园也开始在全球各地出现。现在，全世界75%的香草荚都产自马达加斯加和留尼汪。

> “过去的几个世纪里，我们的味蕾得到了延伸，这都要归功于……香草。”
>
> 法国美食家让·布里亚-萨瓦兰（1725—1826年）

△冰激凌小贩

一位20世纪早期的德国街头小贩正在热卖人们最喜欢的冰激凌口味——香草和覆盆子。

人工合成产品不如天然香草荚

现在大部分的香草荚都会被用来制作香草精。品质高的香草精十分昂贵，里面至少含有35%的酒精，而且糖含量较低。人工合成的香草精可以直接由化学产品制成，但是味道不及天然的香草荚。

△又黑又干

用来给食物调味的香草荚来自植株的豆荚和里面的种子。他们新鲜的时候是绿色的，但是晒干后就会变黑。

▷芳香兰花

香草荚是兰花科的一员，它们长着尖叶和黄绿色的花朵。这幅插图来自一本1887年出版的德国植物学的专著。

原产地
墨西哥和中美洲

主要生产国
墨西哥、马达加斯加

非食品用途
香水、熏香、空气清新剂

学名
Vanilla planifolia

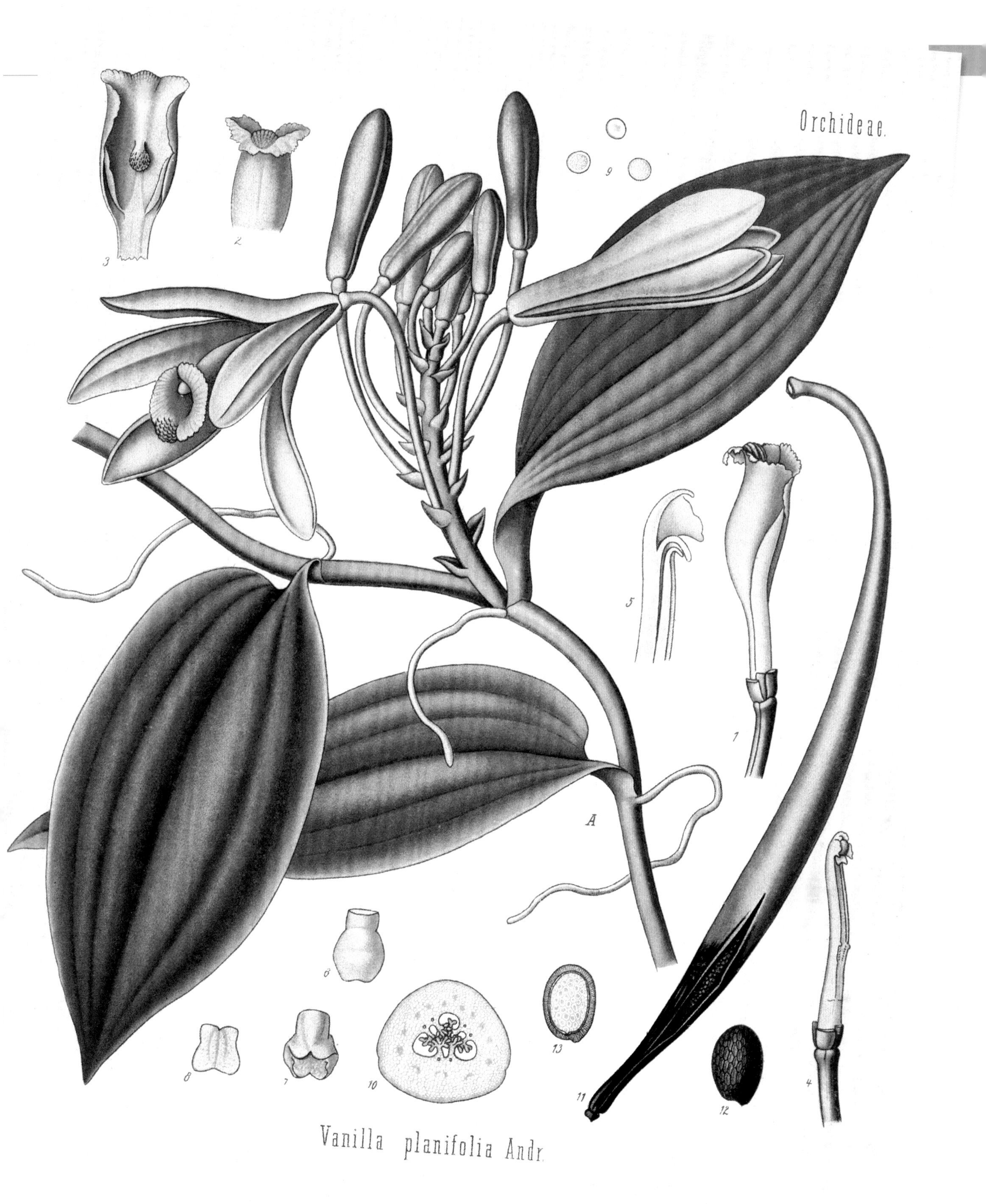
Orchideae.
9
3
2
5
1
A
4
6
13
8
7
10
11
12
Vanilla planifolia Andr.

索引

致谢

Dorling Kindersley would like to thank Elizabeth Wise for the index; Jamie Ambrose, Peter Frances, and Miezan van Zyl for additional editing; Polly Boyd for proofreading; Steve Woosnam-Savage and Francis Wong for additional design work; Duncan Turner for design research and development; Sarah Smithies for additional picture research; Steve Crozier for hi-res retouching.

DK India would like to thank Hansa Babra, Nidhi Rastogi, and Anjali Sachar for design assistance; Nand Kishore Acharya, Neeraj Bhatia, Mohd Rizwan, Rajesh Singh, Vikram Singh, and Anita Yadav for DTP assistance.

Hugh Schermuly and Cathy Meeus would like to thank the following for editing the text: John Andrews, Connie Novis, Gill Pitts and Rachel Warren Chad.

The publisher would like to thank the following for their kind permission to reproduce their photographs:
(Key: a-above; b-below/bottom; c-centre; f-far; l-left; r-right; t-top)

1 AF Fotografie. **2 Alamy Stock Photo:** Frank Carter / Age Fotostock. **4 123RF.com:** Andreyoleynik (ca, cra, cla, fcra). **Alamy Stock Photo:** Juliane Berger / Ingram Publishing (fcla). **5 123RF.com:** Andreyoleynik (fcla); Zenina (cra); Sergey Pykhonin (ca); Marina99 (fcra); Macrovector (cla, ca/Honeycomb). **6-7 Getty Images:** Fine Art Photographic / Corbis Historical. **8 Getty Images:** Gavin Hellier / Photographer's Choice. **9 Getty Images:** Pierre Briolle / Gamma-Rapho (clb). **10 Getty Images:** PHAS / Universal Images Group (bl). **10-11 Getty Images:** Print Collector / Hulton Archive. **12 Getty Images:** VCG / Visual China Group. **13 Getty Images:** Thomas Barwick / Stone (br); Culture Club / Hulton Archive (tc). **14-15 Alamy Stock Photo:** Juliane Berger / Ingram Publishing. **16 Alamy Stock Photo:** David Hiser / National Geographic Creative (bl). **Getty Images:** Shem Compion / Gallo Images (br); Universal Images Group / Hulton Fine Art Collection (bc). **17 Alamy Stock Photo:** Photo Researchers / Science History Images (bl). **Getty Images:** Ullstein Bild (bc); Boyer / Roger Viollet (br). **18 Rex Shutterstock:** British Library / Robana. **19 Alamy Stock Photo:** John Crowe (br). **Dreamstime.com:** Anatoly Zavodskov (tr). **Getty Images:** Florilegius / SSPL (ca). **20 Getty Images:** Leemage / Universal Images Group. **21 Dover Publications, Inc. New York:** (tr). **Getty Images:** Universal Images Group / Hulton Fine Art / Hulton Fine Art Collection (br); Heritage Images / Hulton Archive (bl); Owen Franken / Corbis Documentary (tl). **22-23 Getty Images:** Dmitri Kessel / The LIFE Picture Collection. **22 Depositphotos Inc:** Nafanya1710 (ca). **Harryandrowenaphotos:** (bl). **23 Getty Images:** Stock Montage / Archive Photos (br). **24 Alamy Stock Photo:** Thestudio (tr). **Getty Images:** Hulton Deutsch / Corbis Historical (c). **25 Getty Images:** Buyenlarge / Archive Photos (tr); Museum of Science and Industry, Chicago / Archive Photos (crb). **26 Bridgeman Images:** Museo Nacional de Arqueologia y Etnologia, Guatemala City / Jean-Pierre Courau (ca). **Getty Images:** DEA / G. Dagli Orti (bc). **26-27 Alamy Stock Photo:** Photo Researchers / Science History Images. **28 Getty Images:** Hulton Archive. **29 Getty Images:** Culture Club / Hulton Archive (tl); Zangl / Ullstein Bild (tr); The Print Collector / Hulton Archive (br). **30-31 Getty Images:** Popperfoto. **32 Getty Images:** Parameswaran Pillai Karunakaran / Corbis Documentary (t). **Rex Shutterstock:** Indian Photo Agency (br). **33 123RF.com:** Nikola Volrábová (ca). **Alamy Stock Photo:** Lebrecht Music and Arts Photo Library (bl). **Getty Images:** BSIP / Universal Images Group (tr). **34 iStockphoto.com:** Gameover2012 (crb); Elena Rui (t). **35 Getty Images:** DEA Picture Library / De Agostini. **36 Alamy Stock Photo:** Tim Gainey (l). **Getty Images:** Hulton Deutsch / Corbis Historical (br). **37 Getty Images:** Sergio Bellotto / DigitalVision Vectors (cra). **38 Getty Images:** Ullstein bild Dtl. (clb). **Mary Evans Picture Library:** (ca). **39 akg-images:** Pictures From History. **40 Alamy Stock Photo:** Dan Leffel / Age Fotostock. **41 Bridgeman Images:** Purix Verlag Volker Christen (br). **42-43 123RF.com:** Andreyoleynik. **44 Alamy Stock Photo:** Interfoto (bl). **Getty Images:** DEA / G. Dagli Orti / De Agostini (cb); Bettmann (br). **45 123RF.com:** Actionsports (cb). **Getty Images:** Richard du Toit / Gallo Images (bl). **iStockphoto.com:** Aluxum (br). **46 Bridgeman Images:** Bibliotheque des Arts Decoratifs, Paris, France / Archives Charmet (ca). **46-47 Getty Images:** Martin Barraud / OJO Images. **47 Getty Images:** API / Gamma-Rapho (bl). **48 Getty Images:** Keystone-France / Gamma-Rapho. **49 Alamy Stock Photo:** Vintage Images (tl). **Bridgeman Images:** American School, (19th century) / Private Collection / Peter Newark American Pictures (crb). **Getty Images:** Foodcollection (bc). **50 Getty Images:** ZU_09 / DigitalVision Vectors (tr); Pete Mcbride / National Geographic (cra). **Mary Evans Picture Library:** Grosvenor Prints (bc). **51 Mary Evans Picture Library:** Grenville Collins Postcard Collection. **52 Getty Images:** Universal Images Group / Hulton Fine Art / Hulton Fine Art Collection. **53 Getty Images:** China Photos (bl); Florilegius / SSPL (tr). **54 Dreamstime.com:** Nicku (cra). **Getty Images:** Alinari Archives / Alinari (clb). **55 Dreamstime.com:** Mark Hammon. **56-57 Getty Images:** Keren Su / China Span. **56 Alamy Stock Photo:** Jennifer Booher (tr). **57 Alamy Stock Photo:** World History Archive (cla). **58-59 Getty Images:** Mint Images - Art Wolfe / Mint Images RF. **60 Alamy Stock Photo:** World History Archive (bl). **Depositphotos Inc:** AndreaA. (tr). **Getty Images:** Michael Maslan / Corbis Historical (ca). **61 Aléxandros Bairamidis**. **62 Depositphotos Inc:** Anjela30 (tr). **National Geographic Creative:** Jules Gervais Courtellemont (bl). **63 akg-images**. **64 Dorling Kindersley:** University of Pennsylvania Museum of Archaeology and Anthropology (br). **64-65 CIP International Potato Center**. **65 Alamy Stock Photo:** Chronicle (clb). **Bridgeman Images:** Bibliotheque des Arts Decoratifs, Paris, France / Archives Charmet (br). **66 Getty Images:** Jim Heimann Collection / Archive Photos (cr); Universal History Archive / Universal Images Group (tl). **67 Bridgeman Images:** Bastien-Lepage, Jules (1848-84) / National Gallery of Victoria, Melbourne, Australia / Felton Bequest (b). **Dreamstime.com:** Sarah2 (tc). **68-69 Alamy Stock Photo:** Charles Phelps Cushing / ClassicStock. **70 Getty Images:** DEA / G. Dagli Orti / De Agostini. **71 Getty Images:** © Vincent Boisvert, all right reserved / Moment (tc); DEA / G. Dagli Orti / De Agostini Picture Library (cr); Thepalmer / Digitalvision Vectors (bc). **72 Bridgeman Images:** Biblioteca Medicea-Laurenziana, Florence, Italy (bl). **72-73 Getty Images:** Lew Robertson / Stone. **74 Alamy Stock Photo:** Artokoloro Quint Lox Limited. **75 Getty Images:** Duncan1890 / Digitalvision Vectors (crb); De Agostini / Biblioteca Ambrosiana / De Agostini Picture Library (tr); Universal Images Group / Hulton Fine Art (bl). **76 akg-images:** (clb). **Getty Images:** Fred Tanneau / AFP (tr). **77 Getty Images:** Swim Ink 2 Llc / Corbis Historical (ca). **Zeki Yavuzak:** (b). **78 Bridgeman Images:** Basilius Besler's 'Florilegium,' published at Nuremberg in 1613. / Photo © Granger. **79 Alamy Stock Photo:** Karl Newedel / Bon Appetit (tr). **Bridgeman Images:** © Look and Learn / Rosenberg Collection (c). **80-81 Getty Images:** Luis Marden / National Geographic. **80 Alamy Stock Photo:** Ed Darack / RGB Ventures / SuperStock (bl). **Getty Images:** GraphicaArtis / Archive Photos (tc). **82 iStockphoto.com:** Pixhook (tl). **82-83 Getty Images:** Print Collector / Hulton Archive. **83 Alamy Stock Photo:** Patrick Guenette (bc). **Getty Images:** Ullstein Bild Dtl. / Ullstein Bil (tl); Transcendental Graphics / Archive Photos (cra). **84-85 Alamy Stock Photo:** H. Armstrong Roberts / ClassicStock. **86 123RF.com:** Robyn Mackenzie (cra). **86-87 Depositphotos Inc:** Vadim Vasenin. **87 123RF.com:** Luisa Vallon Fumi (tc). **Bridgeman Images:** Collection of the New-York Historical Society, USA (tr). **88 Bridgeman Images**. **89 akg-images:** Erich Lessing (cra). **Getty Images:** Ilbusca / Digitalvision Vectors (bc). **90 Getty Images:** De Agostini / Biblioteca Ambrosiana / De Agostini Picture Library (tl). **90-91 Getty Images:** Larigan - Patricia Hamilton / Moment Open. **91 Getty Images:** Rykoff Collection / Corbis Historical (cr); Bildagentur-Online / Universal Images Group (tc). **92-93 123RF.com:** Andreyoleynik. **94 Getty Images:** Universal History Archive / Universal Images Group (bl, br). **National Geographic Creative:** H. M. Herget (cb). **95 Getty Images:** Giorgio Conrad / Alinari Archives (crb); Stock Montage / Archive Photos (clb); Universal Images Group (bc). **96 123RF.com:** Patrick Guenette (cra). **akg-images:** Glasshouse Images (bl); Gilles Mermet (tr). **97 Getty Images:** Bettmann. **98 Getty Images:** Richard du Toit / Corbis Documentary. **99 Alamy Stock Photo:** Artokoloro / Artokoloro Quint Lox Limited (tc). **Getty Images:** Glasshouse Images / Corbis (crb). **Mary Evans Picture Library:** Maurice Collins Images Collection (bc). **100-101 akg-images:** Roland and Sabrina Michaud. **100 123RF.com:** Alex74 (crb). **Alamy Stock Photo:** Shawshots (clb). **101 Depositphotos Inc:** Valentyn Volkov (c). **Getty Images:** Jennifer Kennard / Corbis Historical (cb). **102 Getty Images:** Bettmann (ca); Clu / Digitalvision Vectors (bl). **102-103 Alamy Stock Photo:** Chronicle (t). **500px:** Marja Schwartz / www.marjaschwartz.com (b). **104-105 Getty Images:** Hulton-Deutsch Collection / Corbis Historical. **106 500px:** Basel Almisshal. **107 Alamy Stock Photo:** Historical Images Archive (cr); Kiyoshi Togashi (tr). **108 Spring 1904 / W.N. Scarff (Firm); Scarff, W. N; Henry G. Gilbert Nursery and Seed Trade Catalog Collection / New Carlisle, Ohio : W.N. Scarff**. **109 Getty Images:** Minnesota Historical Society / Corbis Historica (br). **naturepl.com:** MYN / David Hunter (cra). **110-111 Getty Images:** Broadcastertr / Moment Open. **110 Getty Images:** Found Image Holdings / Corbis Historical (tr). **111 Dover Publications, Inc. New York:** (crb). **Getty Images:** Planet News Archive / SSPL (tr). **112 Getty Images:** Creativ Studio Heinemann. **113 Getty Images:** Gamma-Rapho / API (bl); Boyer / Roger Viollet (cra). **114 Alamy Stock Photo:** Michael Seleznev (cr). **iStockphoto.com:** Ermingut (tr). **114-115 Getty Images:** James G. Welgos / Archive Photos. **116-117 Getty Images:** The Print Collector / Hulton Archive. **118-119 Alamy Stock Photo:** Lloyd Sutton. **119 Alamy Stock Photo:** Jim Engelbrecht / DanitaDelimont.com (tr); Granger Historical Picture Archive (ca). **120 Getty Images:** Nastasic / DigitalVision Vectors (ca); Paul Popper / Popperfoto (bl). **120-121 Dreamstime.com:** Rutchapong Moolvai. **121 Getty Images:** Evans / Three Lions / Hulton Archive (br). **122 Sandro Vannini / Laboratoriorosso**. **123 Getty Images:** De Agostini / Archivio J. Lange / De Agostini Picture Library (ca). **Mary Evans Picture Library:** Grenville Collins Postcard Collection (br). **124 Getty Images:** Anadolu Agency (bc); John Greim / LightRocket (tr). **125 akg-images:** Francis Dzikowski. **126 akg-images:** (cl). **The New York Public Library:** Abbott, Berenice / Federal Art Project (New York, N.Y.) (bc). **126-127 The Regents of The University of California / Online Archive of California:** Riverside Public Library (t). **128 Getty Images:** Universal History Archive / UIG (bc). **128-129 akg-images:** Arkivi. **129 Getty Images:** Heritage Images / Hulton Archive (tl). **130-131 Getty Images:** John W Banagan / Photographer's Choice. **132-133 Getty Images:** DEA / G. Dagli Orti / De Agostini Editorial (c). **132 123RF.com:** Yauheniya Litvinovich (cra). **Bridgeman Images:** Private Collection / Photo © Christie's Images (bl). **133 500px:** Art911 (cra). **134-135 Getty Images:** Universal History Archive / UIG. **134 Getty Images:** Transcendental Graphics / Archive Photos (br). **135 Dover Publications, Inc. New York:** (cl). **Dreamstime.com:** Felinda (bc). **Getty Images:** Amana Images Inc (cr). **136 Getty Images:** Print Collector / Hulton Archive (cl). **137 Alamy Stock Photo:** Muhammad Mostafigur Rahman (cra). **Getty Images:** Stockbyte (l). **iStockphoto.com:** Blackred (clb). **138-139 123RF.com:** Andreyoleynik. **140 Alamy Stock Photo:** North Wind Picture Archives (clb). **Bridgeman Images:** Egyptian 6th Dynasty (c.2350-2200 BC) / Saqqara, Egypt (bc). **Getty Images:** DEA / Archivio J. Lange / De Agostini (br). **141 Getty Images:** Martin Harvey / Photolibrary (clb); The Print Collector / Hulton Archive (bc); Universal Images Group (crb). **142 Getty Images:** Heritage Images / Hulton Archive (clb). **142-143 Getty Images:** Universal History Archive / Universal Images Group. **143 Getty Images:** Historical / Corbis Historica (tr). **144-145 Getty Images:** Bettmann. **146 akg-images:** Erich Lessing (c). **Getty Images:** Alinari Archives / Alinari (bl); Universal History Archive / Universal Images Group (tr). **147 Getty Images:** Hulton Deutsch / Corbis Historical. **148 Getty Images:** Print Collector / Hulton Fine Art Collection (bl); Ilbusca / E+ (ca). **148-149 Alamy Stock Photo:** MCLA Collection (t). **150 Getty Images:** Bloomberg (bl); Nastasic / DigitalVision Vectors (cra). **151 Getty Images:** Barbara Singer / Hulton Archive. **152 Getty Images:** Creativ Studio Heinemann (bl); Universal History Archive / Universal Images Group (tr). **153 Getty Images:** Mondadori Portfolio / Hulton Fine Art Collection. **154 Alamy Stock Photo:** Emilio Ereza (bl). **Getty Images:** DEA / L. Pedicini / De Agostini Editorial (ca). **154-155 Getty Images:** Florilegius / SSPL. **155 Getty Images:** Stefano Bianchetti / Corbis Historical (br). **156 Getty Images:** Transcendental Graphics / Archive Photos (clb). **156-157 Bridgeman Images:** Jean Leon Gerome (1863-1930) / Private Collection. **157 Getty Images:** DEA / Bardazzi / De Agostini Picture Library (cra); Topical Press Agency / Hulton Archive (bl). **158 Alamy Stock Photo:** Novo Images / Glasshouse Images (cr). **Dover Publications, Inc. New York:** (ca). **Wikipedia:** Science and Mechanics magazine in October 1911 (bl). **159 Getty Images:** DEA / G. Dagli Orti / De Agostini Picture Library. **160-161 Getty Images:** Fine Art / Corbis Historical. **162 Getty Images:** Evans / Three Lions, MPI / Archive Photos (tr). **Rex Shutterstock:** Granger (b). **163 Dover Publications, Inc. New York:** (bc). **Getty Images:** Flemish School (cr). **164 Alamy Stock Photo:** Emilio Ereza (cr). **164-165 Getty Images:** De Agostini Picture Library / De Agostini. **165 Getty Images:** De Agostini / Biblioteca Ambrosiana / De Agostini Picture Library (tr). **166-167 123RF.com:** Andreyoleynik. **168 Getty Images:** Sissie Brimberg / National Geographic (clb); 3LH-Fine Art / SuperStock (br). **169 Getty Images:** Peter Essick / Aurora (bc); Popperfoto (clb); Arctic-Images / Photolibrary (br). **170 Getty Images:** Popperfoto. **171 Dreamstime.com:** Irina Iarovaia (tc). **Getty Images:** MPI / Archive Photos (crb); Werner Forman / Universal Images Group (bc). **172 Getty Images:** Found Image Holdings Inc / Corbis Historical (bc); Fox Photos / Hulton Archive (tl). **172-173 Getty Images:** Beth Wald / National Geographic. **173 Getty Images:** Historical / Corbis Historical (br). **174 123RF.com:** Patrick Guenette (cra). **Getty Images:** Universal History Archive / Universal Images Group (bl). **175 Dorling Kindersley:** Durham University Oriental Museum (t). **Getty Images:** Museum of East Asian Art / Heritage Images / Hulton Archive (br). **176 Getty Images:** Encyclopaedia Britannica / Universal Images Group (ca); Universal History Archive / Universal Images Group (bl). **176-177 Getty Images:** Nigel Pavitt / AWL Images. **178 akg-images:** Jh-Lightbox_Ltd. / John Hios (cr). **Getty Images:** Historical Picture Archive / Corbis Historical (ca); Kip Ross / National Geographic (b). **179 Getty Images:** De Agostini Picture Library / De Agostini (clb). **Los Angeles County Museum Of Art:** Gift of Carl Holmes (M.71.100.154) (tr). **180 Getty Images:** Rykoff Collection / Corbis Historical (bl). **iStockphoto.com:** AdShooter (cra). **181 Bridgeman Images:** Private Collection / © Look and Learn. **182-183 Alamy Stock Photo:** Carl Simon / United Archives GmbH. **183 Alamy Stock Photo:** Stefan Auth / Imagebroker (bc); Ivan Vdovin (tc). **184 Getty Images:** Buyenlarge / Archive Photos (crb); James P. Blair / National Geographic (bl). **185 Getty Images:** Universal History Archive / Universal Images Group (bl). **iStockphoto.com:** PicturePartners (tr). **186 Alamy Stock Photo:** Granger, NYC. / Granger Historical Picture Archive (bl); Helen Sessions (ca). **186-187 Alamy Stock Photo:** The Keasbury-Gordon Photograph Archive / KGPA Ltd. **188-189 Bridgeman Images:** Bry, Th. (1528-98), after Le Moyne, J.(de Morgues) (1533-88) / Service Historique de la Marine, Vincennes, France. **190 123RF.com:** Anthony Baggett (cra). **Getty Images:** Universal History Archive / Universal Images Group (bl). **190-191 Getty Images:** Florilegius / SSPL. **192 Getty Images:** Hulton Deutsch / Corbis Historical. **193 Getty Images:** Bettmann (br); Moodboard / Cultura (tr); De Agostini / Biblioteca Ambrosiana / De Agostini Picture Library (bc). **194-195 Getty Images:** Epics / Hulton Archive (c); Science & Society Picture Library / SSPL (t). **194 akg-images:** Universal Images Group / Universal History Archive (cb). **195 akg-images:** Florilegius (br). **Getty Images:** Ilbusca / Digitalvision Vectors (ca). **196-197 Getty Images:** Penny Tweedie / Corbis Historical.

196 Getty Images: IGFA / Getty Images Sport (bl); Universal History Archive / Universal Images Group (cra). **198 Getty Images:** Juan Carlos Muñoz / Age Fotostock (bl); Raphael Gaillarde / Gamma-Rapho (ca). **198-199 Getty Images:** Mauricio Handler / National Geographic. **200 Bridgeman Images:** Private Collection / © Look and Learn (bl); Mieris, Willem van (1662-1747) / Private Collection / Johnny Van Haeften Ltd., London (tr). **201 Bridgeman Images:** Hiroshige, Ando or Utagawa (1797-1858) / Blackburn Museum and Art Gallery, Lancashire, UK. **202 Getty Images:** Universal History Archive / Universal Images Group (bl). **iStockphoto.com:** Siscosoler (tr). **203 Bridgeman Images:** Hiroshige, Ando or Utagawa (1797-1858) / Minneapolis Institute of Arts, MN, USA / Bequest of Louis W. Hill, Jr. (t). **Getty Images:** B. Anthony Stewart / National Geographic (br). **204 Getty Images:** Christophe Boisvieux / Corbis Documentary (tr). **204-205 Getty Images:** DEA / M. Seemuller / De Agostini. **205 Getty Images:** Bettmann (tr). **206-207 Getty Images:** Photo Josse / Leemage / Corbis Historical. **208 Getty Images:** Fine Art / Corbis Historical (cra). **TopFoto.co.uk:** Ullsteinbild (clb). **209 Image from the Biodiversity Heritage Library:** Kunstformen der Natur / Leipzig und Wien,Verlag des Bibliographischen Instituts,1904 / Haeckel, Ernst, 1834-1919. **210 iStockphoto.com:** Duncan1890 (clb). **210-211 Getty Images:** PHAS / Universal Images Group. **211 Getty Images:** Bettmann (bl). **212-213 naturepl.com:** MYN / Piotr Naskrecki. **212 Alamy Stock Photo:** Artokoloro Quint Lox Limited (bc). **213 Getty Images:** Duncan1890 / DigitalVision Vectors (br). **214 Alamy Stock Photo:** Patrick Guenette (tr). **214-215 Getty Images:** Print Collector / Hulton Archive. **215 Dreamstime.com:** Eyewave (ca). **Getty Images:** Keystone-France / Gamma-Keystone (br). **216-217 123RF.com:** Andreyoleynik. **218 Alamy Stock Photo:** Zev Radovan / BibleLandPictures / www.BibleLandPictures.com (clb). **Getty Images:** De Agostini Picture Library / De Agostini (crb); DEA / G. Dagli Orti / De Agostini (bc). **219 Alamy Stock Photo:** Mireille Vautier (bc). **Getty Images:** Popperfoto (clb); UniversalImagesGroup / Universal Images Group (crb). **220 500px:** Sasin Tipchai. **221 Getty Images:** Danita Delimont / Gallo Images (cra). **iStockphoto.com:** Professor25 (tr). **222-223 Bridgeman Images:** Chinese School, (18th century) / Private Collection / Archives Charmet. **222 Alamy Stock Photo:** Alan King engraving (tl). **223 Getty Images:** Jialiang Gao / Moment (tc). **224 Alamy Stock Photo:** Chronicle (br); Quagga Media (tr). **Getty Images:** DEA / G. Nimatallah / De Agostini (c). **225 Alamy Stock Photo:** Granger Historical Picture Archive. **226 Bridgeman Images:** Schlesinger Library, Radcliffe Institute, Harvard University (bl). **226-227 akg-images:** Ullstein Bild. **227 iStockphoto.com:** AntiMartina (tc). **228 Dreamstime.com:** Igor Sokolov / Breeze09 (cb). **228-229 Bridgeman Images:** Underwood Archives / UIG. **229 Bridgeman Images:** Castello del Buonconsilio, Torre dell'Aquila, Italy (tc). **Dover Publications, Inc. New York:** (c). **230 Getty Images:** Hulton-Deutsch Collection / Corbis Historical (bl); Lew Robertson / Photodisc (ca). **230-231 Getty Images:** Haeckel Collection / Ullstein Bild / Premium Archive. **231 iStockphoto.com:** Pidjoe (br). **232-233 Alamy Stock Photo:** Gonzalo Azumendi / Age Fotostock. **234 Alamy Stock Photo:** Jean Cazals / Bon Appetit (tl). **234-235 National Geographic Creative:** Paul De Gaston. **235 Alamy Stock Photo:** ART Collection (tc). **236 Benmokhtar Mohamed**. **237 Bridgeman Images:** Radiguet, Maximilien (1816-99) / Bibliotheque des Arts Decoratifs, Paris, France / Archives Charmet (br); Algerian School, (20th century) / Musee des Arts d'Afrique et d'Oceanie, Paris, France / Photo © Heini Schneebeli (tr). **238 Alamy Stock Photo:** Wildlife GmbH (br). **Getty Images:** Yann Arthus-Bertrand (tl). **239 Alamy Stock Photo:** Patrick Guenette (tr); World History Archive (br). **240 Getty Images:** Bartosz Hadyniak / Photodisc. **241 Bridgeman Images:** Museum of Fine Arts, Boston, Massachusetts, USA / Harvard University —Boston Museum of Fine Arts Expedition (tc). **Rex Shutterstock:** Granger (br). **242 Getty Images:** De Agostini Picture Library (cl); Nastasic / DigitalVision Vectors (tr). **242-243 Rex Shutterstock:** Granger. **243 Getty Images:** Photo12 / Universal Images Group (tc). **244-245 iStockphoto.com:** Busypix. **244 Alamy Stock Photo:** Alberto Masnovo (cb). **245 Getty Images:** GraphicaArtis / Archive Photos (cl); Bettmann (br). **246-247 The Sikh Foundation:** The Camp of Bhai Vir Singh / Kapany Collection. **248 Alamy Stock Photo:** Dr. Wilfried Bahnmüller / Imagebroker (cr). **249 Getty Images:** Christopher Pillitz / Stone. **250 Getty Images:** Daily Herald Archive / SSPL. **251 Alamy Stock Photo:** Gameover (ca). **Image from the Biodiversity Heritage Library:** Description des plantes potagères / Vilmorin-Andrieux et cie. 1856 (crb). **252 Getty Images:** Angelika Antl. **253 Getty Images:** Sue Kennedy / Corbis Documentary (b). **iStockphoto.com:** Kudou (cra). **254 akg-images:** (bl). **Getty Images:** DEA / G. Cigolini / De Agostini (ca). **254-255 Getty Images:** Bloomberg. **255 Getty Images:** Glasshouse Images / Corbis (bc). **256-257 Bridgeman Images:** Galleria Palatina & Appartamenti Reali di Palazzo Pitti, Florence, Tuscany, Italy. **256 The Metropolitan Museum of Art, New York:** Gift of Mr. and Mrs. Nathan Cummings, 1964 (bl). **258 Getty Images:** Alinari Archives / Alinari (bl); Nastasic / DigitalVision Vectors (tr). **259 Getty Images:** Ullstein Bild Dtl. / Ullstein Bild. **260-261 123RF.com:** Macrovector. **262 Alamy Stock Photo:** North Wind Picture Archives (bc). **Getty Images:** Print Collector / Hulton Archive (clb); Mondadori Portfolio (br). **263 Getty Images:** Paul Cowell / Moment (br); Universal History Archive / Universal Images Group (bl); Jeff Goode / Toronto Star (cb). **264 Alamy Stock Photo:** David Keith Jones / Images of Africa Photobank (ca). **264-265 Getty Images:** Universal History Archive / Universal Images Group. **265 Getty Images:** Culture Club / Hulton Archive (tl); Nastasic / DigitalVision Vectors (tr). **266 The Metropolitan Museum of Art, New York:** Gift of The American Society for the Exploration of Sardis, 1914 (tr). **266-267 Getty Images:** Gavin Quirke / Lonely Planet Images. **267 Alamy Stock Photo:** Giuseppe Anello (crb). **Getty Images:** Swim Ink 2 Llc / Corbis Historical (tr). **268 123RF.com:** Patrick Guenette (bl). **Getty Images:** De Agostini Picture Library (ca). **268-269 Alamy Stock Photo:** ART Collection. **269 Getty Images:** Transcendental Graphics / Archive Photos (tr). **270-271 Getty Images:** Remie Lohse / Condé Nast Collection. **272 Alamy Stock Photo:** Kpzfoto (bc). **Getty Images:** Print Collector / Hulton Archive (tr). **272-273 Getty Images:** DEA / G. Dagli Orti / De Agostini. **273 Getty Images:** Nicoolay / E+ (tr). **274 Bridgeman Images:** La Societe / LeMonnier, Henry (1893-1978) / Private Collection. **275 Alamy Stock Photo:** M&N (bc). **iStockphoto.com:** Floortje (tr). **276 Alamy Stock Photo:** Martin Baumgärtner / Mauritius Images Gmbh (cra). **Getty Images:** Print Collector / Hulton Archive (crb). **277 Getty Images:** De Agostini Picture Library (tr). **The Metropolitan Museum of Art, New York:** Harris Brisbane Dick Fund, 1953 (bc). **278-279 123RF.com:** Macrovector. **279 123RF.com:** Sergey Pykhonin (Honey dipper). **280 akg-images:** Album / Oronoz (clb). **Getty Images:** DEA / M. Seemuller / De Agostini (bc); Christophel Fine Art / Universal Images Group (crb). **281 Getty Images:** Print Collector / Hulton Archive (bc); DEA Picture Library / De Agostini (clb); Dinodia Photos / Hulton Archive (crb). **282 Alamy Stock Photo:** Art Collection 3 (br); Hristo Chernev (ca). **282-283 Claire Ingram**. **284-285 Getty Images:** Universal History Archive / Universal Images Group. **284 Getty Images:** Marilyn Angel Wynn / Nativestock (crb). **285 Alamy Stock Photo:** The Granger Collection (br). **286 Bridgeman Images:** Straet, Jan van der (Giovanni Stradano) (1523-1605) (after) / Private Collection / The Stapleton Collection (bl). **Getty Images:** Universal History Archive / Universal Images Group (cl, tr). **287 Bridgeman Images:** Engelbrecht, Martin (1684-1756) / Bibliotheque des Arts Decoratifs, Paris, France / Archives Charmet. **288 Alamy Stock Photo:** Lucie Lang (tl). **288-289 Bridgeman Images:** Newbould, Frank (1887-1951) / Manchester Art Gallery, UK. **289 Getty Images:** Transcendental Graphics / Archive Photos (crb); Universal History Archive / Universal Images Group (tr). **290-291 123RF.com:** Zenina. **292 Getty Images:** DEA / G. Dagli Orti / De Agostini (bc); Albert Moldvay / National Geographic (clb); Richard T. Nowitz / Corbis Documentary (crb). **293 Alamy Stock Photo:** Jose Peral / Age Fotostock (bc). **Getty Images:** Keystone-France / Gamma-Keystone (clb); Heritage Images / Hulton Fine Art Collection (crb). **294-295 Bridgeman Images:** Straet, Jan van der (Giovanni Stradano) (1523-1605) (after) / Private Collection / The Stapleton Collection. **294 Getty Images:** PHAS / Universal Images Group (crb). **295 Getty Images:** De Agostini / Archivio J. Lange / De Agostini Picture Library (crb). **Rex Shutterstock:** Granger (tc). **296 Alamy Stock Photo:** Chronicle (tl). **Getty Images:** Owen Franken / Photographer's Choice (br). **297 Bridgeman Images:** Huile d'olive de Nice / Photo © CCI. **298 Alamy Stock Photo:** All Canada Photos (cra). **298-299 Alamy Stock Photo:** Anca Emanuela Teaca. **299 Alamy Stock Photo:** Gameover (crb). **Getty Images:** Bettmann (tc). **300-301 Getty Images:** SSPL / Hulton Archive. **302 Getty Images:** Dea / M. Seemuller / De Agostini. **303 Bridgeman Images:** Photo © CCI (tr). **Getty Images:** Zhang Peng / LightRocket (crb). **304 Getty Images:** DEA / E. Lessing / De Agostini (cra); DEA / C. Sappa / De Agostini (bl). **304-305 Getty Images:** Imagno / Hulton Archive. **305 Getty Images:** Universal History Archive / Universal Images Group (br). **306 Getty Images:** Print Collector / Hulton Archive (tl). **306-307 Getty Images:** Laura Grier / Robertharding. **307 Getty Images:** Christopher Pillitz / Corbis Historical (tc). **308-309 Kikkoman Corporation**. **308 Dreamstime.com:** Winfish (crb). **309 Manhhai:** (br). **The Metropolitan Museum of Art, New York:** The Cesnola Collection / Purchased by subscription / 1874–76 (c). **310-311 123RF.com:** Marina99. **312 Getty Images:** DEA / J. E. Bulloz / De Agostini (crb); Culture Club / Hulton Archive (bc). **Mary Evans Picture Library:** J. Bedmar / Iberfoto (clb). **313 Getty Images:** Print Collector / Hulton Archive (clb, bc); Ian Cumming / Perspectives (crb). **314 akg-images:** Alinari Archives, Florence (t). **315 Rex Shutterstock:** Amoret Tanner Collection (b). **316 Getty Images:** Florilegius / SSPL (tr); Tetsuya Tanooka / A.collectionrf (bl). **317 Getty Images:** Rosemary Calvert / Photographer's Choice RF (bc). **Mary Evans Picture Library:** Medici (tr). **318 Getty Images:** Heritage Images / Hulton Archive (bl); Laurence Mouton / Canopy (cra). **319 Bridgeman Images:** Italian School, (14th century) / Osterreichische Nationalbibliothek, Vienna, Austria / Alinari (tl). **500px:** Vladislav Nosick (br). **320 Bridgeman Images:** Italian School, (14th century) / Osterreichische Nationalbibliothek, Vienna, Austria / Alinari (bl). **Getty Images:** Halfdark (tl). **321 Getty Images:** Halfdark (r). **322 Alamy Stock Photo:** FirstShot (br). **Getty Images:** Sprint / Corbis (tc). **Photo Scala, Florence:** Ministero Beni e Att. Culturali e del Turismo (clb). **323 Alamy Stock Photo:** Tim Gainey (clb); Lee Hacker (r). **324 Getty Images:** Stefano Bianchetti / Corbis Historical (cr); Stockbyte / Stockbyte (bl). **326 Getty Images:** Three Lions / Hulton Archive (bl). **326-327 Bridgeman Images:** Bibliotheque Nationale, Paris, France / De Agostini Picture Library / J. E. Bulloz. **327 iStockphoto.com:** Yawfren (br). **328 Dreamstime.com:** Alfio Scisetti (tc). **328-329 National Mustard Museum**. **329 Getty Images:** Florilegius / SSPL (br). **330-331 Magnum Photos:** Bruno Barbey. **332 123RF.com:** bthnronic (cb). **Alamy Stock Photo:** Dinodia Photos (bl). **332-333 Getty Images:** Dinodia Photo / Passage. **333 123RF.com:** Sataporn Jiwjalaen (crb). **334 Alamy Stock Photo:** Florilegius (tl); Umiko (tr). **Getty Images:** William Turner / Stockbyte (cb). **335 Getty Images:** BSIP / Universal Images Group (tc). **500px:** Petr Malyshev (br). **336 Michael Sheridan**. **337 akg-images:** Pictures From History (bl). **338-339 Bridgeman Images:** Pictures from History. **339 Dover Publications, Inc. New York:** (cr). **Getty Images:** DEA Picture Library / De Agostini (tl). **340 Getty Images:** Bildagentur-Online / Universal Images Group (l). **iStockphoto.com:** KieselUndStein (cr). **341 akg-images:** Pictures From History (tl). **Alamy Stock Photo:** Julie Woodhouse f (tr). **342 Getty Images:** De Agostini Picture Library / De Agostini (c); DEA / M. Seemuller / De Agostini Picture Library (bc). **342-343 Bridgeman Images:** Rijksmuseum, Amsterdam, The Netherlands. **343 Cynthia Hawthorne / www.etsy.com/shop/CynthiasAttic:** (cra). **344 Bridgeman Images:** Photo © Christie's Images (c). **Getty Images:** WIN-Initiative (bc). **345 500px:** Tony One. **346 Getty Images:** Leemage / Universal Images Group. **347 Getty Images:** David De Lossy / Photodisc (br); Diane Macdonald / Photographer's Choice RF (tl); Jean-Pierre Muller / AFP (clb). **iStockphoto.com:** Burwellphotography (cra). **348 akg-images:** Arkivi (clb). **Getty Images:** Smith Collection / Gado / Archive Photos (ca). **iStockphoto.com:** Ockra (tr). **349 Bridgeman Images:** © Purix Verlag Volker Christen